新师范化学教育系列教材
广东省一流本科课程"化学教学论"配套教材
华南师范大学研究生教材出版项目资助教材

化学教学论

Chemistry Pedagogy

邓峰 著

化学工业出版社

·北京·

内 容 简 介

　　《化学教学论》基于国际视野来看化学教学，吸收国内外化学教育最新动态和已有成果。为回答"职前化学教师须掌握哪些化学教学知识"的问题，全书从化学知识论（化学学科本质、化学基本观念、化学大概念），到化学学科教学知识（化学学科理解、化学教学取向、化学课程标准、化学教科书、化学教学内容、化学概念理解、化学学科能力、化学问题解决、化学学习进阶、化学教学方法、化学学习评价），再到化学学科教学知识的整合应用（化学教学设计、化学教学研究），共 17 章，内容层层递进。

　　书中每章均设有本章导读、要点总结、问题讨论和拓展阅读等栏目，以便读者从做中学、把握重点与拓宽视野。

　　本书可作为高等学校化学（师范）专业本科生、学科教学（化学）及化学课程与教学论专业研究生的教学用书。

图书在版编目（CIP）数据

化学教学论 / 邓峰著 . -- 北京：化学工业出版社，2025. 3. --（新师范化学教育系列教材）. -- ISBN 978-7-122-47251-9

Ⅰ. O6-42

中国国家版本馆 CIP 数据核字第 2025JD1710 号

责任编辑：陶艳玲　　　　　　　　文字编辑：王晓露
责任校对：边　涛　　　　　　　　装帧设计：史利平

出版发行：化学工业出版社
　　　　　（北京市东城区青年湖南街 13 号　邮政编码 100011）
印　　装：大厂回族自治县聚鑫印刷有限责任公司
787mm×1092mm　1/16　印张 16$\frac{1}{2}$　字数 401 千字
2025 年 6 月北京第 1 版第 1 次印刷

购书咨询：010-64518888　　　　　　售后服务：010-64518899
网　　址：http://www.cip.com.cn
凡购买本书，如有缺损质量问题，本社销售中心负责调换。

定　　价：58.00 元

前　言

党的十八大以来，习近平总书记对教师队伍建设的要求不断深化，要求"大力培养造就一支师德高尚、业务精湛、结构合理、充满活力的高素质专业化教师队伍"。其中，"业务精湛"对于化学教师而言，即要求教师拥有扎实学识——化学知识和化学学科教学知识。

为响应总书记号召，保证高素质专业化教师的培养质量，华南师范大学化学学院瞄准基础化学教育的需求，面向化学（师范）本科生及相关专业研究生开设基础必修课程"化学教学论"，以夯实其化学教学的理论基础。然而，笔者在多年课程教学实践中发现，部分职前教师对化学及其教学的认识往往不够系统、视野较为局限，主要表现包括：倾向于侧重教学方法而较少关注化学学科本质；对化学教学的理解相对孤立或片面。换言之，化学职前教师对于自身须掌握哪些学科教学知识缺乏结构化的认识。

目前，国内化学教学理论的教材琳琅满目，这得益于众多前辈和同行的耕耘开拓。为了更有针对性地解决上述问题，笔者吸收现有教材的长处，将回国工作9年的教学改革探索的心得凝练成文字，并结合国外留学经验，致力于撰写一本学科本质先行、学科教学知识脉络清晰的教材，帮助职前教师基于前沿视角重新认识化学，系统地了解化学学科教学知识，夯实化学教学的理论基础。

为确保教材的质量与特色，在本书撰写过程中，笔者格外注重理论前沿性、教材可读性，力求让读者"站得高"和"读得懂"。为此，本书划分为"化学知识论""化学学科教学知识"与"化学学科教学知识的整合应用"三部分，共17章，各章之间的联系如图1所示。首先，"化学知识论"部分主要基于学科立场，从本体论、认识论、方法论和价值论的角度解读化学这门学科。然后基于其中的认识论视角梳理化学基本观念和化学大概念，回答"如何认识化学"的问题。接着，"化学学科教学知识"部分主要回答"化学学科教学知识有哪些"的问题。该部分以笔者提出的"化学教学理解"（chemistry pedagogical understanding）理论为线索，依次梳理化学教学所需的6类学科教学知识，包括学科理解（第4章）、教学取向（第5章）、课程知识（第6～8章）、学情知识（9～12章）、策略知识（13～14章）和评价知识（第15章）。每一章均结合国内课程标准和国外研究动态，为读者展现较全面、前沿的化学教学理论。最后，整合上述6类学科教学知识，回答"化学学科教学知识怎么用"的问题。在"化学学科教学知识的整合应用"部分介绍中学化学教学设计的步骤以及化学教学研究方法，为职前教师日后的教学和教研奠定基础。

本书在设计上具有如下特点：

① 理论的学科专属性强。与大多数同类教材不同，本书单独设立"化学知识论"的部分，帮助读者重新认识化学知识；同时甄选学科专属性强的教学理论，展示"有化学味道"的教学。力图让化学教学回归学科本原。

② 章节的逻辑线索清晰。本书将化学教学拆解为化学知识、学科教学知识及整体运用三个部分，并绘制了章节间的思维导图和每一章的内容纲要，力求给读者清晰呈现化学教学相关知识的整体脉络。

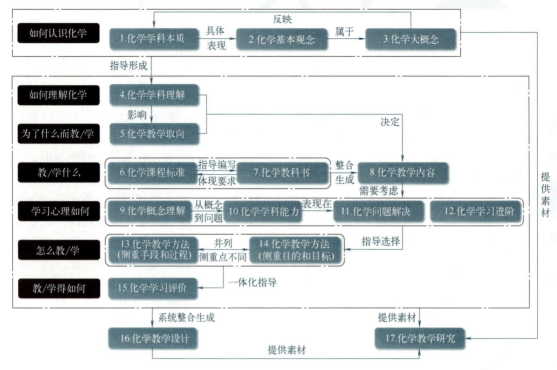

图1　本书内容框架

③ 案例翔实且可读性强。本书对重要的理论、方法提供了丰富的真实案例帮助阐释，且在正文或二维码中给出详细论述，"手把手"地帮助读者理解理论与方法。

④ 栏目丰富以便读者自学。每一章均安排本章导读、要点总结、问题讨论和拓展阅读等栏目，以便读者在阅读的过程中把握重点、进行自我检测。

本书从开篇到定稿，得到了许多良师益友的指导与帮助。特别感谢华南师范大学化学学院石光与曾卓两位副院长对本书撰写与出版工作给予的关心和鼎力支持。感谢笔者的教学研究团队2025届研究生梁正誉、陈圳、窦炳新、李妃、蓝宛榕、石子欣、杨维震、张丽凡和周紫薇参与各章节的讨论及收集整理资料；感谢2026届研究生李璟、梁峥、刘嘉聪、苏心钰、吴杵潢和邹嘉懿与2027届研究生甘霖、黎晓昕和蒲俊成参与栏目制作，并作为第一批读者校读书稿。最后，衷心感谢化学工业出版社的陶艳玲老师与相关编辑人员，本书的顺利出版离不开他们辛勤的工作和热心的帮助。

诚然，有关职前化学教师培养的探索永无止境，笔者仍需向国内同行虚心学习，并与国内外研究动态接轨。由于笔者水平有限，本书难免存在疏漏或不足之处，敬请同行与广大读者不吝赐教。

邓　峰

2024年8月于华南师范大学楠园

目　　录

第1篇　化学知识论

第2篇　化学学科教学知识

第 3 篇　化学学科教学知识的整合应用

第 1 篇

化学知识论

第1章

化学学科本质

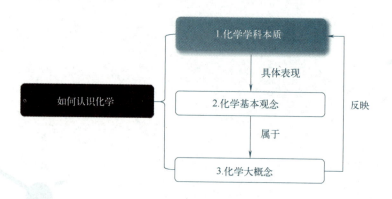

相信本书的读者对化学并不陌生，但学得好并不等于教得好。当我们的身份从学习者转变为专业的教师，则需要站在专家（即化学家）的视角重新审视化学这门学科。认识化学，离不开4个基本问题：化学是什么、如何认识化学、如何研究化学、为什么研究化学。上述问题分别对应化学哲学的4个领域：本体论、认识论、方法论和价值论。

为了帮助读者从本原上结构化地认识化学，本章首先从本体论出发，介绍化学的内涵和本质；其次从认识论的角度梳理人类对科学本质的整体性认识，并据此凝练出"化学认识架构"的概念；接着在方法论方面列举研究化学的一般方法，最后在价值论层面总结化学的多元价值。

本章导读

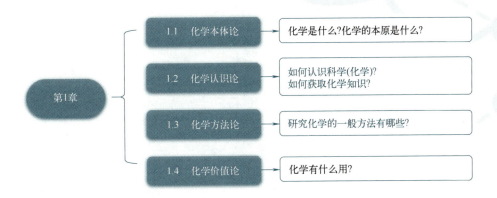

通过本章学习，你应该能够做到：

- 描述化学学科的内涵与本质
- 举例说明中学阶段特定化学知识所体现的学科本质
- 举例说明主要的化学研究方法
- 描述中学化学知识在生活中的应用
- 概括化学学科的特征，并阐释化学与其他学科的区别

📖 1.1 化学本体论

（1）化学的内涵

《普通高中化学课程标准（2017 年版 2020 年修订）》（中华人民共和国教育部，2020）（以下简称"高中化学课标"）凝练了化学的内涵："化学是在原子、分子水平上研究物质的组成、结构、性质、转化及其应用的一门基础学科。"具体而言，"原子、分子水平"是化学家观察物质世界的主要角度（即"从哪观察"）。"物质的组成、结构、性质、转化"是化学家观察的主要对象（即"观察什么"），其中物质的组成和结构共同决定物质的性质，性质反映在物质的转化中。化学家最终的观察目的指向"应用"，其取决于物质的性质。化学的内涵中各种组分的关系如图 1.1.1 所示。

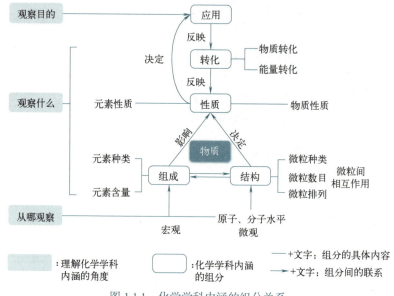

图 1.1.1　化学学科内涵的组分关系

下面以乙烯与氯化氢的加成反应研究过程为例，呈现化学内涵的组成。

① 首先从宏观上分析元素组成：用燃烧法测得乙烯的实验式为 CH_2，属于不饱和烃，且不饱和度 $\Omega=1$。可用电解法确定氯化氢气体含 H 和 Cl 两种元素。

② 然后从原子、分子的微观水平分析分子结构。一方面，可结合晶体 X 射线衍射数据确认乙烯的分子式为 C_2H_4，其不饱和度源自分子中的 1 个碳碳双键。由经典价键理论可知双键中包括 1 个 σ 键和 1 个 π 键。其中，π 键的原子轨道重叠程度较小（"肩并肩"重叠），故乙烯分子的 π 键稳定性弱于 σ 键，容易断裂。另一方面，HCl 分子是含有不同元素（且电负性：Cl > H）的双原子分子，故 H—Cl 键为极性共价键，存在共价键异裂形成 H^+ 和 Cl^- 的可能性。

③ 通过组成和结构的分析，可预测乙烯的性质较活泼（相比于只有 σ 键的乙烷），且反应位点可能在 π 键上；氯化氢在反应过程中可能形成 H^+ 和 Cl^-。

④ 乙烯的活泼性体现在其转化过程中：从宏观实验现象分析，氯化氢和乙烯在一定气压下与催化剂混合，无明显现象，但可通过气相色谱分离出新物质。从微观上分析生成物

结构，HCl 分子异裂断键，形成 H^+ 和 Cl^-；同时乙烯的 π 键断裂，其中 H^+ 与 1 个碳原子结合，另 1 个碳原子与 Cl^- 结合，形成一氯乙烷分子（CH_3CH_2Cl）。从结果来看，一氯乙烷就像 HCl 分子与乙烯分子"合二为一"，属于加成反应。

⑤ 上述反应具有产物选择性高的特点，故制备复方镇痛剂（主要成分含有一氯乙烷）时可采用乙烯和氯化氢的加成反应作为合成方法。其优势在于"合二为一"的转化方式决定了反应产物的唯一性，原子利用率达 100%。但由于加成反应需借助高压设备，成本较高且有安全隐患，故传统工业合成一氯乙烷较多利用乙醇与氯化氢的取代反应，可实现常压合成（徐万福 等，2020）。可见，生产中还需要考虑物质转化的成本、安全等实际因素。

任务 1.1

请你以某个中学化学知识点为例，基于原子、分子的微观水平分析其化学内涵。可从组成、结构、性质、转化、应用五方面展开论述。

综上，化学的内涵概括了化学家观察物质世界的主要行为。值得一提的是，从原子、分子水平的微观尺度认识物质，是化学区别于其他学科的重要特征之一（郑长龙，2018）。"原子、分子的水平"凸显了化学家观察物质世界的尺度，即 $10^{-10} \sim 10^{-9}$ m 之间的范围（中国科学院，2002）。之所以将原子、分子作为微观尺度的代表，是因为原子是化学变化过程中的最小微粒，而分子是化学变化过程中保持物质化学性质的最小微粒。

譬如，同样是研究乙烯这种物质，物理学可能聚焦于宏观上的性能（如密度、黏度、沸点等）。生物学或许更关注其催熟果实的过程机制（如生物合成、信号传递与水平调控过程），研究的范围属于介观 / 中观尺度（$10^{-9} \sim 10^{-7}$ m）。化学则主要研究乙烯分子的结构与性质，可见化学研究聚焦于原子、分子水平的微观尺度。

学界观点

有学者认为有必要进一步细致划分"微观尺度"（李玲，2013），如拓展为介观 / 中观尺度（如纳米管）、多微粒尺度（如胶体）、复杂分子尺度（如超分子）、分子尺度和亚原子尺度（如电子、质子）（Talanquer，2011）

细致划分的原因有：①从学科来看，不同尺度往往引起相互作用力的不同，导致物质具有不同的性能和变化规律（徐光宪，2001）；②从学习来看，细化宏观和微观之间的尺度能降低学生的认知负担（Gilbert et al，2009）。

（2）化学的本原 / 本质

明晰了化学的内涵后，我们不妨把眼光放得更远，从本体论的角度追寻化学的本原。在知识论层面，"本体"既是事物的本质（即该事物区别于其他事物的根本属性），也是事物的本原（即事物生成与变化的根本原因）（胡大生，2007）。因此，本书对"本体""本质"和"本原"3 种说法不做严格区分。换言之，该问题也能表述为："化学的本质是什么？"或者"化学领域中最根本的是什么？"

实际上，化学的本原蕴藏于高中化学课标对化学的界定中，即从微观尺度认识物质、创造物质。譬如，将上文乙烯与氯化氢发生加成反应的例子加以概括，实则为认识乙烯（乙烯的性质与转化）、合成氯乙烷（创造物质）的过程。再如，戴维通过电解饱和食盐水确认氯气为单质，也是认识氯气（氯气的元素组成）、制备氯气的过程（创造物质）。与物理学、生物学相比，"创造物质"是化学学科的独有特征，原子、分子水平的微观尺度则是化学学科认识物质的独特视角（郑长龙，2018）。

需要留意的是，化学关注的物质是具体的——化学家研究具体物质及对应的具体性质（Bensaude-Vincent，2009）。化学很少像物理学一样抽象出理想的物体（如研究物体运动时抽象出的光滑木块），亦少有某条普适性的公式或模型能解释各种物质的性质。譬如，在解释 Na 和 H_2O 的反应产物有 NaOH 时，可从物质类别推理（活泼金属 Na 置换 H_2，生成的化合物若为 Na_2O，则该碱性氧化物能进一步与水反应生成碱）。但解释 Fe 和水蒸气的反应产物为何有 Fe_3O_4 时，如果仅从物质类别的角度解释（生成的氢氧化铁属于难溶性碱，容易受热分解），便无法说明为何生成的是 Fe_3O_4，而非相同元素价态的 Fe_2O_3。此时可以结合 Fe_3O_4 的晶体结构分析，其反尖晶石的结构在高温下较稳定。由此可见，化学关注的物质和性质千差万别，目前只能具体问题具体分析。

📖 1.2 化学认识论

目前，国内外鲜有化学认识论的理论框架，而与之类似的"科学认识论"理论则相对成熟。科学认识论一般指个体（如学生）对科学本质所持有的假设与价值信念（观念）（邓峰 等，2017）。故本节内容首先"借他山之石"，介绍国外较为认可的科学本质理论框架；然后"琢己身之玉"，阐释从科学认识论聚焦至化学认识论的必要性；最后"集百家之长"，尝试统整国内相关理论，形成"化学认识架构"。

（1）科学认识论的内涵与局限

尽管国外科学教育工作者对"科学认识论是什么"尚未达成最终共识，但普遍认可由 Lederman 提倡的 7 条共识观点（Lederman，1992），见表 1.2.1。这些共识观点凝练了人们对科学本质的整体认识，涵盖了科学知识的性质、来源和论证等维度。

表 1.2.1　科学本质的 7 条共识观点

科学本质的维度	科学本质的共识观点	共识观点的概括
科学知识的性质	科学知识会变化，但某段时间内会处在稳定的状态	暂定性
	科学知识的形成需要个体主观性介入	主观性
	科学知识受社会、经济、政治与文化等因素影响	社会文化嵌入性
科学知识的来源	科学知识源于个体自然生存体验（对自然世界的观察），以经验为起点	实证性
	科学知识带有创造属性，包括推理、想象与创造	创造性
科学知识的论证	科学理论的构建路径是从观察到推论	观察 - 推理
	科学理论与定律的功能与联系	理论 - 定律

但近年来不少学者开始质疑科学认识论的学科通适性（邓峰 等，2017）。他们认为上述科学本质维度的"共识"比较笼统，且未必适用于所有科学学科（如化学）。不难发现，这些观点更像是对已有科学知识的性质、获取方式的高度概括，是静态的结论，未必能指导某

些化学知识的认识过程。

譬如，认识原子结构时，高二学生通过了解玻尔推翻卢瑟福行星模型的过程，或许能体会到科学知识的暂定性和创造性。但是，玻尔是怎么想到"轨道定态"假设的（即电子只能在某些特定的原子轨道上做圆周运动）？他为什么看到 1 条巴尔末公式就能顿悟出电子能跃迁？再如，高一学生在认识 Cu 和浓硫酸的反应时，能从"生成刺激性气味气体"的现象推理出"H_2SO_4 被还原为 SO_2"的结论，依据现象进行推理的过程中，学生可以感受到科学理论的建构路径。但是，为何浓硫酸能被 Cu 还原而稀硫酸不能？其他产物可能有哪些？光凭科学本质的共识观点似乎难以全面地认识"浓硫酸的氧化性"。

对于上述问题，科学本质的共识观点难以对认识过程提供具体的指导。因此有必要考虑化学的学科专属性，建立化学专属的认识理论框架。

国际视野

尽管 Lederman 所总结的共识观点在近年来受到诸多争议，但这些共识观点让科学本质变得明确而简洁。面对学科专属性不足的问题，目前多数研究并没有全盘否定上述共识观点，而是去梳理科学学科之间共同和独有的特征，从而为科学建立一个系统的特征集合。

目前较多讨论的科学本质理论当属"FRA 理论框架"（Irzik et al，2011；Kaya et al，2016）。该理论在共识观点的基础上用"家族相似法"（family resemblance approach，FRA）进一步丰富了科学本质维度（如社会 - 制度化体系）。感兴趣的读者可见章末"拓展阅读"的文章。

（2）化学认识论的理论框架

国内较成体系的化学认识研究始于北京师范大学的王磊团队，他们对化学"认识什么""怎么认识"以及"认识结果"进行了初步理论探索和实证检验。据此提出了"化学认识素养"模型（胡久华，2005），并总结了中学化学部分知识主题（如化学反应主题）的"化学认识对象""化学认识方式""化学认识视角"和"化学认识思路"（支瑶，2011；胡久华 等，2011）。无独有偶，不少学者也就"怎么认识"化学进行经验探讨与实证研究，总结出一系列化学思维方法（廖正衡，1996；吴俊明，2020；龚文慧 等，2022）。总之，对于化学认识，我国学者建立了不少本土化的理论，呈百家争鸣之势。

但现阶段的化学认识理论相对零散，部分内容有待商榷或明晰。整体而言，类似"化学认识素养"的整体性理论框架较少。局部来看，目前的研究有 3 点局限：①认识对象众多，不够凝练（如电解质溶液、电化学、能量、结构、有机物、无机物、化学反应等）；②认识结果缺乏可视化，认识结果的具体形式不够明晰；③少有理论强调认识的价值（即对应"为什么认识"的问题）。为此，本书试图整合并完善国内化学认识的研究成果，提出"化学认识架构"，见图 1.2.1。

化学认识架构是指个体对物质、能量和变化所持的整体性化学认识。具体表现为个体在认识价值引领下，基于一定的认识方式，从认识角度出发，调用认识方法来认识物质、能量及其变化，从而形成认识思路并得出认识结果。

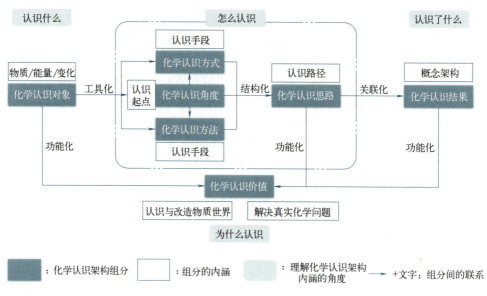

图 1.2.1　化学认识架构

化学认识架构的创新之处在于凸显了化学认识的价值，对应"为什么认识"的问题。化学认识价值主要包括两点：一是认识与改造物质世界（对应化学学科本质），二是解决真实化学问题。个体在化学认识价值的引领下进行认识活动，在认识的过程中又丰富了认识的价值。

化学认识对象涉及"认识什么"的问题，包括物质、能量和变化。其中，物质是基础（毕竟化学学科本质包括了"认识物质"，见本书第 1.1 节），能量和变化是认识物质的另外两个视角。三者覆盖了大多数化学研究的对象，属于国际化学教育中的大概念（大概念的内涵见第 3 章）（Claesgens et al，2009）。该划分改善了原有理论中认识对象不够凝练的问题。且相比于"反应"，"变化"同时包含了化学变化与物理变化，认识对象更加全面。

化学认识角度是认识的起点，因认识对象而异。比如，认识无机物的性质，一般有物质类别、元素价态和物质特性 3 个角度；认识有机物的性质，则有官能团、碳骨架、化学键和饱和程度等角度；化学变化可以从物质变化、能量变化、反应类型、反应现象的视角来认识（中华人民共和国教育部，2022）。

从相同点来看，化学认识方式和化学认识方法都是认识的工具或手段；从不同点来看，化学认识方式是个体长期运用化学认识方法来认识问题而形成的习惯。具体而言，化学认识方式是个体从一定角度来认识化学问题的信息处理对策或模式（支瑶，2011），例如宏观-微观、状态-过程和定性-定量。化学认识方法在此处等同于化学思维方法，指个体认识化学问题的具体过程或手段，例如系统思维、模型法、分类法、证据推理等，关于化学认识方法的详细内容见本书第 1.3 节。

化学认识思路是个体认识化学问题的具体思考路径，因人而异。例如二氧化硫的认识思路可以为"初识物质用途→分析物质性质→物质类别角度→元素价态角度→物质特性角度→解释物质用途"（邓峰 等，2022）。从上述例子中可见，化学认识思路由化学认识角度、认识方式与认识方法三者结构化而成，四者共同回答了化学"怎么认识"的问题。

个体根据一定的化学认识思路进行认识，最后得出化学认识结果，它对应"认识了什么"的问题。化学认识结果的具体形式为化学概念架构，后者的内涵及案例见本书第 9.2 节。

将化学认识结果呈现为概念架构的形式，能使个体头脑中的认识结果可视化，实现了概念层级结构关联化，这同时与一些学者的观点吻合（单媛媛 等，2022），改善了原有理论认识结果呈现不清晰的问题。

任务1.2

以"认识原电池"为例，请你以图 1.2.1 的化学认识架构为纲，阐述原电池的认识价值、认识对象、认识角度、认识方式、认识方法和认识思路。

以认识盐类的水解为例，展示化学认识架构对认识化学知识的指导作用（图 1.2.2）。

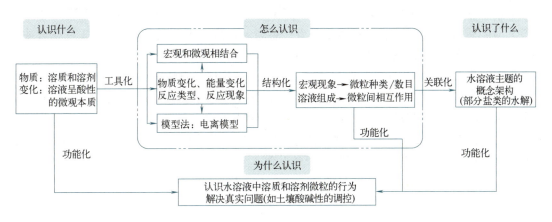

图 1.2.2 "盐类的水解"认识架构

① 为什么认识。认识盐类水解的价值主要有两点。一是能深入认识水溶液中溶质和溶剂微粒的相互作用和溶液的组成。二是能解决相关的真实问题，如土壤酸碱性的调控、缓冲溶液的配制等。

② 认识什么。盐类的水解属于物质的变化，常表现为盐溶液呈酸性或碱性。以 NH_4Cl 溶液为例，涉及的物质有 NH_4Cl（溶质）和 H_2O（溶剂）；在变化层面，为什么 NH_4Cl 溶液呈酸性。其微观的本质是怎样的？需进一步分析。

③ 怎么认识。首先，明确认识角度。这可能是一种化学变化，因此可以从物质变化（包括反应物、反应条件和生成物）、能量变化、反应类型、反应现象等角度分析。然后，基于宏观 - 微观的认识方式分析微粒的种类、数目。常温下 NH_4Cl 溶液的 pH ＜ 7，该宏观现象说明微观上 $c(H^+) > c(OH^-)$，这可能源自 H^+ 的增多或 OH^- 的减少，以及二者兼有等情况。接着，调用模型的认识方法分析微粒间的相互作用。根据已有知识可得 $NH_3 \cdot H_2O$ 为弱电解质，可部分电离为 NH_4^+ 和 OH^-。这说明 NH_4Cl 溶液中溶剂分子 H_2O 电离出的 OH^- 和溶质粒子 NH_4^+ 能结合为 $NH_3 \cdot H_2O$，从而降低 $c(OH^-)$。最后，形成"宏观现象→微粒种类/数目"和"溶液组成→微粒间相互作用"双向推理的认识思路（尹博远 等，2021），并写出离子方程式表征总反应（$NH_4^+ + H_2O \rightleftharpoons NH_3 \cdot H_2O + OH^-$）。

④ 认识了什么。上述反应类型为水解反应。反应物为部分盐类和水，条件为常温常压，生成物为对应的弱电解质与 H^+ 或 OH^-，该反应实则促进了水的电离，但电离出的 H^+ 或 OH^- 数目不同，故常伴有 pH 变化的现象。

📖 1.3 化学方法论

（1）研究化学的方法层次

从一般到具体的逻辑顺序，研究化学的方法可分为 3 个层次（吴俊明，2010）：高级的哲学方法（如唯物辩证法等）、中间层次的科学方法（如归纳、演绎等）和基础层次的化学方法（如化学系统法、模型法、证据推理等）。科学方法是指科学家在认识和改造世界的实践活动中总结出来的手段和工具（龚文慧 等，2022）。类似地，化学方法则是化学家认识和改造世界的手段和工具。

根据认知心理学对科学方法的划分（Newell，1969），层次越高的方法能适用于越多学科，但问题解决所需的学科专属信息少，更像给出问题解决之"道"，而非具体解决之"术"。层次较低的方法只能在特定情境中使用，但更加高效。

本书较为关注中间层次的科学思维方法（以下简称思维方法）和基础层次的化学方法，原因如下。①高级的哲学方法难以给中学生提供解决问题的具体指导。②基础层次的科学方法中，认知层面的思维方法大多能用于中学化学问题中，而操作层面的科学方法未必适用于化学实验。比如黑箱方法更适用于测试计算机领域的程序问题。③学科专属的化学方法能更有效地解决化学问题。上述方法之间的关系见图 1.3.1。

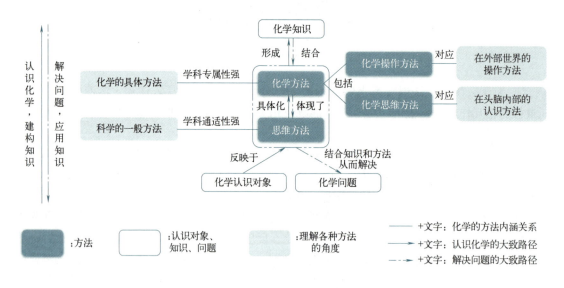

图 1.3.1 （科学）思维方法、化学方法、化学操作方法和化学思维方法的关系

在认识化学的过程中，个体综合运用思维方法和化学方法，分析化学认识对象，最终建构化学知识。对于化学问题解决的过程（即应用知识的过程），个体调用学科专属的化学方法分析问题，此过程中体现了思维方法，最后结合相应的化学知识来解决问题。换言之，化学方法好比思维方法和化学知识的"中介"（龚文慧 等，2022），2 类方法共同作用于认识化学和解决问题的过程。其中，化学方法又分为化学操作方法和化学思维方法（后者基本等同于本章第 1.2 节提及的"化学认识方法"）（廖正衡，1996）。

任务 1.3

以"探究氯气与水是否反应"为例，请你写出实验方案，并尝试归纳出该过程用到了哪些方法。

（2）化学方法的分类体系

研究化学的方法众多，目前学界多采用枚举的方式对它们进行分类。对于中间层次的科学思维方法，朱玉军等人（朱玉军 等，2024）梳理了我国科学、物理、化学、生物等课程的义务教育课程标准，提炼出 7 种典型的科学思维方法。包括比较、分类、类比、分析、综合、归纳和演绎。这些思维方法常用于化学问题的推理过程。

对于基础层次的化学方法，研究者也大多用枚举的分类方式，系统性不足。因此本书尝试根据科学探究的过程，从已有文献中筛选一些学科专属性强的方法（王德胜，2007；廖正衡，1996；龚文慧 等，2022），并将化学方法和它们的使用场景对应起来，见图 1.3.2。

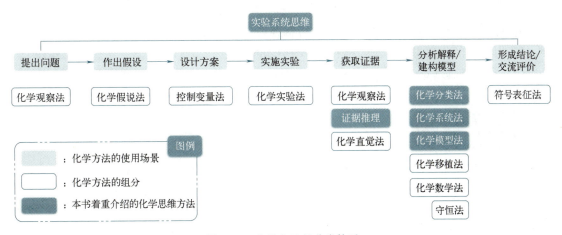

图 1.3.2　化学方法的分类体系

其中，化学观察、假说、控制变量和实验法分别对应提出问题、作出假设、设计方案和实施实验的场景。获取实验证据时，以化学观察法为基础，通过理性的证据推理或感性的化学直觉提炼出证据。接着用化学分类、系统、模型、守恒的方法分析解释证据或建构新模型，有时可能将物理等其他领域的方法移植过来、并辅以数学方法进行定量计算。最后结合符号表征法表达结论或交流评价。将探究过程的上述 7 种场景连接起来的化学思维方法称为实验系统思维。

值得一提的是，化学符号是描述、表达化学结论的工具，包括化学分子式、电子式、结构式、结构简式、方程式等。它是化学家在研究过程中创造的一套特殊的符号体系，方便化学家表征各种物质的结构和变化过程。综上，符号表征法是极具化学学科特色的方法。因此"以符号形式描述物质"是化学学科的又一特征。其他化学方法的具体内容见"拓展阅读"的文献（王德胜，2007）。

从图 1.3.2 中不难发现，"分析解释 / 建构模型"相关的化学方法较多，这体现了化学推理在化学探究过程的核心地位。换言之，认识、解决化学问题的核心方法是化学思维方法。

下面将着重梳理其内涵和典型实例。

国际视野

受国外"问题解决"思维观的影响，国内的研究者很少关注"提出问题"的思维方法（郭京龙，2007）。正所谓"提出正确的问题，事情就解决了一半"（Dewer，1938）。如何让学生创造性地提出好的化学问题，是化学方法研究的方向之一。

奥斯本检核表是国外一种较新颖的提问方法（工具）。它引导学生从9个方面提出创新的问题：能否他用、能否借用、能否改变、能否扩大、能否缩小、能否代替、能否变换、能否颠倒、能否组合。

（3）化学思维方法的内涵

化学思维方法是化学家在认识化学物质、现象和解决化学问题时，常表现出来的具有综合性和推理性的手段或思维过程（胡欣阳 等，2022）。其中，综合性是指化学思维方法源自科学思维方法的整合（如"分析"和"综合"的科学思维方法可整合为"化学系统方法"）；推理性指化学思维方法常用于分析解释或模型建构的推理过程。梳理国内外文献，本书认为典型的化学思维方法包括：分类法（Talanquer，2018）、实验系统思维（邓峰 等，2023）、系统思维（Orgill et al，2019）、模型法（杨玉琴 等，2019）和证据推理（罗玛，2019）。它们的具体内涵和运用实例见表 1.3.1。

任务1.4

请你完成下列试题，仿照表 1.3.1 写出用到的化学思维方法及思考过程。
下列物质中不能用来鉴别乙醇和乙酸的是（   ）。【参考答案：B】
A. 铁粉   B. 溴水   C. 碳酸钠溶液   D. 紫色石蕊溶液   E. 钠块

表 1.3.1   5 种化学思维方法的具体内涵和运用实例

名称	具体内涵	使用场景	运用实例
分类法	根据物质及其变化的共同点和差异点，将其划分为不同的种类，形成一定的从属关系的方法	可用于预测陌生物质的性质	问：如何吸收 SO_2 尾气？ 分类：SO_2 和 CO_2 均为酸性氧化物，故能用过量的 NaOH 溶液中和吸收，主要生成水和亚硫酸盐
实验系统思维	根据"实验目的→原理→药品/仪器→装置/操作→现象/数据→结论/评价"的实验系统模型，解决化学实验探究类问题的思维方法	可用于推理化学实验探究相关的过程	问：如何设计 SO_2 尾气的吸收装置？ 推理：目的（吸收尾气）→原理（SO_2 能与碱反应生成盐）→药品（NaOH 溶液碱性强，吸收效果好）→装置（气压减小，需防倒吸）→现象（有无刺激性气味气体逸出、是否倒吸）→结论（该装置是否合适）

名称	具体内涵	使用场景	运用实例
系统思维	理解和解释复杂系统的方法	可用于分析整体与局部、结构与功能、体系与环境的关系	问：盛有 SO_2 水溶液的敞口烧杯中有哪些微粒？ 体系 - 局部：装置内溶剂为 H_2O、溶质有 SO_2 体系 - 局部 - 反应：部分溶质 SO_2 溶解（物理变化）；部分则和水生成 H_2SO_3，并进一步电离为 HSO_3^- 和 SO_3^{2-}；部分溶剂水电离为 H^+ 和 OH^- 环境：空气中的 O_2 有氧化性，故溶液中可能混有 SO_4^{2-}；空气中的 CO_2 可能混入其中，发生与 SO_2 相似的过程 整体：溶液中有 H_2O、SO_2、H_2SO_3、HSO_3^-、SO_3^{2-}、SO_4^{2-}、H_2CO_3、HCO_3^-、CO_3^{2-} 等
模型法	基于一定的感性认识，以理想化的方式对化学原型客体进行近似、简化，以揭示其本质和规律的方法	可用模型描述、解释、预测化学现象	问：从结构上解释 SO_2 的溶解度为何大于 CO_2？ 结构 - 思想模型：由 VSEPR 模型可得 SO_2 和 H_2O 为 V 形分子、CO_2 为直线形分子 性质 - 认识模型：根据"相似相溶"的原理模型，SO_2 和 H_2O 均为极性分子，故 SO_2 具有一定的溶解度；CO_2 为非极性分子，故溶解度较小
证据推理	在化学学习中，从问题情境和已有经验中识别、转换、形成证据，利用证据进行推理，从而获得结论，解决问题的方法	可用于分析解释化学现象，或验证、建构模型	问：如何证明 SO_2 的溶解度大于 CO_2？ 定性 - 实验证据：将分别装有 SO_2 和 CO_2 的试管倒扣于 2 个装有等量水的水槽中，观察液面上升的高度；若装有 SO_2 的试管液面较高，说明 SO_2 的溶解度较大 定量 - 数据证据：查阅并比较两者的溶解体积比（$V_{SO_2} : V_{H_2O} = 40 : 1$；$V_{CO_2} : V_{H_2O} = 2 : 1$）

📖 1.4　化学价值论

（1）化学价值的 3 个方面

高中化学课标从学科、社会和育人 3 个方面系统地阐述了化学学科的价值（郑长龙，2018）。

① 学科价值：化学是材料科学、生命科学、环境科学、能源科学和信息科学等现代科学技术的重要基础，是揭示元素到生命奥秘的核心力量。譬如在材料领域，化学家已能从理论上解释煅烧温度与 TiO_2 晶型的关系，通过调控反应温度来制备性能各异的钛合金材料（唐小红 等，2010）。再如生命科学领域，通过"点击化学"这类偶联反应，可以有选择性且高效地在生物大分子上连接荧光探针基团，实现各类生物大分子的标记识别（生物正交化学）（李恒宇 等，2023）。

② 社会价值：化学在促进人类文明可持续发展中发挥日益重要的作用。例如对于 20 世纪塑料大规模合成所遗留的降解难题，如今的化学家正在大力研发可降解塑料（如聚乳酸、

聚羟基脂肪酸酯、聚乙醇酸等）。可降解塑料在自然环境中能在短时间内降解为小分子，目前已逐步应用于餐具、塑料袋中。

③ 育人价值：化学课程对于科学文化的传承和高素质人才的培养具有不可替代的作用，是落实立德树人根本任务、发展素质教育、弘扬科学精神、提升学生核心素养的重要载体；化学学科核心素养是学生终身学习和发展的重要基础（化学课程与化学学科核心素养的具体内容和育人价值详见本书第 6 章）。

任务 1.5

请你各举 1 例论证化学如何实现学科价值、社会价值和育人价值。

（2）创造物质的 3 个层面

上述例子中，化学家都是通过创造物质（包括改性、合成、制备等）来改造世界。在不同层面创造物质，既是化学学科的特征，也是化学家认识物质的最终目的。那么，如何理解创造物质的"不同层面"？马克思主义的实践论表明，改造世界的基础是认识规律。因此，理解了如何"会用"且"用好"规律（姜显光，2024），或许就能把握创造物质的"不同层面"。本书从创造的目的（社会责任）、基础（化学规律）和规范（科学态度）3 个层面解读创造物质，见图 1.4.1。

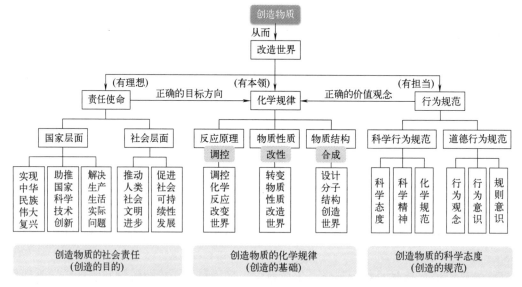

图 1.4.1　创造物质的不同层面（白底黑框的部分源自姜显光的研究成果）

创造物质的目的是国家层面的复兴、科技进步和解决实际问题，同时在社会层面推动了文明进步和可持续发展。这是化学家改造世界的社会责任，也是教师在化学教学中应当给中学生树立的理想信念。

创造物质的基础是化学规律，包括反应原理、物质性质和结构 3 个方面，呈改变外因→改变内部结构→创造内部结构的递进关系。首先，运用反应原理，化学家可以通过改变外部条件来调控反应，选择性地生成物质（比如调节合适的温度，让高炉炼铁的主反应平衡正向移动，减少焦炭和二氧化碳的副反应）。其次，化学家可引入其他试剂，局部改变反应物的结构，从而改造原物质的性质（例如可以向青蒿素催化加氢，得到双氢青蒿素，提高其水溶性，增强人体对青蒿素药物的吸收效率）。最后，化学家还能设计分子结构，合成全新的物质来改造世界（譬如设计合适的路线，合成具有一定半径的冠醚，从而高效萃取某些金属离子）。对上述化学规律的认识是化学家改造世界的本领。

创造物质需要遵循一定的科学态度，体现为科学和道德的行为规范。一位有担当的化学家在创造物质时，须秉持严谨求真的科学态度、锲而不舍的科学精神，严格遵循化学实验规范。不做违背伦理道德的实验，用道德约束自己的行为。

🌿 化学的内涵/定义：化学是在原子、分子水平上研究物质的组成、结构、性质、转化及其应用的一门基础学科。

🌿 化学的本质/本原：（从微观尺度）认识物质、创造物质。

🌿 科学认识论一般指个体对科学本质所持有的假设与价值信念（观念）。国际较认可的有 7 种共识观点。但其表述较笼统、学科专属性不足。

🌿 化学认识架构是指个体对物质、能量和变化所持的整体性化学认识。包括化学认识价值（认识和改造物质世界、解决真实化学问题）、化学认识对象（包括物质、能量和变化）、化学认识角度、化学认识方式、化学认识方法（即化学思维方法）、化学认识思路、化学认识结果（概念架构）。

🌿 化学方法是化学家认识和改造世界的手段和工具。研究化学的方法主要有（科学）思维方法和化学方法，后者是思维方法和化学知识的中介。

🌿 化学方法包括实践层面的化学操作方法和认知层面的化学思维方法。其中，化学思维方法是核心，符号表征法是极具化学学科特色的方法。

🌿 化学思维方法是化学家在认识化学物质、现象和解决化学问题时，常表现出来的具有综合性和推理性的手段或思维过程。典型的化学思维方法有：分类法、实验系统思维、系统思维、模型法和证据推理

🌿 化学的价值可分为学科价值、社会价值和育人价值 3 个方面。创造物质是化学家认识物质的最终目的，也是化学学科的核心价值。可以从创造的目的（社会责任）、基础（化学规律）和规范（科学态度）3 个层面理解"创造物质"。

🌿 化学学科的特征有：①从原子、分子水平的微观层次（尺度）来认识物质；②以符号形式描述物质；③从不同层面创造物质。

问题讨论

【基础类】

1. 化学的学科本质如何体现在化学认识论、方法论和价值论方面？

2. 化学认识和化学方法之间的区别是什么？

3. 化学思维方法和科学思维方法有什么联系？

4. 如何让中学生感受到化学学科的价值？

【高阶类】

5. 有研究者认为"物质"这词不足以概括化学的本原，因为每种物质似乎都有"选择性"地与特定的物质反应，难以用一个本原性理论解释所有性质。因此他们认为化学的本体不是物质，而是由物质之下更深层次的实体组成，例如相互作用、电荷或电场。对此你的看法是什么？

6. 笔者在中学授课时，常有高一学生抱怨"化学知识太多特例、要花时间背诵记忆""没什么通用的公式或方法，遇到陌生的题目只能胡乱地猜"。请你结合化学学科的特点尝试解释上述说法的合理性。并结合化学认识架构谈谈：如何帮助学生结构化地理解中学化学知识？

拓展阅读

郑长龙. 2017年版高中化学课标的重大变化及解析 [J]. 化学教育，2018，39（9）：41-47.（化学学科本质的凝练）

邓峰，车宇艺，李艾玲. 科学认识论——化学教育研究的新议题 [J]. 化学教育，2017，38（3）：6-11.（科学认识论的综述）

高倩倩，曹莜，李雪峰. 家族相似法框架下科学本质在生物学课程标准中的体现 [J]. 生物学通报，2024，59（1）：6-13.（科学认识论的前沿理论框架）

王德胜. 化学方法论 [M]. 杭州：浙江教育出版社，2007.（化学方法的详解）

姜显光. 化学学科核心素养的内涵解析 [J]. 化学教学，2024（5）：3-9.（化学学科本质的凝练、化学学科的多元价值）

第 2 章

化学基本观念

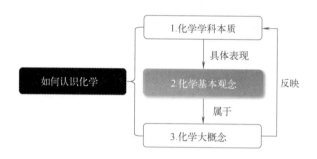

在第 1 章，我们用化学家的眼光审视化学这门学科，从哲学"四论"的角度了解化学的本质、认识过程、研究方法和价值。化学是在原子、分子水平上研究物质的组成、结构、性质、转化及其应用的一门基础学科。作为自然科学的重要分支，它不仅揭示了物质的基本构成和变化规律，还为人类社会的发展和进步提供了重要的理论基础和技术支持。因此，化学是我国基础教育的重要课程之一。

不过，并非所有中学生都要成为化学家。对于大部分学生而言，高中毕业后，未来生活中不会用到太多专业的化学知识。那么，学生在上完化学课后要学到什么？新时代化学教师所要培养的不仅仅是学识渊博的化学科研工作者，更重要的是培养德智体美劳全面发展的社会主义建设者和接班人。这意味着我们不能停留于教给学生知识（专家的结论），更要在学生脑海中建构对化学学科的统摄性认识，即化学基本观念。后者才是多数学生在忘却具体的化学知识后，能用于未来生活的经验（专家的视野）。

为帮助读者更加本原性、结构化地认识化学基本观念，本章首先从不同理论视角阐述化学基本观念的内涵，随后结合教材具体案例解析化学基本观念的分类，最终落脚于化学基本观念的教学。

本章导读

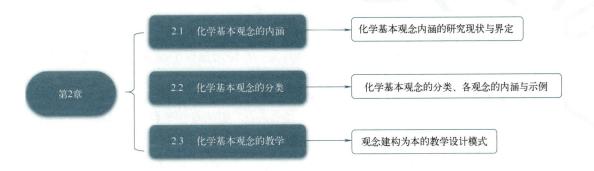

通过本章学习，你应该能够做到：

- 描述化学基本观念的内涵
- 举例说明化学基本观念的主要类别
- 分析中学化学教材的某个章节所渗透的化学基本观念类型
- 结合特定的教学主题，合作撰写以观念建构为本的化学教学设计

📖 2.1 化学基本观念的内涵

化学基本观念是个体（如学生）在学习化学知识的过程中，基于化学学科的特征，通过化学的视角认识物质及其变化过程而形成的对化学知识的统摄性认识。它是学生在学习化学时对各种核心概念、原理进行概括所形成的一系列总观性的认识，能帮助学生理解化学现象、推导化学规律以及应用化学知识解决问题。

然而，"观念"一词比较抽象，导致它和某些概念难以区分。不少一线教师常把"观念"与"概念"或"思想"混为一谈。在学术界，与"化学基本观念"相似的表述众多（如"core ideas""化学学科思想"等）。为此有必要梳理国内外有关研究，辨析相似的概念，以明确化学基本观念的内涵。

（1）国外研究者对于化学基本观念内涵的理解

国外研究者对"化学基本观念"的表达相对一致，倾向于用"ideas"表示"观念"，而较少使用"concept"，这可能与词汇的侧重点有关。在使用过程中，"ideas"强调个体的主观性，是个体在头脑中形成的"想法"，表达一种抽象的观点（如"结构决定性质"），是个体认识事物过程中所形成的思维倾向，并将该思维倾向"储存"在大脑中，便于在面临新问题时能够再次激发以解决问题。相比之下，"concept"更侧重在学科认识过程中形成的能反映化学事物或现象本质属性（Parchmann et al，2018）的更为具体的"概念"（如"离子反应""共价键"与"缩聚反应"等）。

然而，国外研究者大多从现实意义出发解读"化学基本观念"的内涵，较少明确定义。例如，Atkins（Atkins，1999）表示：如果学生形成了化学基本观念，则无论学生今后从事何种职业，都能够将化学所学的知识应用到自己的事业中。有研究者进一步强调化学基本观念与学科之间的联系，如主张化学基本观念能为化学学科甚至跨学科的学习提供潜在的支持（Talanquer，2009；Cooper et al，2017）。更多案例请看下方的"学界观点"。从案例中可见，国外对"化学基本观念"的定义大多是描述性定义或者教育隐喻，较少提及观念的认识主体，这可能使读者难以理解化学基本观念的实质。

> **学界观点**
>
> great ideas：我们化学家应该希望我们的学生将课程带入他们的事业，不管这些事业是什么（Atkins，1999）。
>
> core ideas：这些理念在学生们分散到世界各地后，仍能长久地与他们在一起；是学科的中心思想，并为跨学科的广泛概念提供基础支持（Cooper et al，2017）。
>
> central ideas：每一个科学领域都建立在一系列关键思想的基础之上，这些思想使人们能够理解与某一学科相关的事件和现象（Talanquer，2008）。

（2）国内研究者对于化学基本观念内涵的理解

在国内，"化学基本观念"一词始于清华大学宋心琦教授提出的"基本化学观念"，随后经过北京师范大学王磊教授和山东师范大学毕华林教授等多位学者的研究，其概念内涵逐渐得到完善。如"学界观点"所示，尽管研究者的用词并不统一，但它们的概念内涵大同小异。与国外研究类似，有国内学者特别强调了"概念"与"观念"在使用过程中的严谨性问题（毕华林，2021；毕华林 等，2014）。对此，本书认为"观念"一词更能反映个体形成观念的过程性，它能够体现个体对化学知识的内化与升华。

学界观点

化学基本观念：学生通过化学学习，在深入理解化学学科特征的基础上所获得的对化学的总观性认识（毕华林 等，2011）。

化学核心观念：化学科学的核心观念是在化学科学认识活动中形成并指导化学科学认识活动的基本观念（梁永平，2011）。

化学学科思想：化学学科思想作为人们对化学学科思维范式的总结，是人们对化学学科理性思维的结果，是对化学事实和理性思维进行高度概括而形成的人们对化学学科的认识（傅兴春，2016）。

化学学科基本观念：学生通过化学知识的学习，基于化学学科的特征，在以化学视角认识事物的过程中所形成的对化学的统摄性认识（邓峰 等，2021）。

此外，有学者进一步解释了"学科思想"与"学科观念"之间的区别。例如，毕华林教授指出，学科思想的认识主体通常为科学共同体或学科专家。学科思想是由科学共同体在特定阶段，基于学科本体视角提出的高度浓缩的认识思路，并且这种学科思想具有完整的体系结构（陈鹏，2012）。不同于此，"化学基本观念"的认识主体大多是学生或化学教师。对于科学共同体或化学家而言，他们对学科的理解深刻且透彻，从而形成本原性和结构化的观念认识（Atkins，2010）；而学生或教师的化学专业知识相对有限，因此其化学基本观念水平也相对较低，所以对这类认识主体使用"思想"一词可能稍欠妥当。

（3）本书对于化学基本观念内涵的界定

基于上述对国内外文献的梳理可发现，虽然"化学基本观念"的界定存在其他类似语义表达，但研究者们在其内涵上基本达成共识，即学生通过化学学习活动，基于化学学科本体所形成的一种概括性认识，且该认识可以帮助学生更深层次地理解并迁移所学的知识。

不同阶段的学生其化学基本观念的发展不同。与此同时，教师的专业发展阶段不同，其头脑中的化学基本观念存在一定差异（邓峰 等，2021）。考虑到化学基本观念的发展性特点，以及不同个体（包括学生和教师）化学基本观念水平的差异，本书将"化学基本观念"的界定主体从"学生"层面拓展到"个体"层面：化学基本观念是个体通过化学学习或教学活动，基于化学学科本体的特征，在以化学视角认识事物的过程中所形成的对化学的统摄性认识。

化学基本观念中的"基本"2字主要体现于学科和学习两个方面。在学科方面，化学学科的观念众多，而化学基本观念是其中最基础、最本质的，它反映了化学的基本特征和规律；在学习方面，个体具备这些基本观念，便可以初步形成对化学学科的统摄性认识。只有具备这些基本观念，个体才能从化学的视角理解所观察到的自然界并切实有效地开展化学认识和实践活动，从而表现出一个现代公民所具有的化学科学素养（毕华林 等，2014）。

📖 2.2 化学基本观念的分类

作为一种个体对化学的统摄性认识，化学基本观念必然是以某种特定的、结构化的形式存在于个体的脑海中。对于化学基本观念的结构（即化学基本观念有哪些组分、组分间如何联系），国内研究者主要采纳毕华林与卢巍（毕华林 等，2011）的"化学基本观念体系"，包含知识类、方法类和价值类基本观念，其下又衍生出共 6 种具体的化学基本观念，如图 2.2.1 所示。

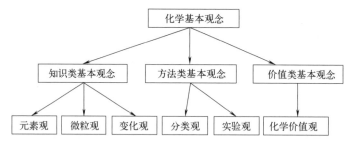

图 2.2.1 毕华林的"化学基本观念体系"

具体而言，知识类基本观念依赖于个体自身对化学知识的反思提炼与归纳，其下的元素观、微粒观是个体对元素组成和微粒结构的整体认识，反映了化学学科本体，而变化观是个体对物质变化和能量变化的总观认识，属于化学认识论层面。方法类基本观念取决于个体对化学学习方法的概括总结，包括分类观和实验观，是对化学方法论的反映。价值类基本观念则来源于个体对生活中化学价值的观察、思考与认识，包括化学价值观，是对化学学科价值论的反映。

纵观已有研究，关于化学基本观念内涵的阐述已较为清晰，但关于每一种化学基本观念的具体定义，学术界暂未有清晰、明确且被普遍接受的说法。卢巍（卢巍，2010）指出化学基本观念并不是以一个明确结论的形式出现，而是内隐于课程教材知识体系中，并随知识层次的推进而不断发展深化。由此可见，化学基本观念与课程教材知识是相互依存、相互补充的关系，化学基本观念的意义是由课程教材知识赋予的。也就是说，若要深入理解化学基本观念，离不开课程和教材的具体知识。因此，以下将结合人教版（人民教育出版社出版，下同）2019 高中化学教科书的具体内容，对 6 种化学基本观念进行详细阐述。

（1）元素观

元素观的内涵包括：物质都是由元素组成的，元素是组成物质的基本成分；每一种元素对应一类原子，由于原子不容易发生变化，所以元素不容易发生变化；物质的变化是化学元素的重新组合，在化学反应中元素的种类和质量不变，元素的性质随原子核外电子排布呈现周期性变化的规律，元素周期表是这一规律的具体体现形式。

譬如人教版 2019 高中化学必修第一册第四章第二节"元素周期律"，可以从"元素性质随原子核外电子排布呈现周期性变化"的角度理解元素观。随着原子序数的递增，元素原子的核外电子排布、原子半径、化合价会呈现周期性的变化，进而反映出元素性质（金属性和非金属性）的递变规律。而元素性质又与物质的组成与性质有关，从而为人们更好地研究物质及其变化提供了视角和思路。课本该部分通过引导学生发现原子序数与原子结构、元素性质的关系，渗透了元素观。

（2）微粒观

微粒观的内涵包括：物质世界是由分子、原子、离子等微观粒子构成的；微观粒子很小，其体积和质量无法用常规度量器度量，也不便用常规单位表示；微观粒子是有能量的、不断运动的、彼此有间隔的；原子是构成物质的最基本粒子，既能直接构成物质，又能先构成分子或离子，再由分子、离子构成物质，在一般条件下物质发生化学变化时，分子、离子会发生变化，而原子保持不变；微观粒子之间存在相互作用，原子间通过强弱不同的相互作用相互共存或结合成分子。

譬如人教版 2019 高中化学必修第一册第一章第二节"离子反应"，可以从"微观粒子之间存在相互作用，原子间通过强弱不同的相互作用相互共存或结合成分子"的角度理解微粒观。干燥 NaCl 中存在 Na^+ 和 Cl^-，由于离子键的存在，Na^+ 和 Cl^- 未发生定向移动故不导电，但在其溶于水后，水分子与 NaCl 固体发生碰撞，原本的离子键被破坏，Na^+ 和 Cl^- 解离到溶液中，在电场力的作用下发生定向移动，进而具备导电性。对于同一物质而言，微观层面的微粒间相互作用的不同，会影响宏观层面的物质性质。课本该部分通过联系宏观的导电现象与微观粒子的相互作用，渗透了微粒观。

（3）变化观

变化观的内涵包括：物质是不断变化的，变化是有层次的，包括物理变化、化学变化、核变化等；化学变化的本质是化学键的断裂和形成；化学变化伴随着能量变化，并以光、电、热等形式表现出来；利用化学变化人们可以获得或消除物质，可以储存或释放能量，控制变化的条件，可以使化学变化向人们希望的方向进行。

譬如人教版 2019 高中化学选择性必修第一册第二章第四节"化学反应的调控"，可以从"利用化学变化人们可以获得或消除物质，可以储存或释放能量，控制变化的条件，可以使化学变化向人们希望的方向进行"的角度理解变化观。对于工业合成氨而言，升高温度、增大压强、增大反应物浓度和使用催化剂有利于加快合成氨反应的反应速率，而降低温度、增大压强、增大反应物浓度有利于提高平衡混合物中氨的含量。在实际生产中需要同时考虑热力学和动力学因素，通过灵活控制反应条件，使得该反应在一定时间内生成尽量多的氨。课本该部分首先通过引导学生发现问题（加快合成速率和提高平衡混合物中氨含量所采取的措施是否一致），并结合生产实际多角度考虑压强、温度和催化剂对工业合成氨反应的影响，渗透了变化观。

（4）分类观

分类观的内涵包括：分类是一种化学思维方法，是人们认识事物的一种重要手段；分类所依据的标准不同，分类结果不同；通过分类可以更好地认识和把握同类事物的本质；对化学物质可以从元素组成、微粒间相互作用等角度进行分类；对化学反应可以从得失电子、元素组成等角度进行分类。

譬如人教版 2019 高中化学必修第一册第一章第一节"物质的分类及转化"，可以从"通过分类可以更好地认识和把握同类事物的本质""对化学物质可以从元素组成、微粒间相互作用等角度进行分类"的角度理解分类观。以 Ca、C 元素的单质到盐的转化关系为例。物质可以根据其组成进行分类，而处于同一类的物质其性质上也必然存在相似性。尽管 Ca、C

属于两种不同的元素，但它们各自所组成的单质都可以先后与 O_2、水、酸 / 碱反应最终生成盐。课本该部分引导学生根据物质组成对物质进行分类，通过物质类别的视角分析物质的转化关系，渗透了分类观。

（5）实验观

实验观的内涵包括：实验是人类探求未知、发现规律、验证推测的重要实践活动；化学实验是人类认识物质、改造和应用物质、推动化学科学不断发展的主要手段；实事求是、不畏艰辛、持之以恒是对待实验工作的科学态度；科学严谨、系统设计、安全环保是进行化学实验的基本保障；全面观察、记录实验现象，科学分析、解释实验结果，将观察与思维紧密结合是完成化学实验必需的基本方法；技术的进步促进实验手段的更新，进而推进化学科学的发展。

譬如人教版 2019 高中化学必修第二册第六章第一节"化学反应与能量变化"，可以从"全面观察、记录实验现象，科学分析、解释实验结果，将观察与思维紧密结合是完成化学实验必需的基本方法"的角度理解实验观。在"简易电池的设计与制作"探究活动中，需要根据原电池原理，设计和制作简易电池，并体会原电池的构成要素。该过程首先需要深入理解原电池模型的构成要素及其关系，并基于此运用已有实验用品组装电池，通过观察小型用电器（发光二极管、电子音乐卡或小电动机）运转情况或电流表示数，科学分析电极材料的选择问题，并进一步理解电池中不可或缺的构成部分。课本该部分引导学生运用生活中常见的物质设计并制作简易电池，开展观察、设计与讨论活动，渗透了实验观。

（6）化学价值观

化学价值观的内涵包括：化学是在分子、原子水平上研究物质的组成、结构、性质及其应用的一门基础自然科学，宏观与微观的联系是化学学科特征的思维方式；化学是一门中心的、实用的和创造性的科学，是推动现代文明和科技进步的重要力量；化学是材料科学、生命科学、环境科学和能源科学的重要基础，在解决人类所面临的自然和社会问题方面起关键作用；化学能增进人们对物质世界的认识，对丰富人类文化有实质性贡献；倡导绿色化学，实现自然与社会的可持续和谐发展是化学科学的价值追求。

譬如人教版 2019 高中化学选择性必修第三册第四章第二节"蛋白质"，可以从"化学是材料科学、生命科学、环境科学和能源科学的重要基础，在解决人类所面临的自然和社会问题方面起关键作用"的角度理解化学价值观。酶对于生物体内进行的复杂反应具有高效的催化作用，在酶的作用下生物才能进行新陈代谢，完成消化、呼吸、运动等生命活动。除此之外，酶还可用于医药、制革、食品、纺织甚至是疾病诊断等领域，课本本部分通过联系生活实际，引导学生认识化学对于工业生产、实际生活中方方面面的重要价值，渗透了化学价值观。

任务 2.1

请你选取教材中的任一章节，分析这一章节中所渗透的化学基本观念，并于小组同学交流讨论其内涵。

📖 2.3 化学基本观念的教学

正因为化学基本观念与课程教材知识是相互依存、相互补充的关系，因此深入理解教材并开展"素养为本"的化学教学，同样离不开化学基本观念的启发和指导。目前学界已有不少研究者（王磊 等，2005；毕华林 等，2013）提出促进学生化学基本观念发展的化学教学设计模式。

王磊教授团队提出如图 2.3.1 所示的以观念建构为本的教学设计模式（王磊 等，2005）。该模型包含以观念为本的教学分析和以观念建构为本的教学策略设计 2 个任务。其中，第 1 个任务是为了确定"教什么"而进行的课前分析，通过对教学内容和学生特征的分析来明确合理的教学目标来落实。第 2 个任务则是为了明确"如何教"而进行的课前设计，是通过对教学情境、教学问题、学生活动、反思策略的设计，确定采取何种方式方法进行教学以达到教学目的的过程。

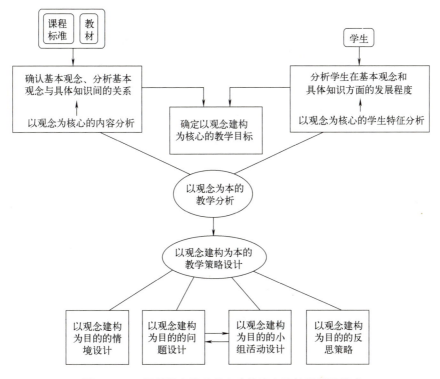

图 2.3.1 王磊等提出的以观念建构为本的教学设计模式

另一关注度较高的教学设计模式是毕华林与亓英丽所提出的以观念建构为本的教学设计模式（毕华林 等，2013），见图 2.3.2。类似地，他们认为促进化学基本观念建构的化学教学设计应立足于整体内容，在对中学化学课程进行全面、系统分析的基础上，合理筹划各种观念分阶段、分层次、有计划地逐步达成。

在观念建构为本的教学设计中，首先要明确基本观念，根据课程标准分析课程单元内容，提炼具有认知、情意、迁移价值的知识、思想、方法，确定统摄整个单元的化学基本观念，并理清具体知识、核心概念与基本观念的内在联系。其次，通过概括性的语言表达基本观念，形成对化学基本观念的基本理解。教师需辨识核心概念，寻找超越事实的思想、观点和方法，把握好学生的知识基础和思维水平。随后，将基本理解转化为驱动性问题，以问题为主线创设真实、生动的学习情境和探究活动，引导学生主动探究，将知识学习、观念建构与问题解决有机结合。最后，以问题为主线设计具体的学习情境和探究活动，并建立反思交流平台、开展及时评价，促进学生对核心概念的理解和观念的建构，并通过课后习题和访谈获取反馈，帮助学生完善观念体系。

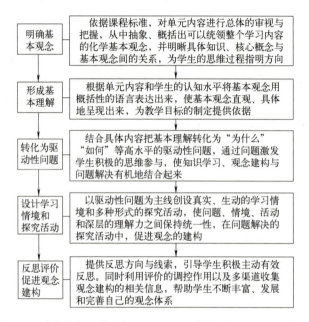

图 2.3.2　毕华林与亓英丽提出的以观念建构为本的教学设计模式

任务 2.2

　　请在任务 2.1 的基础上，围绕教材该章节内容，与小组同学合作撰写一篇以观念建构为本的化学教学设计。

🍃 化学基本观念的内涵：个体通过化学学习或教学活动，基于化学学科本体的特征，在以化学视角认识事物的过程中所形成的对化学的统摄性认识。

🍃 知识类基本观念依赖于个体自身对化学知识的反思提炼与归纳，是对化学学科本体论和化学认识论的反映；方法类基本观念取决于个体对化学学习方法的概括总结，是对化学方法论的反映；价值类基本观念则来源于个体对生活中化学价值的观察、思考与认识，是对化学学科价值论的反映。

🍃 化学基本观念与课程教材知识是相互依存、相互补充的关系，化学基本观念的意义是由课程教材知识赋予的。国内对化学基本观念的主要分类为：①知识类基本观念，包括元素观、微粒观和变化观；②方法类基本观念，包括分类观和变化观；③价值类基本观念，包括化学价值观。

🍃 深入理解教材并开展"素养为本"的化学教学，离不开化学基本观念的指导。目前国内研究者提出的促进学生化学基本观念发展的化学教学设计模式主要有两种。第一种模式包含以观念为本的教学分析和以观念建构为本的教学策略设计 2 个任务；第二种模式包含明确基本观念、形成基本理解、转化为驱动性问题、设计学习情境和探究活动、反思评价促进观念建构 5 个步骤。

【基础类】

🚩 1. 谈谈你对化学基本观念的认识。

🚩 2. 任选一种化学基本观念，举例说明该观念在化学教科书的体现。

【高阶类】

🚩 3. 如何在教学过程中发展学生的化学基本观念，并引导其运用化学基本观念进行问题解决？

🚩 4. 化学基本观念的形成受到哪些因素的影响？

拓展阅读

◄ 邓峰，邱惠芬. 化学基本观念教学研究 [M]. 长春：东北师范大学出版社，2024.（化学基本观念的研究案例）

◄ 毕华林，万延岚. 化学基本观念：内涵分析与教学建构 [J]. 课程·教材·教法，2014，34（4）：76-83.（化学基本观念的内涵剖析）

◄ 吴晗清，王连琏. 化学观念体系及其教学研究——以变化观为例 [J]. 化学教学，2022（1）：3-7，26.（化学基本观念的教学研究案例）

第 3 章

化学大概念

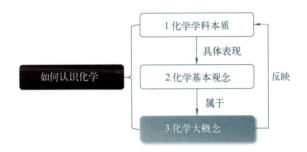

第2章介绍的化学基本观念是个体从化学学习的角度对化学学科本质的反映，实际上也属于化学大观念（国内研究者通常翻译为化学"大概念"）。近年来"大概念"一词从国外引入国内教育领域，并衍生出"化学大概念"。化学大概念作为一种新兴的舶来品，目前关于化学大概念的研究仍处于不断探索和发展的阶段。基于此，化学大概念是什么，如何提炼化学大概念，如何设计化学大概念单元教学，是本章重点关注的3个核心问题。

为了帮助读者解决以上3个问题，本章首先基于已有研究阐述化学大概念的定义，辨析化学大概念与化学基本观念的关系。开展基于化学大概念的单元教学首先需要提炼化学大概念，故在阐述化学大概念定义的基础上，提出4种化学大概念的提炼策略，并分析化学大概念单元教学设计思路。

本章导读

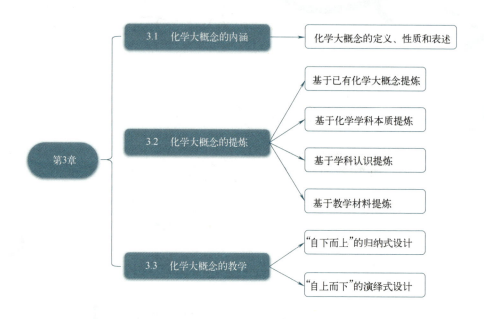

通过本章学习，你应该能够做到：

- 描述化学大概念的定义
- 阐述化学大概念的性质
- 以三种表述呈现同一化学大概念
- 提炼某一教学内容所对应的化学大概念

3.1　化学大概念的内涵

高中化学课标中提出，要求以学科大概念为核心推动课程内容结构化，促进学科核心素养的落实（中华人民共和国教育部，2020）。而在《义务教育化学课程标准（2022年版）》（以下简称"初中化学课标"）中（中华人民共和国教育部，2022），首次对"大概念"进行了集中阐述，要求通过大概念统领化学课程内容，基于大概念整体设计实施单元教学。对于如何理解大概念，目前已有国内外诸多研究者对大概念的内涵进行了较为深入的阐述。然而不同研究者理论阐述的视角不同，导致目前关于大概念的定义、性质和表述尚未达成共识。因此，首先需要基于已有研究对"化学大概念"进行界定。

大概念是处于更高层次、居于中心地位和藏于更深层次，具备认识论、方法论和价值论三重意义且能广泛迁移的活性观念（李松林，2020），是具有生活价值的、反映专家思维的概念、观念或论题（刘徽，2022）。目前研究者对大概念的理解主要从"性质"和"表述"两个角度进行阐述。

从性质的角度看，研究者主要聚焦大概念的"大"，"大"字表明其中心性、统摄性、持久性和迁移性。大概念的中心性，表现为它居于学科的中心位置并反映学科本质（顿继安 等，2019；王磊，2022；郑长龙，2021）。这种"中心性"并不是在某一平面上位置的"中心"，而是在价值层面上的"核心"。因此，大概念与具体知识、基本概念相比，应当居于更高位，并起到统摄性作用。它不仅统摄了核心知识，还包括思路与方法、应用与态度以及实践活动（王磊，2022）。大概念的统摄性决定其具备持久性和迁移性，持久性表现在大概念具有较为广泛的适用性和解释力（顿继安 等，2019），而迁移性表现在大概念能用于解释和预测较大范围的物体与现象（温·哈伦，2011）。

从表述的角度看，研究者主要聚焦大概念的概念、观念和论题（刘徽，2022）3 种表述。大概念（big ideas）作为一种"idea"，它可以是学科领域中的概念（Erickson，2000；温·哈伦，2011），也可以是学习者头脑中的观念（Clark，1997；Charles，2005；胡欣阳 等，2022；郑长龙，2021）。就"概念""观念"本身而言，人脑对客观事物抽象化的结果是形成概念甚至观念，而观念对客观事物存在预测、指导和改造的强大反作用力（毕华林 等，2014）。因此当人们对"概念"和"观念"在现实世界中进行具体的阐述和表达时，它们则是以"论题"的形式表现出来，成为大概念的第三种表述，这也正对应着格兰特·威金斯（Grant Wiggins）对大概念的理解中所包含的"辩论、悖论、问题、理论或原则"（格兰特·威金斯 等，2017）。

大概念是有层级关系的，依据适用范围的不同，大概念有跨学科大概念和学科大概念之分。学科大概念是反映学科本质，居于学科中心地位，具有较为广泛的适用性和解释力的原理、思想和方法。"学科"二字表明，若要真正被教师与学生所接受，需要将大概念学科化，进而提供理解知识、解决问题的思想方法和关键工具（顿继安 等，2019）。但此处的"学科"泛指物理、化学、生物等科学学科，未能聚焦到具体学科领域中的关键问题。此外，大概念还可以从学科、课程和学习 3 个层面进行分类，见下方学界观点。

学界观点

化学大概念从化学学科、化学课程和化学学习三个层面分为化学学科大概念、化学主题大概念和化学基本观念。化学学科大概念包括物质微粒性、化学变化和能量。化学主题大概念包括化学科学本质、物质的多样性、物质的组成、物质的变化与转化以及化学与可持续发展。化学基本观念包括元素观、微粒观、变化观、分类观、实验观和化学价值观等（胡欣阳 等，2022）。

随着素养时代的来临，大概念被赋予更加深刻的学科内涵与价值，并出现"化学大概念"。化学大概念在原有"学科大概念"的基础上，被赋予了"反映化学学科本质"的本体论价值（顿继安 等，2019；王磊，2022；郑长龙，2021），这不仅确立了化学大概念的学科核心地位，更表明大概念的素养发展功能来源于其生活价值，这体现在真实问题解决上，而真实问题解决需要将真实问题向学科问题转化，在转化的过程中逐渐聚焦于学科本身（郑长龙，2022）。

基于此，本书提及的"大概念"属于学科专属型大概念，即"化学大概念"。化学大概念是反映化学学科本质，能够用于解释和预测一系列化学现象、超越课堂之外的具有中心性、统摄性、持久性和迁移性价值的概念、观念或论题。譬如本书第 1.2 节提及的"物质""变化"和"能量"便属于化学大概念的范畴（Claesgens et al，2009）。需要说明的是，化学大概念可以从不同的材料中提炼而成，因此对于化学大概念"有哪些"的问题，学术界没有统一定论。有兴趣的读者可阅读下方的"国际视野"栏目来了解跨学科大概念，或查看"拓展阅读"栏目推荐的文献。

国际视野

美国《新一代科学教育标准》提出的 7 个跨学科概念（NGSS Lead States，2013）：模式（patterns）；原因和结果（cause and effect）；尺度、比例和数量（scale，proportion and quantity）；系统和系统模型（systems and system models）；能量和物质（energy and matter）；结构和功能（structure and function）；稳定与变化（stability and change）。

温·哈伦（温·哈伦，2011）提出的 14 个科学概念（ideas of science）和关于科学的概念（ideas about science）：宇宙中所有的物质都是由很小的微粒构成的；物质可以对一定距离以外的其他物体产生作用；改变一个物体的运动状态需要有净力作用于其上；当事物发生变化时会发生能量的转化，但在宇宙中能量的总量不变；地球的构造和它的大气圈以及在其中发生的过程，影响着地球表面的状况和气候；宇宙中存在着数量极大的星系，太阳系只是其中一个星系；生物体是由细胞组成的；生物需要能量和营养物质，为此它们经常需要依赖其他生物或与其他生物竞争；生物体的遗传信息会代代相传；生物的多样性、存活和灭绝都是进化的结果；科学认为每一种现象都具有一个或多个原因；科学上给出的解释、理论和模型都是在特定的时期内与事实最吻合的；科学发现的知识可以用于开发技术和产品，为人类服务；科学的应用经常会对伦理、社会、经济和政治产生影响。

3.2　化学大概念的提炼

（1）基于已有化学大概念提炼

化学大概念具有统摄性，高层次的化学大概念对低层次的化学大概念起到统摄性作用，而其迁移性使得化学大概念能通过归纳和演绎实现不同层级的转换，因此我们可以基于已有化学大概念，通过迁移提炼新的化学大概念。化学大概念的迁移主要分为直接迁移和解构迁移两类。

高层次的化学大概念具备更强的统摄性，这类化学大概念可以通过直接迁移，实现不同学段的持久性指导作用。例如，美国《新一代科学教育标准》举出了 7 个"跨学科概念（crosscutting concepts）"（NGSS Lead States，2013），我们可以将其转化为化学大概念并进行直接迁移。以"原因与结果"为例，通过赋予其化学学科特征，将跨学科概念转化为化学大概念，并以论题表述为"可基于证据对实验结果进行推理与解释"。该化学大概念主要体现证据推理的学科思维，从初中化学课标和高中化学课标对于化学学科核心素养的内涵解读中可知，证据推理在义务教育阶段的"科学思维"、在高中阶段的"证据推理与模型认知"均有体现，因此我们可以将该化学大概念进行直接迁移，贯穿于初中和高中的化学实验教学中。

然而，并不是所有化学大概念都适合直接迁移。从纵向上看，学生学段不同，其素养水平存在差异，对于较低学段的学生（如刚接触化学的初三学生），我们需要依据学生的素养水平对较高层次、抽象的大概念进行树状解构和逐级分解，提炼出较低学段学生应该建构的化学大概念，视为解构迁移。从横向上看，对于同一学段而言，课程与教学设计的对象不同，所需要的化学大概念的抽象程度也不尽相同。从课程整体设计到单元教学设计，再到课时教学设计，起到统摄性作用的化学大概念也需要进一步具体化，以解决真实情境中的具体问题。基于此，我们可以对已有的化学大概念进行树状解构、逐级分解，从而提炼化学大概念。

例如对于"物质结构决定其性质"这一以论题表述的化学大概念，以"物质性质"为解构对象，可生成 2 条化学大概念，进一步解构"物理性质"和"化学性质"，可得到更低层次、具体的多条化学大概念（见图 3.2.1）。值得注意的是，化学大概念进行解构迁移的结

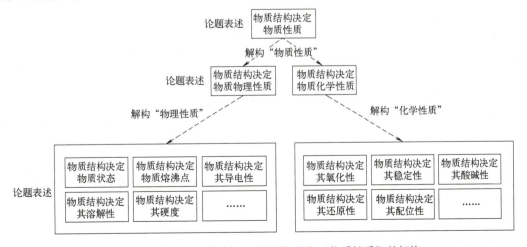

图 3.2.1　对"物质结构决定其性质"进行"物质性质"的解构

果随选取的解构对象的不同而不同。以"物质结构"为解构对象，则可以生成 3 条化学大概念，进一步解构"元素性质""物质性质"和"晶体性质"，可得到更加下位的多条化学大概念（见图 3.2.2）。

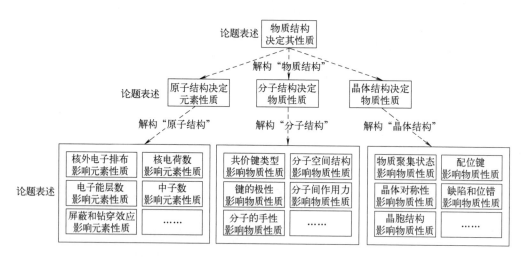

图 3.2.2 对"物质结构决定其性质"进行"物质结构"的解构

（2）基于化学学科本质提炼

化学大概念具有中心性，是对化学学科本质的反映，因此化学大概念也可以由化学学科本质提炼而来。高中化学课标凝练了化学学科本质，可以视为较高层次、抽象的化学大概念，若要将该化学大概念用于指导实际问题解决，需要将其具体化，生成较低层次、具体的化学大概念。

从化学学科本体视角上看，高中化学课标对化学学科本质的阐述指明了化学学科的"研究层次""研究方法""研究对象"和"研究目的"（朱玉军，2013），这四大要素之间的关系是化学学科本质在现实层面的体现。而化学基本观念作为以学生认识发展为主体指向的化学大概念，是学生头脑中自主建构的有关化学学科的总括性认识（胡欣阳 等，2022），是化学学科本质在观念层面的体现。因此基于化学学科本体视角和化学基本观念可以提炼化学大概念。

化学学科本体视角是对化学学科本质在现实层面的具体化，表现为化学学科本质可通过化学学科本体视角进行拆解和解读。化学学科本体视角的"研究层次"包括"宏观层面""微观层面"；"研究方法"包括"实验探究""分类""证据推理""模型建构"等；"研究对象"包括"物质""反应""能量"；"研究目的"包括"认识物质""创造物质""认识世界""创造世界"等。通过"研究层次""研究方法""研究对象""研究目的"之间的关系，可以整合提炼出以论题表述的化学大概念。例如"在宏观层面上通过分类的方法认识物质""在微观层面上通过模型建构的方法认识化学反应，以创造新物质"等（见图 3.2.3）。

化学基本观念是对化学学科本质在观念层面的具体化，以观念的形式反映了学科最基本的思想和原理——化学大概念（毕华林 等，2014）。以"分类观"为例，分类观是学生对于"分类"这一化学学科研究方法的总观性认识，可以作为一种以观念表述的化学大概念。这种观念表述对于中学生而言相对抽象，因此可以转换为论题或概念表述。例如分类观的内

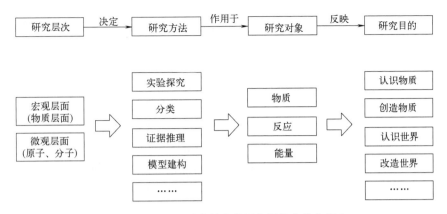

图 3.2.3　基于化学学科本体视角提炼化学大概念

涵（毕华林 等，2011）包括四个部分，它们各自可以作为下一层级化学大概念的论题表述，同时对这四种表述进行整合，"分类观的内涵"也可以作为"分类观"化学大概念的概念表述（见图 3.2.4）。

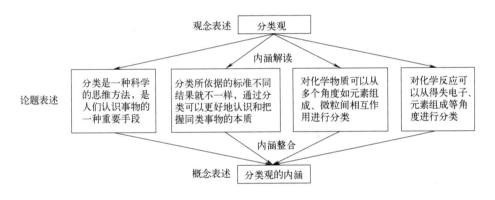

图 3.2.4　基于分类观提炼化学大概念

（3）基于学科认识提炼

化学大概念是居于学科中心的，统摄了核心知识、思路方法、应用态度与实践活动等要素。对于核心知识和思路方法而言，它们具备一定认识功能且具有素养发展价值，但前提是需要将知识结论转变为学生的认识角度、思路、方法策略（王磊 等，2019），进而建构化学大概念。因此基于化学认识方式、方法可以提炼化学大概念。

认识方式是个体对客观事物能动反应的方式，包括认识角度、认识思路和认识方式类别三个普遍联系、相互转化的内容要素（王磊 等，2016）。基于三者之间的关系可以提炼化学大概念。

例如"类别""化合价"是一级认识角度"物质"下的二级角度，通过认识角度之间的关系，结合学科核心活动经验和学科能力活动表现，可以提炼出"基于物质类别与元素价态视角分析与设计物质的制备、分离与检验"的认识思路，作为以论题表述的化学大概念。该认识思路可以归纳出"宏观 - 微观""定性 - 定量"两种认识方式类别，在此基础上再次整合认识角度，可以提炼出更加上位的化学大概念"从宏观与微观相结合的视角认识物质的分类及其变化""从定性与定量相结合的视角认识物质的分类及其变化"两条以论题表述的化学大概念。

科学方法是化学教学中学生科学的认识方法（郑长龙，1996），是人在认识和改造客观世界的实践活动中形成的有效的规则、方式、手段、途径和模式（吴俊明，2010）。本书对"认识方法"的理解借鉴"科学方法"，化学认识方法是学生在化学学习与实践活动中形成的有效的规则、方式、手段、途径或模式，是化学理论与实践经验的升华、程序化、规范化、强化的结果。人教版高中化学教科书（2019年版）的"方法导引"作为教材化学认识方法的"显性表征"，着力提升学生认识和思维水平的方法和途径（宗汉 等，2021）。因此通过对"方法导引"栏目内容的总结和概括，可以提炼化学大概念。

例如基于高中化学必修第二册第五章第一节"方法导引"中的"化学实验设计"可以总结提炼出"化学实验系统思维"这一以概念表述的化学大概念（见图3.2.5）。"化学实验系统思维"涵盖了从"实验目的"到"评价优化"的7个实验要素及其推理关系：在实验开始前，首先需要明确实验目的，依据实验目的选择相应的实验原理，基于实验原理中反应物、生成物及其性质选择实验药品和仪器，并组装实验装置、设计实验操作步骤。实验者依据设计好的操作步骤开展实验，记录定性现象和定量数据。通过对现象和数据的分析，推理出与实验目的相适应的实验结论，并依据实验结论对整个实验进行反思和评价（见图3.2.5）。这7个要素是缺一不可、环环相扣的关系，是由"化学实验系统思维"这一概念表述的化学大概念统领。

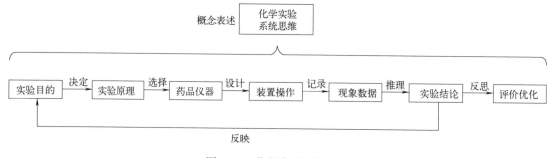

图 3.2.5　化学实验系统思维

（4）基于教学材料提炼

相比于千变万化的事实性知识而言，化学大概念是居于学科中心、具备持久迁移价值的，这对于一线教学的重要性不言而喻。课程标准和教科书承载了化学核心知识、概念，是化学大概念的重要来源，因而是开展化学大概念教学的重要依据，化学大概念可以依据课程标准和教科书内容提炼而来。

对于课程标准而言，虽然研究者们对课程标准内容主题与化学大概念的关系持有不同看法，但都关注到了课程标准学习主题与化学大概念的密切关系，基于课程标准内容要求可以提炼化学大概念。

例如初中化学课标明确了每个学习主题下的第1个二级标题是大概念（可作为论题表述）。如"1.1化学科学本质""2.1物质的多样性""3.1物质的组成""4.1物质的变化与转化""5.1化学与可持续发展"（中华人民共和国教育部，2022）。但是初中阶段的化学大概念并不局限于上述 5 个，这些化学大概念统领了该学习主题下的其他更低层级的化学大概念，通过对相应化学大概念在课标内容要求的内涵解构，可以提炼出低层级、具体的化学大概念。例如，"认识物质性质的思路与方法"是"物质的多样性"下一层级化学大概念，通过对内容要求的内涵解构，可以提炼出以论题表述的两条化学大概念（见图 3.2.6）。

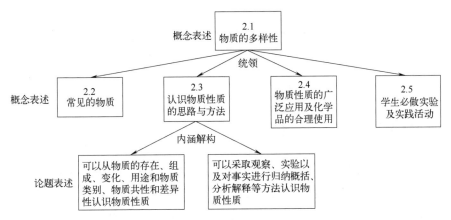

图 3.2.6　对"认识物质性质的思路与方法"进行概括提炼

教科书编写的重要依据是课程标准，因此课程标准中所承载的化学大概念在教科书中也会有所体现。以下主要论述基于"章引言""整理与提升"和内容知识提炼化学大概念。

基于教科书"章引言"可以提炼化学大概念。章引言处于每一章教学内容的最前面，作为每一章的"先行组织者"，对于单元教学内容起到提纲挈领的作用，与化学大概念的"统摄性"相一致。作为教科书科学方法的"隐性表征"，章引言提炼了本章的重要化学概念、化学观念和学科核心知识（宗汉 等，2021）。以人教版高中化学必修第二册第五章的章引言为例，可直接提炼出"从物质类别和元素价态的视角认识元素及其化合物的性质、用途和转化关系""工业上通过控制反应条件可以利用物质间的转化关系制备化工产品""遵循习近平生态文明思想，实现环境保护和资源利用的和谐统一"三条以论题表述的化学大概念。

基于教科书"整理与提升"可以提炼化学大概念。整理与提升处于每一章的末尾，多以概念图的形式着力实现知识关联、认识思路和核心观念的结构化。以人教版高中化学必修第二册第六章整理与提升为例，其一级标题"从能量变化的视角认识化学反应""从化学反应速率和限度的视角认识化学反应"可以作为以论题表述的化学大概念；对其下的二级标题和概念图进行总结概括，可提炼出"化学反应中化学键的断裂和形成导致化学能转化为热能和电能""原电池可将化学能转化为电能""通过控制反应条件影响速率和平衡，进而认识和调控化学反应"三条低层级、较具体的以论题表述的化学大概念。

基于教科书内容知识可以提炼化学大概念。化学大概念统摄了核心知识，因此，可以通过"自下而上"的归纳法提炼化学大概念。例如对于混合物体系"食盐 - 泥沙""碘水 -CCl_4"等混合物分离的事实性知识，通过抽提这些事实性知识中具备迁移价值的核心知识并加以归纳，可以提炼出"物质的分离与提纯"这一以概念表述的化学大概念（见图 3.2.7）。

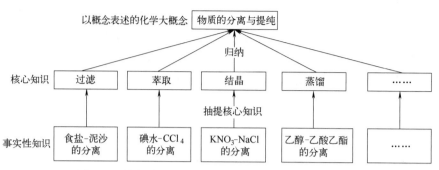

图 3.2.7　抽提事实性知识中的核心知识提炼化学大概念

📖 3.3　化学大概念的教学

虽然大概念是舶来品，但化学大概念与国内研究者提出的化学学科本质、化学基本观念、化学学科认识乃至具体教学材料之间存在紧密的联系。由此可见化学大概念对学生化学学科核心素养发展的重要价值，是具有可操作性、可实践落地的理论。在提炼出化学大概念后，如何围绕化学大概念进行单元教学设计是一个具有挑战性的研究课题。

目前已有众多研究者开始了基于大概念乃至化学大概念的课程与教学实践探索。从大课程和大学科视角，李刚和吕立杰提出基于大概念的课程单元开发七步框架，包括选择单元主题、筛选大概念群、确定关键概念、识别基本问题、编写单元目标、开发学习活动和设计评价方案（李刚 等，2018）。该七步框架为基于大概念的单元教学提供了宏观框架，但暂未涉及单元教学设计具体内容要素的撰写。此后刘徽以"望远镜"和"放大镜"思维指导大概念单元设计，并对大概念单元教学的单元整体设计、教学目标设计、教学过程设计和教学评价设计展开了系统阐述（刘徽，2022）。新时代的化学课程以发展学生的化学学科核心素养为导向，若要立足化学核心素养开展真实问题解决，需要将真实问题转化为学科问题（郑长龙，2022），聚焦于化学学科专属的化学大概念及其单元教学上。

就化学大概念的单元教学而言，目前已有较多研究者开展了关于化学大概念的单元教学设计实践，这些研究重点关注具体主题或章节内容，对化学大概念单元教学设计范式的探讨较少。化学大概念单元教学的核心是单元整体教学结构的搭建。本书上一节从不同理论视角阐述的四大提炼策略具有共同的思维起点——"归纳"与"演绎"，这两种思维不仅可以用于提炼化学大概念，并且与已有的化学大概念单元整体教学结构的搭建思路几乎一致。因此，以下将结合具体案例阐述基于归纳思维的"自下而上"归纳式设计和基于演绎思维的"自上而下"的演绎式设计。

（1）"自下而上"的归纳式设计

基于"归纳"的思维，教师可以"自下而上"建构单元整体教学结构，即在课程标准或教科书的基础上，归纳核心知识、思路与方法、应用与态度或实践活动等要素，向上生成化学大概念。

譬如在高中"水溶液中的离子反应与平衡"单元教学（张雄鹰，2021）中，研究者首先对人教版、鲁科版（山东科学技术出版社出版）和苏教版（江苏教育出版社出版）教材进行分析，自下而上提炼出"电解质在水溶液中的行为""电离平衡"等5个核心概念，并梳理教材内容、核心概念和"水溶液中的离子反应与平衡"化学大概念之间的关系，设计"血液的酸碱平衡"真实情境作为知识载体，搭建单元整体教学结构（见图 3.3.1）。最终在完成大单元教学内容分析的基础上，确定大单元总目标、大单元课时安排与课时教学目标，进而设计大单元课时任务、教学流程与评价活动。

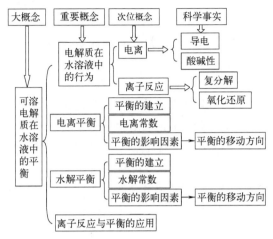

图 3.3.1　"水溶液中的离子反应与平衡"单元整体教学结构（张雄鹰，2021）

（2）"自上而下"的演绎式设计

基于"演绎"的思维，教师可以"自上而下"建构单元整体教学结构，即在已有化学大概念的基础上，整合单元内容提出若干化学大概念在该主题下的重要理解，进而统摄基础概念和其下的事实性知识。

譬如，在初中"溶液"单元教学（周玉芝，2023）中，研究者首先整合教材内容，创设"物质构成的奥秘""溶液"2 个教材单元。为了深入分析教学内容的深层联系，研究者从美国 AP 化学课程以及《新一代科学教育标准》中选取"尺度、比例和数量""结构与性质"2 个已有大概念，并结合单元内容主题自上而下转化为关于化学大概念的 5 个基本理解，进而统摄 14 个基础概念和若干具体知识，搭建单元整体教学结构（见图 3.3.2）。最终在完成大单元教学设计内容分析的基础上，设计多维单元教学目标以及具体教、学、评活动。

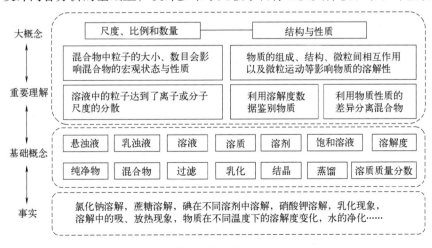

图 3.3.2　"溶液"单元整体教学结构（周玉芝，2023）

🍃 化学大概念是反映化学学科本质，能够用于解释和预测一系列化学现象、超越课堂之外具有中心性、统摄性、持久性和迁移性价值的概念、观念或论题。

🍃 化学大概念具有统摄性，高层次的化学大概念对低层级的化学大概念起到统摄性作用，而其迁移性使得化学大概念能通过归纳和演绎实现不同层级的转换，因此我们可以基于已有化学大概念，通过迁移提炼新的化学大概念。化学大概念的迁移主要分为直接迁移和解构迁移两类。

🍃 化学大概念具有中心性，是对化学学科本质的反映，因此化学大概念也可以由化学学科本质提炼而来。高中化学课标凝练了化学学科本质，可以视为较高层级、抽象的化学大概念，若要将该化学大概念用于指导实际问题解决，需要将其具体化，生成较低层级、具体的化学大概念。从化学学科本体视角上看，高中化学课标对化学学科本质的阐述指明了化学学科的"研究层次""研究方法""研究对象"和"研究目的"，这四大要素之间的关系是化学学科本质在现实层面的体现。而化学基本观念作为以学生认识发展为主体指向的化学大概念，是学生头脑中自主建构的有关化学学科的总括性认识，是化学学科本质在观念层面的体现。因此基于化学学科本体视角和化学基本观念可以提炼化学大概念。

🍃 化学大概念是居于学科中心的，统摄了核心知识、思路方法、应用态度与实践活动等要素。对于核心知识和思路方法而言，它们具备一定认识功能而具有素养发展价值，但前提是需要将知识结论转变为学生的认识角度、思路、方法策略，进而建构化学大概念。因此基于化学认识方式、方法可以提炼化学大概念。

🍃 相比于千变万化的事实性知识，化学大概念是居于学科中心、具备持久迁移价值的，这对于一线教学的重要性不言而喻。课程标准和教科书承载了化学核心知识、概念，是化学大概念的重要来源，因而是开展化学大概念教学的重要依据，化学大概念可以依据课程标准和教科书内容提炼而来。

问题讨论

【基础类】
1. 化学大概念与化学核心概念、化学基本观念有什么区别和联系？
2. 提炼化学大概念的 4 种策略之间存在什么联系？

【高阶类】
3. 如何基于 4 种策略提炼某一教学内容的化学大概念？
4. 如何基于化学大概念开展单元教学？

拓展阅读

郑长龙. 大概念的内涵解析及大概念教学设计与实施策略 [J]. 化学教育（中英文），2022，43（13）：6-12.（化学大概念的内涵）

温·哈伦. 科学教育的原则和大概念 [M]. 韦钰，译. 北京：科学普及出版社，2011：17-20.（科学教育中的 11 个大概念）

NGSS Lead States. Next generation science standards: For states，by states[S]. Washington D C: National Academics Press，2013：66-68.（从幼儿园到高中阶段的跨学科概念）

刘徽. 大概念教学：素养导向的单元整体设计 [M]. 北京：教育科学出版社，2022.（大概念的教学设计）

顿继安，何彩霞. 大概念统摄下的单元教学设计 [J]. 基础教育课程，2019（18）：6-11.（化学大概念的教学设计）

第 2 篇

化学学科教学知识

第4章

化学学科理解

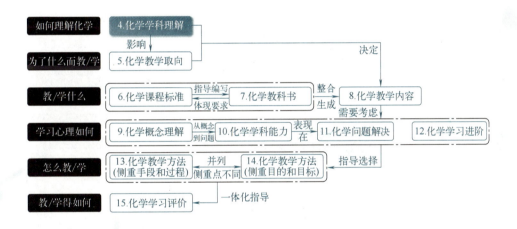

经过前面的学习，相信读者对化学这门学科有了更全面且结构化的认识。前三章是用专家的眼光看化学知识，我们用化学家的眼光审视化学、用专家型化学教师的眼光了解化学基本观念和化学大概念。接下来，让我们回到现在的身份，从一名职前化学教师的立场来看化学的教学：成长为一名合格的化学教师，需要具备哪些学科教学知识呢？

想教好化学，化学教师需增进自身的"化学教学理解"（chemistry pedagogical understanding，CPU）。这要求化学教师拥有扎实的学科理解、正确的教学取向与丰富的课程、学情、策略和评价知识。读者或许听过类似这样的观点：扎实的学科知识是教师上好一节课的根基。确实如此，化学学科理解是化学教学理解的基础（邓峰 等，2022），也是教师设计一堂化学课的起点。

化学学科理解指教师对化学学科知识及其思维方式和方法的一种本原性、结构化的认识（中华人民共和国教育部，2020）。对此定义，本章内容主要从理解的对象（理解什么）和理解的方式（怎么理解）加以解读（郑长龙，2021），并以案例呈现化学学科理解的结果。

本章导读

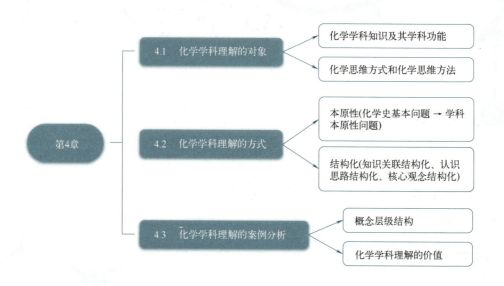

通过本章学习，你应该能够做到：

- 描述化学学科理解的内涵
- 举例说明中学化学某个概念（如"电离"）所承载的学科功能
- 举例说明中学化学教科书中某道习题所体现的化学思维方式和方法
- 抽提中学化学某个概念（如"氧化还原反应"）的本原性问题
- 绘制某个中学化学知识核心主题（如"化学平衡"）的化学概念层级结构图

📖 4.1　化学学科理解的对象

化学学科理解指教师对化学学科知识及其思维方式和方法的一种本原性、结构化的认识（中华人民共和国教育部，2020）。据此定义，化学学科理解的对象是化学学科知识、化学思维方式和化学思维方法。

（1）化学学科知识

准确理解化学学科知识以及背后的学科功能，是一名中学化学教师的必修课。准确理解化学学科知识是最基本的要求，主要体现为教师能准确把握化学核心概念的内涵。由于化学学科知识体系庞大，教师或许难以穷尽每一点知识，但可以把握数量有限而地位重要的核心概念（如原子结构、化学键、化学平衡等）。这要求教师能准确阐述并解释这些核心概念的定义。

例如，离子键应理解为"带相反电荷离子之间的相互作用"（或表述为静电作用），而非"相互吸引"。这是因为离子键既包括原子核与电子之间的相互吸引，又包含带同种电荷的原子核之间、电子与电子之间的相互排斥。只是两者的作用力大小不同，原子核与电子之间的相互吸引更胜一筹，才在宏观上表现为阴、阳离子相互"吸引"。又如，共价键应理解为"原子之间通过共用电子形成的化学键"，而非"共用电子对"。因为存在离域键（如苯环中的 π_6^6 键）、单电子共价键（如 H_2^+ 中的单电子 σ 键）甚至三电子共价键（如 H_2 中的三电子 σ 键）等电子不成对的情况。

> **任务 4.1**
>
> 阐述"金属性""金属活动性"和金属的"还原性"的区别和判断依据。

知其然更需知其所以然。教师在理解化学核心概念内涵的基础上，需进一步理解化学学科知识背后的学科功能。从化学本体论的视角来看，化学学科知识是从原子、分子的微观水平对化学物质的组成（即成分）和结构进行表征，对化学物质的性质和变化进行描述、解释和应用的知识（郑长龙，2019）。其中，表征、描述、解释和应用反映了化学学科知识的学科功能，这些动词阐明了知识（概念）在学科体系中"能解决什么问题"，为认识化学提供了视角。认识视角与本书第 1.2 节的"认识角度"同义，指对物质及其变化的特征及规律进行认识的角度、侧面或切入点（郑长龙，2021）。

譬如，教师认识到"元素是具有相同核电荷数的一类原子的总称"，这样的知识还不具有学科功能。只有认识到元素概念是对化学物质宏观组成的一种表征，教师才理解了"元素"概念的学科功能（郑长龙，2019），便于形成认识物质成分的元素视角。再如，"化学键是相邻原子之间强烈的相互作用"，这样的认识仅反映了知识。当教师理解了化学键概念是对元素的原子之间结合方式的一种描述，则认识到"化学键"的学科功能，就能形成认识物质结构的化学键视角。

> **任务 4.2**
>
> 查阅文献，阐述某个化学核心概念的学科功能（如"化学平衡"）。

（2）化学思维方式和方法

① 化学思维方式（从哪想）。

化学思维方式是化学家在长期运用化学思维方法认识和解决化学问题时，逐渐形成的固化和稳定的程序性思维习惯（胡欣阳 等，2022）。化学思维方式对应解决化学问题时"从哪想"，表现为个体思考化学问题时，倾向于用某种方式调用相应的认识视角。比如，化学家习惯于从微观的化学键视角预测物质性质。目前国内外的讨论呈百家争鸣之势。梳理相关文献，本书提出 3 种学科专属性较强的化学思维方式：宏观 - 微观、状态 - 过程与定性 - 定量，并以问题"解释为何 HClO 具有漂白性而 Cl_2 没有"为例展示认识视角的调用过程，见表 4.1.1。

表 4.1.1　3 种化学思维方式的内涵、表现及对应实例

名称	具体内涵	外在表现	实例
宏观 - 微观	宏观：倾向于从肉眼可感知的物质和变化现象（如物质、元素、能量层面）出发分析与解决化学问题	能从宏观与微观相结合的视角分析与解决有关物质组成、结构、性质、变化与应用的化学问题	➢ 宏观：从元素层面出发，调用元素价态视角，分析价态变化难易程度。HClO 中 Cl 元素显 +1 价，Cl_2 中的 Cl 显 0 价，故 HClO 发生还原反应（Cl 降价）的趋势或许更强，氧化性更强，显现出漂白性
	微观：倾向于从肉眼无法感知的尺度（如分子、原子、电子水平）出发分析与解决化学问题		➢ 微观：从电子水平出发，调用化学键视角，分析断键难易程度。HClO 分子可表示为 H—O—Cl，均为极性键，而 Cl_2 中的 Cl—Cl 为非极性键。前者在 H_2O 包围的极性环境中，化学键容易极化异裂。故 HClO 易与含不饱和键的有机色素发生加成反应，显漂白性（夏宏宇 等，2007）
	宏观 - 微观：从微观视角解释或预测宏观事物，建立宏观和微观的联系		
状态 - 过程	状态：倾向于分析物质 / 能量及其变化的瞬时状态（如固 / 液 / 气态、能量相对值等），解决化学问题（如反应方向、限度）	能从状态与过程相结合的视角分析与解决物质变化（包括物理变化与化学变化）所涉及的化学问题	➢ 状态：分析常温状态下的能量相对高低，HClO 中 O—Cl 键的键能（233.5 kJ/mol）（罗渝然，2005）小于 Cl—Cl 键的键能（242.7 kJ/mol）。HClO 更容易断 O—Cl 键，从而与有机色素发生反应，显漂白性
	过程：倾向于分析变化的动态过程（如多元弱酸分步电离、分子势能变化、离子迁移方向等），解决化学问题（如反应速率、历程）		➢ 过程：分析漂白的过程，调用反应历程视角。HClO 常温下能自发分解，表示为 HClO $\longrightarrow$ HCl+[O]，后者为活性氧原子（自由基），容易与有机色素分子结合，使其氧化褪色（夏宏宇 等，2007）。而常温下干燥 Cl_2 难以自发分解出氯原子，故无漂白性
	状态 - 过程：综合分析瞬时状态与变化过程，解决复杂的化学问题（如反应调控）		
定性 - 定量	定性：倾向于从物质及其变化所具有的性质特征（如物质类别、元素价态）分析与解决问题	能从定性与定量相结合的视角分析与解决有关物质组成、结构、性质、变化与应用的化学问题	➢ 定性：分析物质的稳定性，调用分子的空间排布视角。HClO 为 V 形分子，结构不对称，容易断键从而与有机色素发生反应，显漂白性；Cl_2 分子结构较对称，相对稳定些
	定量：倾向于用数据量化表示物质及其变化的性质特征（如化学计量、变量关系）来分析与解决问题		➢ 定量：分析物质的稳定性，调用化学键视角。HClO 中 O—Cl 键的键能（233.5 kJ/mol）（罗渝然，2007）小于 Cl—Cl 键的键能（242.7 kJ/mol）。故 HClO 更容易断 O—Cl 键
	定性 - 定量：结合数据深入分析物质及其变化所具有的性质特征		

②化学思维方法（怎么想）。

化学思维方法的内涵及实例见本书第 1.3 节，此处不再赘述。化学思维方法对应解决化学问题时"怎么想"，表现在个体解决化学问题时的认识思路中。化学思维方式和化学思维方法都是解决化学问题的工具，但方式更加稳定、内隐、起统领作用（胡欣阳 等，2022）。化学思维方式由个体长期运用化学思维方法解决问题而形成。两者的关系见图 4.1.1。

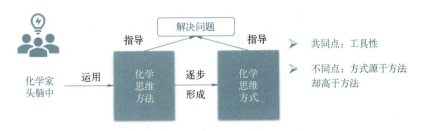

图 4.1.1　化学思维方式和化学思维方法的关系

任务 4.3

试做 1 道某年某地高考化学反应原理题。做完试题后，体会自己调用了哪些化学思维方式和化学思维方法来解决问题。

4.2　化学学科理解的方式

（1）本原性

"本原"是指一切事物中的最初根源或构成世界的最根本实体。哲学中对"本原性"思考表现为一种刨根问底的探寻精神，而"本原性"的核心思想旨在用根本、本质的机理解释复杂的宏观现象（杨玉东，2004）。我们将这一哲学思想引入化学学科理解，化学中的本原性问题体现着化学家对多变现象中普遍规律和机理的思考。通过"本原性"的思考方式从不同的层次和视角提炼本原性问题，繁复的化学问题将转化为最原始、最朴素的形式（董拥军，2023）。

本原性问题体现着化学学科主题中最基本、最原始的思想观念，往往推动化学学科的研究理解与发展进步。因此，本原性问题由化学发展历史中真实存在的"基本问题"抽提而成，体现为化学学科主题中具有推动学生学科认识和能力发展的问题。以电化学为例，在其发展史上，按照发生时间和逻辑顺序归纳概括出 5 个基本问题，见图 4.2.1（单媛媛 等，2021）。这 5 个基本问题实则指向电化学的原理（为什么有电能转化）和过程（如何进行电能转化）两个方面。

根据化学史梳理的基本问题，教师可以抽提出用于化学教学的本原性问题（图 4.2.2）。通常可以从"为什么""是什么""怎么样"等方面提出本原性问题。仍以电化学为例，高中化学课标（中华人民共和国教育部，2020）要求学生以原电池和电解池为例，认识化学能与电能之间互相转化的原理、过程、实际意义及其重要应用。在认识原电池时，思考"化学

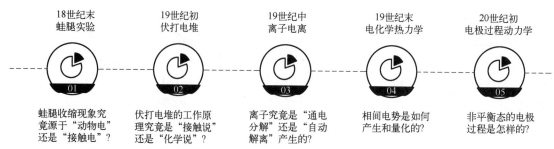

图 4.2.1　电化学主题的化学史认识过程及对应的基本问题（单媛媛 等，2021）

反应为什么能将化学能转化为电能"，我们得以理解原电池中电能产生的原因是不同电极之间的电势差不同，从而推动电荷定向移动，形成电流；思考"化学反应如何将化学能转化为电能"，我们得以理解原电池反应中化学能对系统做功从而转化为电能，化学反应进度与电荷转移量之间的关系，得以对电化学反应进行定性定量分析；思考"化学反应如何产生持续电流"，我们得以理解如何设计和构造原电池的装置。

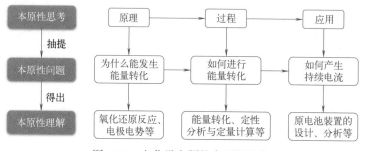

图 4.2.2　电化学主题的本原性思考

任务 4.4

请你以氧化还原反应为主题，分别从反应的机理、反应的条件、反应的过程、反应的结果等角度出发，抽提出本原性问题，并进一步讨论。

（2）结构化

结构化是指关联或联系，它主要有以下 3 种形式（中华人民共和国教育部，2020）：基于知识关联的结构化、基于认识思路的结构化和基于核心观念（化学基本观念）的结构化。上述 3 种结构化也是本书第 6 章提及的"教学内容结构化"的展现。

结构化有利于教师挖掘化学学科知识在化学学科核心素养发展方面的独特价值，实现从"知识为本"的教学向"素养为本"的教学的转变（详见本书第 5 章），有助于学生在化学知识结构化的自主建构中形成认识视角和认识思路，理解化学基本观念，从而实现化学学科知识向化学学科核心素养的转化。

基于知识关联的结构化要求按照化学学科知识的逻辑，发现知识的关联并组织汇总，将某一单元或模块中的多个知识点联系成一个整体。以"微粒间的相互作用"主题为例，微粒间的相互作用根据其作用力的强弱，可分为较强的化学键和较弱的分子间作用力。化学键的本质为静电作用，它是决定物质和能量变化的主要因素，由键参数定量表征。根据成键的微粒种类不同，可分为共价键、离子键和金属键。其中，共价键依据其共用电子偏移程度和原子轨道的重叠方式的不同又可分为极性键／非极性键／配位键、σ 键／π 键等。分子间作用力在高中阶段主要包括氢键和范德华力。通过知识间的相互关联可以形成概念图，见图 4.2.3。

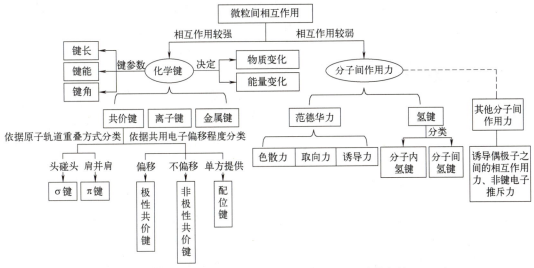

图 4.2.3　微粒间作用力主题知识关联的结构化概念图（邓峰 等，2023）

学界观点

有研究者指出，部分配合物中的配位键键能大于 100 kJ/mol，应归属于较强的相互作用，其余配位键则属于较弱的相互作用（王熙贺，2024）。

基于认识思路的结构化要求从学科本原出发，概括、总结物质及其变化的认识路径。通过对认识思路的结构化，解决"怎么想"的问题，可指导学生有序地认识某化学主题的知识，帮助学生形成解决陌生情境下复杂化学问题的分析框架。以"热化学"主题为例（胡润泽 等，2024），在初中和高中必修阶段，学生仅对化学反应中的能量变化有定性的认识，了解化学反应分为放热反应与吸热反应，而选择性必修阶段中，通过实验测定与机理分析对化学反应的能量变化进行了定量分析，这是从定性到定量的化学思维方式转变。在定量分析的过程中，又经历了"语言描述—实验测定—机理分析—符号表征—定量计算—实际应用"的认识过程，将热化学中的核心概念互相关联。另外，在分析热化学本质机理时，由宏观的内能变化视角转变为微观的化学键断裂与形成视角，体现了从宏观到微观的化学思维方式转变。通过热化学主题的认识思路（见图 4.2.4），学生得以由浅入深地学习理解热化学相关知识，建构热化学概念框架，熟悉化学研究的一般思路。

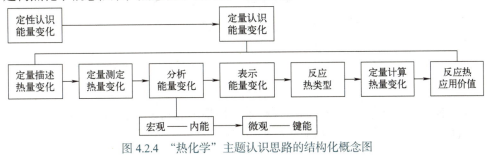

图 4.2.4　"热化学"主题认识思路的结构化概念图

基于核心观念的结构化要求从学科本原进一步概括、抽象物质及其变化的本质与认识过程，以促使建构和发展化学学科核心观念。如对认识氧化还原反应的一般思路，可抽提出元素观、微粒观等化学基本观念；对于元素"位""构""性"三者的关系，从学科本原可进一步概括出"结构决定性质，性质反映结构"这一化学大概念；在认识有机化合物的过程中也体现了"结构决定性质，性质决定应用"的大概念（黄泰荣 等，2021）。

任务 4.5

请你分别从知识关联、认识思路和核心观念三种形式对"化学反应"主题进行结构化的学科理解分析。

📖 4.3 化学学科理解的案例分析

在化学学科理解的过程中，通过分析某个化学主题的认识对象，抽提其中的本原性问题，并对其进行结构化分析，抽提其中的认识视角和认识思路（这也是学科理解的关键环节），使相关的知识和概念形成互相关联的知识概念层级结构。通常我们通过绘制概念层级结构图表征化学学科理解的结果，化学学科理解过程与结果的关系如图 4.3.1 所示。

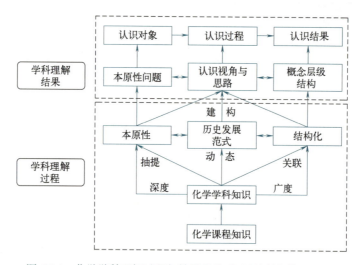

图 4.3.1 化学学科理解过程与结果的关系（单媛媛 等，2022）

高中化学选择性必修 3 的"有机化合物的组成与结构"主题从有机化合物的分子结构、官能团、化学键 3 个认识视角出发，认识有机化合物的组成与结构；同时，将性质作为有机化合物结构教学的切入点和落脚点，关注结构与性质的关联（中华人民共和国教育部，2020）。下文将对这一主题展开分析。

（1）抽提本原性问题

依据"本原性"思考的原则，回归最朴素、最根本的角度，我们可以循着"是什么—为什么—怎么样"的思路抽提该主题的本原性问题：

①"是什么"——"有机化合物的组成与结构是什么样的？""如何确定有机化合物的组成与结构？"

②"为什么"——"有机化合物中的原子是如何结合的？""为什么有机化合物保持现有组成与结构而不是其他的组成与结构？"

③"怎么样"——"有机化合物的组成与结构如何影响其性质？""怎样表示/表征有机化合物的组成和结构？"

通过对以上问题的串联、解释与整合，我们就能得到较为清晰的认识视角（张笑言 等，2022）：①从元素组成延伸出的碳骨架、官能团视角（对应组成与结构是什么样的问题）；②分子结构的构型、构象视角（对应为什么保持现有组成与结构的问题）；③电子结构的化学键视角（对应原子如何结合的问题）。

（2）结构化

在实际的结构化过程中，其包含的 3 种形式并不是相互独立、互不关联，而是彼此联系、互为补充。我们可以由知识关联出发向上逐渐抽提深化，可以由核心观念出发不断延伸发展，也可以沿着本原性问题的认识思路出发。本案例我们基于前文抽提出的本原性问题，对有机化合物的组成与结构进行分析理解。

综合本原性问题和认识视角，凝练有机化合物的组成与结构的认识思路，主要包括两个层面（刘丽珍 等，2022）。整体层面的思路为"组成→结构→性质"，体现了"结构决定性质"的化学学科大概念。局部层面的思路聚焦在"结构"部分，以 2 条认识思路展开：①确定有机化合物的组成与结构；②表征有机化合物的组成与结构。认识思路整合了"有机化合物的组成与结构"主题的各级概念，得到本主题的概念层级结构，如图 4.3.2 所示。

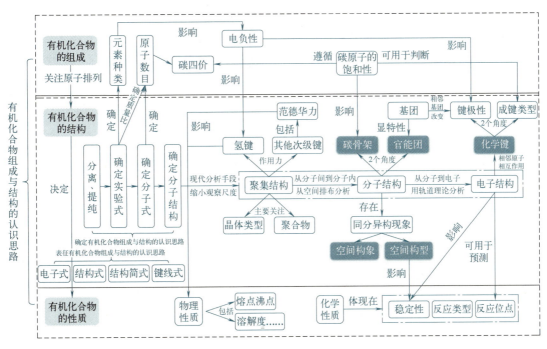

图 4.3.2　"有机化合物的组成与结构"主题概念层级结构

🍃 化学学科理解指教师对化学学科知识及其思维方式和方法的一种本原性、结构化的认识。其理解对象为化学学科知识、化学思维方式和化学思维方法；理解方式为本原性、结构化。

🍃 化学学科理解的对象可以从认识化学和解决问题两方面理解：①准确理解化学学科知识（主要为核心概念的内涵）及其学科功能，有助于教师抽提化学的认识视角；②把握化学思维方式和方法，有助于教师应用知识、解决问题。

🍃 化学思维方式是化学家在长期运用化学思维方法认识和解决化学问题时，逐渐形成的固化和稳定的程序性思维习惯。它用于指导解决问题时"从哪想"，指引教师调用一定的认识视角分析问题。

🍃 典型的化学思维方式有：宏观-微观、状态-过程、定性-定量。化学思维方法的内涵和分类详见本书第1.3节。化学思维方式和方法均为解决化学问题的工具，但化学思维方式高于并源于化学思维方法。

🍃 化学学科理解的本原性体现了认识的深度。教师可以从推动化学历史发展的基本问题入手，抽提某个化学主题的认识视角，从"是什么""为什么""怎么样"等方面凝练对应的本原性问题。

🍃 化学学科理解的结构化体现了认识的广度。教师可以按照化学学科知识的逻辑，建立知识（概念）的关联；可以从本原性问题切入，凝练某个化学主题的认识思路；可以进一步概括抽提知识关联、认识思路之上的核心观念（如大概念、化学基本观念）。

🍃 化学学科理解的过程主要包括：

①抽提本原性问题，凝练认识视角——既可以从"是什么""为什么"和"怎么样"等方面凝练，也可以分析某个化学主题的化学史发展历程，从中抽提；②概念结构化关联，提炼认识思路——关联的方式包括：基于知识逻辑直接关联概念、基于本原性问题提炼认识思路、基于核心观念进行概念延伸；③绘制概念层级结构图，呈现认识视角和认识思路。

问题讨论

【基础类】

🚩 1.化学学科理解包括了众多结构要素（本原性问题、认识视角、认识思路、概念层级结构等）。其中最关键的要素是什么？

🚩 2.化学学科理解中，基本问题、本原性问题、认识视角、认识思路、概念层级结构之间有什么联系？

【高阶类】

🚩 3.笔者在中学一线教书时，常询问学生"你觉得好老师的标准有哪些"，学生们普遍反馈好老师能把庞杂的化学知识和抽象的化学概念"讲清楚"。请结合本章内容尝试归纳：教师备课时怎么把某课时的学科知识"分析清楚"？

🚩 4.笔者在中学一线教书时，曾询问同事（教师）"怎样把知识讲明白"，有同事回复：学生花在化学学习的时间一般较少，能把基本的概念记清楚，甚至搞懂，已经相当不易，因此不宜过多强调"抽象"的思维方式和方法、认识视角和思路。请结合本章内容和自己高中学习经历，评析上述观点。

拓展阅读

🔖 单媛媛，郑长龙.基于化学学科理解的主题素养功能研究：内涵与路径 [J]. 课程·教材·教法，2021，41（11）：123-129.（化学学科理解的内涵、过程详解）

🔖 邓峰，刘立雄.中学化学核心概念学科理解 [M]. 北京：化学工业出版社，2023.（中学教学常见化学核心概念的内涵辨析和学科功能）

🔖 吴星.中学化学学科理解疑难问题解析 [M]. 上海：上海教育出版社，2020.（中学教学常见的化学疑难问题）

第 5 章

化学教学取向

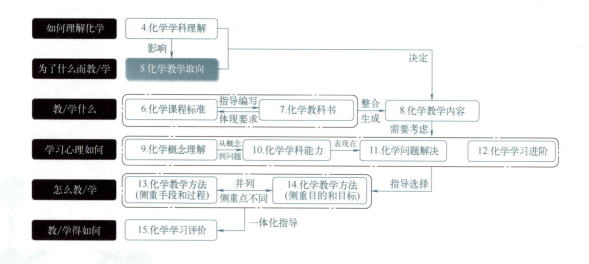

如果说，第4章化学学科理解是化学教学的学科知识起点，那么本章则为化学教学的目标定位。教学取向是教师对教学的整体性认识与信念，主要回答"为了什么教"的问题。教师在某一种教学取向指引下，会对每一堂课的教学设计具体的教学目标，以实现一定的教学目的。有学者（Nargund et al，2011）指出，教师的教学取向不仅具有稳定性与传承性，还从根本观念层面塑造着教师的教学行为模式。因此，有必要厘清教学取向、教学目的和教学目标的区别与联系，方能为每一堂课的教学目标设计提供清晰的方向。

由于学界暂未深入研究化学学科的教学取向，故本章首先着眼于科学（化学）教学取向的研究，梳理其内涵、组分结构和研究趋势，得出"素养为本"的化学教学取向。然后辨析化学教学取向、化学教学目的和化学教学目标的关系。最终明确化学课堂教学目标的内涵与发展历程，并辅以建构性与迁移性两类教学目标的典型案例，说明化学教学目标编制的"ABCD"原则。

本章导读

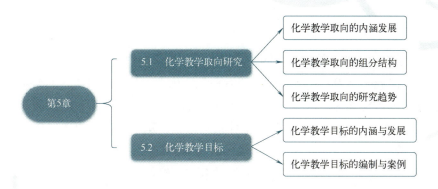

通过本章学习，你应该能够做到：

- 简述化学教学取向的含义
- 列举并解释化学教学取向的不同组分
- 简述我国化学教学目标的发展历程
- 撰写清晰、具体且具有可操作性的化学教学目标

📖 5.1 化学教学取向研究

由于目前研究尚未涉及具体化学学科专属的教学取向定义，本书基于已有研究中科学教学取向对化学教学取向的内涵发展、组分结构与时代要求进行介绍。

> **任务 5.1**
>
> 画图反映化学教学取向：在你心目中，化学课堂教学的场景是怎样的？请使用隐喻（如"老师像导游一样""老师像花园里的园丁"等）来绘制一幅关于化学课堂中教师、学生与教学过程的画像（常规课或实验课均可），并附上文字说明图画中各图标或符号的含义。

（1）科学（化学）教学取向的内涵发展

科学（化学）教学取向的定义内涵的发展可细分为 2 个阶段：

第一阶段（1980—1990）：此阶段见证了科学（化学）教学取向概念的初步构建。科学（化学）教学取向被定义为教师科学（化学）教学的信念与行为。这种定义融合了内部信念与外部实践，强调二者作为不可分割的整体进行考量，这一整合性视角忽略了信念与行为之间的潜在分离。譬如，Smith 等率先引入"教学取向"这一术语，用以描述教师的思维与行为，并指出其灵活性和情境适应性，即教学取向能够依据不同教学情境进行调整与变化（Smith et al，1984）。

第二阶段（1990—至今）：随着研究的深入，科学（化学）教学取向的定义进入了更为精细化的阶段。在这一阶段，科学（化学）教学取向被细化为教师基于自身的教学经验与理念、对科学教学的整体性认识与信念。其中的认识与信念具有稳定性。这一转变显著区分了认识信念与教学行为，强调了前者作为独立维度的稳定性与持久性，不再将行为直接纳入定义范畴。这一界定不仅明确了内部信念与外部行为之间的关联，也凸显了两者间存在的差异。后续关于学科教学知识（PCK）的研究中也沿用这种定义，将教学取向作为特殊的组分，纳入 PCK 的理论模型中。譬如，Friedrichsen 和 Dana 将科学（化学）教学取向定义为教师根据自身教学理念、目标和经验对科学（化学）教学的整体认识，对其教学内容知识与教学实践有重要影响（Friedrichsen et al，2005）。

综上所述，科学（化学）教学取向现被普遍理解为教师基于自身的教学经验与理念，对科学（化学）教学的整体性认识与信念。

（2）科学（化学）教学取向的组分结构

随着科学（化学）教学取向研究的不断深入，研究者开启对科学（化学）教学取向的组分结构的深入探讨，目前的观点主要认为其包括科学（化学）教学目的观（beliefs about the teaching goals，BTG）与科学（化学）教学过程观（beliefs about the teaching process，BTP），见表 5.1.1。

表 5.1.1　科学（化学）教学取向的组分结构

组分	描述
科学（化学）教学目的观	教师对化学教学活动或学习任务预期结果的认识
科学（化学）教学过程观	教师对于什么是化学教学，何为有效教学，什么是学习，何为有效学习以及教学中师生角色等基本问题的认识

在探索初期，科学（化学）教学取向的组分结构尚未明晰，但广泛共识在于教学目的观是构成教学取向不可或缺的一环（Smith et al，1984）。科学（化学）教学目的观是教师对于科学（化学）教学活动或学习任务预期结果的认识，包括终身教学目标、课程教学目标以及课堂教学目标等教育目的的认识。教师对于教育目的的不同认识将直接影响其对课程目标的落实，即当教师的教育目的与课程目标一致时，教师才会在教学实践中落实课程改革所提倡的教学取向。

随后，学术界进一步提出，科学（化学）教学过程观亦是科学（化学）教学取向的关键组成部分（Roehrig et al，2005）。科学（化学）教学过程观体现了教师对于教学整体流程的理解和把握，具体涵盖了教学过程中教师角色、学生角色以及何为有效教学、何为有效学习等多个维度的认识（Brown et al，2013）。基于此，科学（化学）教学取向的组分结构得以进一步明晰，为教育实践提供了更为坚实的理论基础与指导方向。

📖 5.2　化学教学目标

（1）化学教学目标的内涵与发展

化学教学取向中的教学目的观关注整个化学教学过程的总体方向和长远目标，具有宏观性与概括性。教学目的为教学目标的制定提供了指导和方向，使得教学目标更加明确和具体。区别于化学教学目的（goal），化学教学目标（object）侧重于在化学教学过程中，教师期望学生达成的具体、可衡量的学习成果或行为表现。我国化学教学目标的发展历程主要可分为"双基"目标、"三维"目标、核心素养目标三个阶段，体现了我国化学教育理念的逐步深化和对学生全面发展要求的不断提高。

①"双基"目标。

新中国成立初期，教育部颁布的《中学化学教学大纲（草案）》中明确提出："使学生获得一定的、系统的和巩固的化学基础知识和基本技能。"这是我国首次在官方文件中明确提出"双基"目标的概念。这一阶段的教学目标具有明确性、具体性和可操作性的特点。它注重学生对化学基础知识的记忆和理解，以及通过实验等手段培养学生的实验技能和动手能力。

②"三维"目标。

随着知识经济时代的到来和科学技术的突飞猛进，社会对人才的需求不再局限于智力的发展，还要求人才在非智力因素方面有所发展，即实现人才的全面发展。基于此，教育部于 2001 年颁布的《基础教育课程改革纲要（试行）》中明确提出，中学教学目标要体现国家对不同阶段学生在知识与技能、过程与方法、情感态度与价值观等方面的基本要求，旨在通过更加全面和深入的教学目标设计，促进学生的全面发展。具体而言，三维目标包括：

➤ 知识与技能：关注学生应掌握的化学概念、物质结构、性质、反应原理相关知识以及实验、计算、化学用语使用技能。

➤ 过程与方法：强调学生在化学学习过程中应当经历的探究过程、实验设计、数据分析等方法论训练。

➤ 情感态度与价值观：侧重于培养学生的化学基本观念、科学精神以及对化学的兴趣和热爱。

③ 核心素养目标。

随着教育改革的不断深入，基础教育领域提出了"化学学科核心素养"。这一概念的提出旨在通过更加聚焦和深入的教学目标设计，培养学生的关键能力和必备品格，以适应未来社会发展的需要。在随后修订的高中化学课标中，根据教育部要求和高中化学课程特点，提出了包含"宏观辨识与微观探析""变化观念与平衡思想""证据推理与模型认知""科学探究与创新意识"与"科学态度和社会责任"五个要素的高中化学学科核心素养。新修订的初中化学课标也提出义务教育阶段化学课程要培养的核心素养主要包括"化学观念""科学思维""科学探究与实践"与"科学态度与责任"，其内涵与特点详见本书第6章。

（2）化学教学目标的编制与案例

教学目标的编制可遵循"Audience-Behavior-Condition-Degree"（ABCD）原则（邓峰等，2022），以确保其清晰、具体且具有可操作性。其中，"Audience"即教学的目标受众，默认为学生，故在教学目标编制时往往直接省略；"Behavior"明确指出了教学预期达到的具体行为或能力，需采用行为动词精确描述；"Condition"界定了达成该行为所需的条件或情境，通常是通过何种任务、活动或环境来实现；"Degree"则量化了行为的程度或标准，如"初步学会""熟练掌握"等，以衡量达成目标的深浅层次。

此外，在撰写时应保证目标的具体性与可行性，避免使用"了解""理解"与"掌握"等模糊词汇，特别是在描述物质化学性质等具体教学内容时。对于旨在提升学生核心素养的教学目标，更应深入剖析素养维度，将其细化为具体、可观察、可评价的水平指标，而非简单地罗列素养名称，以实现"精准施教，有效评价"的目标。

根据教学侧重点的不同，化学教学目标主要包括建构性教学目标和迁移性教学目标（邓峰 等，2022）。具体而言，建构性教学目标聚焦于学生系统地构建化学知识体系的过程，强调基础理论与概念的深入理解与内化；而迁移性教学目标则着重培养学生将所学化学知识灵活应用于新情境、解决实际问题的能力。接下来，本文将通过具体案例，深入剖析并展示这两类教学目标的设计与实施方法。以下将结合案例介绍2类教学目标的编制。

① 建构性教学目标的编制。

对于建构性教学目标，可以从"建构什么"与"如何建构"两个方面进行解读。"建构什么"指的是建构的内容或结果，可从教学内容中提炼。"如何建构"指的是建构的途径或方法，可从教学任务／活动中提炼。

案例 5.1

【建构性教学目标】

• 教学目标 1：通过绘制与观察弱电解质的电离图示，认识弱电解质在水中电离的微观本质，初步建立基于微粒种类辨识强、弱电解质的视角。

• 教学目标 2：通过实验探究同一物质不同状态下的导电性，初步建构电解质概念，建立基于宏观现象认识电离的视角。

• 教学目标 3：通过物质的微粒空间排布和物质熔点探究的实验，辨识并理解晶体和非晶体在宏观与微观层面呈现的差异，建立从结构和性质层面鉴别物质的视角。

如上例子中下划横线的文字为"如何建构"的内容，往往以"通过"开头，下划虚线的文字为"建构什么"的内容，即教学内容，可分为知识 - 技能类、思维 - 方法类、价值 - 观念类（内涵详见本书第 8.1 节化学教学内容的分类）。以下将结合上述"ABCD"原则对建构性教学目标进行分析。

首先，建构性教学目标的"Audience"为学生，即教学目标的主语，在此处省略。其次，建构性教学目标的"建构什么"中包含的具体行为和能力属于"Behavior"。譬如，教学目标 1 中的"初步建立基于微粒种类辨识强、弱电解质的视角"属于"Behavior"。其中，"建立"一词前的"初步"即表示其建构的程度，属于"Degree"。"建立"一词后的"基于微粒种类辨识强、弱电解质的视角"属于思维 - 方法类教学内容。然而，此处的"Behavior"不局限于"建立"一词的出现，教学目标 1 中"认识弱电解质在水中电离的微观本质"也属于"Behavior"，其中"弱电解质在水中电离的微观本质"属于知识 - 技能类教学内容。再者，"Condition"对应建构性教学目标中的"如何建构"部分，即建构对应教学内容所需的条件或情境。譬如，教学目标 1 中的"通过绘制与观察弱电解质的电离图示"即为实现其教学内容的"Condition"。

任务 5.2

请你参考上述分析过程，结合"ABCD"原则对建构性教学目标 2、3 的组成进行分析，讨论其不足之处，并总结撰写建构性教学目标规律。

② 迁移性教学目标的编制。

迁移性教学目标属于素养表现目标，需在教学内容中体现化学素养功能和学生发展需求。

案例 5.2

【迁移性教学目标】

• 教学目标 1：能从微粒间相互作用的角度，运用动态平衡的观点全面分析弱电解质在水溶液中的电离过程，并熟练书写弱电解质的电离方程式。

• 教学目标 2：能基于宏微结合的视角建构酸、碱、盐的电离模型，初步建构分类观和微粒观。

• 教学目标 3：能根据晶胞无隙并置的特点，运用均摊法分析并定量计算晶胞中的微粒数目。

如上例子中均以"能"开头，加粗的部分为表示能力的行为动词，其后往往直接衔接具体教学内容，对应案例中下划虚线的部分，同样可分为知识 - 技能类、思维 - 方法类、价值 - 观念类（内涵详见本书第 8.1 节化学教学内容的分类）。以下将结合上述"ABCD"原则对迁移性教学目标进行分析。

首先，迁移性教学目标的"Audience"为学生，即教学目标的主语，在此处省略。其次，"Behavior"指的是将所学化学知识灵活迁移运用于新情境、解决实际问题的行为或能力，故将包含表示能力的行为动词与其后的教学内容。譬如，教学目标 1 中的"从微粒间相互作用的角度，运用动态平衡的观点全面分析弱电解质在水溶液中的电离过程"，属于"Behavior"。其中"分析"为表示能力的行为动词，"分析"一词前的"完全"表示其迁移的程度，属于"Degree"。"分析"一词后的"弱电解质在水溶液中的电离过程"需要"从微粒间相互作用的角度，运用动态平衡的观点"的视角进行迁移，故"弱电解质在水溶液中的电离过程"属于思维 - 方法类、价值 - 观念类教学内容，"从微粒间相互作用的角度，运用动态平衡的观点"为迁移对应教学内容所需的条件，即"Condition"。而其后"熟练书写弱电解质的电离方程式"也属于"Behavior"，其中"书写"为表示能力的行为动词，"书写"一词前的"熟练"表示其迁移的程度，属于"Degree"，"弱电解质的电离方程式"则属于知识 - 技能类教学内容。

任务 5.3

请你参考上述分析过程，结合"ABCD"原则对迁移性教学目标 2、3 的组成进行分析，讨论其不足之处，并总结撰写迁移性教学目标规律。

整体而言，教学目标的编制并不是凭空而来，而且从教学任务分析中提炼并初拟，并用于指导教学策略的设计，再通过教学策略的设计反向完善、生成最终的教学目标。需要注意的是，无论在建构性教学目标还是迁移性教学目标中都需要量化其行为的程度或标准，对"Degree"进行描述。但是在实际编写过程中往往容易被忽略。此外，教师需要通过以素养为本的教学取向指导其教学目标的编制，故教学目标所指向的教学内容并不局限于知识 - 技能类、思维 - 方法类教学内容，价值 - 观念类教学内容亦可被纳入教学目标，渗透化学学科的深层次价值。

任务 5.4

请你在现有的一篇教学设计的基础上，撰写清晰、具体且具有可操作性的化学教学目标。

科学（化学）教学取向的定义内涵的发展可分为 2 个阶段。第一阶段（1980—1990）：科学（化学）教学取向被初步定义为教师科学（化学）教学的信念与行为。第二阶段（1990—至今）：科学（化学）教学取向被细化为教师基于自身的教学经验与理念、对科学教学的整体性认识与信念。这一转变显著区分了认识信念与教学行为，强调了前者作为独立维度的稳定性与持久性，不再将行为直接纳入定义范畴。后续关于学科教学知识（PCK）的研究中也沿用这种定义，将教学取向作为特殊的组分，纳入 PCK 的理论模型中。

对于科学（化学）教学取向的组分结构，目前的观点主要认为其包括科学（化学）教学目的观（BTG）与科学（化学）教学过程观（BTP）。科学（化学）教学目的观是教师对于科学（化学）教学活动或学习任务预期结果的认识，包括终身教学目标、课程教学目标以及课堂教学目标等教育目的的认识。科学（化学）教学过程观体现了教师对于教学整体流程的理解和把握，涵盖了教学过程中教师角色、学生角色以及何为有效教学、何为有效学习等多个维度的认识。

区别于化学教学目的（goal），化学教学目标（object）侧重于在化学教学过程中，教师期望学生达成的具体、可衡量的学习成果或行为表现。我国化学教学目标的发展历程主要可分为"双基"目标、"三维"目标、核心素养目标三个阶段。

教学目标的编制可遵循"Audience-Behavior-Condition-Degree"（ABCD）原则，以确保其清晰、具体且具有可操作性。在撰写时，应保证目标的具体性与可行性，避免使用"了解""掌握"等模糊词汇，特别是在描述物质化学性质等具体教学内容时。对于旨在提升学生核心素养的教学目标，更应深入剖析素养维度，将其细化为具体、可观察、可评价的水平指标。

根据教学侧重点的不同，化学教学目标主要包括建构性教学目标和迁移性教学目标。具体而言，建构性教学目标聚焦于学生系统地构建化学知识体系的过程，强调基础理论与概念的深入理解与内化；迁移性教学目标则着重培养学生将所学化学知识灵活应用于新情境、解决实际问题的能力。

【基础类】

⚑ 1. 根据任务 5.1 的画图结果，你认为自己的化学教学取向是怎样的呢？回忆教过自己的中学化学老师，他们的教学取向是怎样的呢？

⚑ 2. 化学教学取向和化学教学目标是什么关系？

【高阶类】

⚑ 3. 新时代下我国中学化学教师应具备什么样的教学目的观和教学过程观？

⚑ 4. 新时代的化学课程要求以发展学生的化学学科核心素养为导向，那么我们如何在化学教学目标中体现学生化学学科核心素养的发展？

◀ Friedrichsen P M，Dana T M. Substantive-level theory of highly regarded secondary biology teachers' science teaching orientations[J]. Journal of Research in Science Teaching，2005，42（2）：218-244.（PCK 中的化学教学取向）

◀ Smith E L，Anderson C W. The planning and teaching intermediate science study：final report. [J]. Biological Sciences，1984（147）：43.（教学目的观）

◀ Brown P，Friedrichsen P，Abell S. The Development of Prospective Secondary Biology Teachers PCK[J]. Journal of Science Teacher Education，2013，24（1）：133-155.（教学过程观）

◀ 邓峰，钱扬义. 化学教学设计 [M]. 北京：化学工业出版社，2022.（教学目标的编制）

第6章

化学课程标准

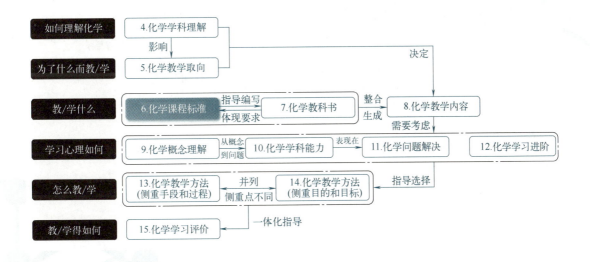

课程标准所规定的正式课程能否一致性地转化为学生实际所习得的课程，关键在于教师对课程标准所规定的理念、目标、内容、要求等的准确理解以及在课堂中的教学转化。本章将以初中化学课标与高中化学课标为对象，从课标要素（包括课程性质、课程理念、课程目标、课程结构、课程内容、课程评价等）进行审视和比较，梳理共性和差异，以便帮助读者更好地理解和应用初高中化学课标，指导课堂教学。

本章导读

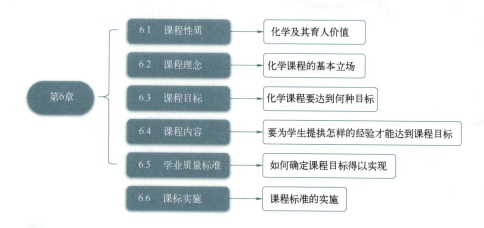

通过本章学习，你应该能够做到：

- 辨识和说明初高中化学课标的基本结构
- 建构初高中化学课标课程目标体系的结构化认识
- 分析初高中化学课标课程内容的构成和特点
- 理解化学课程评价的依据和标准

6.1 课程性质

初中和高中的化学课标对化学课程性质的表述（见表 6.1.1）都包括以下 3 个方面。

表 6.1.1 初高中化学课标对课程性质的描述

义务教育化学课程标准（2022 年版）	普通高中化学课程标准（2017 年版 2020 年修订）
化学是研究物质的组成、结构、性质、转化及应用的一门基础学科，其特征是从分子层次认识物质，通过化学变化创造物质。化学是自然科学的重要组成部分，与物理学共同构成物质科学的基础，是材料科学、生命科学、环境科学、能源科学、信息科学和航空航天工程等现代科学技术的重要基础。化学是推动人类社会可持续发展的重要力量，在应对能源危机、环境污染、突发公共卫生事件等重大挑战中发挥着不可替代的作用。	化学是在原子、分子水平上研究物质的组成、结构、性质、转化及其应用的一门基础学科，其特征是从微观层次认识物质，以符号形式描述物质，在不同层面创造物质。化学不仅与经济发展、社会文明的关系密切，也是材料科学、生命科学、环境科学、能源科学和信息科学等现代科学技术的重要基础。化学在促进人类文明可持续发展中发挥着日益重要的作用，是揭示元素到生命奥秘的核心力量。
义务教育化学课程作为一门自然科学课程，具有基础性和实践性，对落实立德树人根本任务、促进学生德智体美劳全面发展具有重要价值。义务教育化学课程有利于激发学生对物质世界的好奇心，形成物质及其变化等基本化学观念，发展科学思维、创新精神与实践能力，养成科学态度和社会责任，为学生的终身发展奠定基础	普通高中化学课程是与义务教育化学或科学课程相衔接的基础教育课程，是落实立德树人根本任务、发展素质教育、弘扬科学精神、提升学生核心素养的重要载体；化学学科核心素养是学生必备的科学素养，是学生终身学习和发展的重要基础；化学课程对于科学文化的传承和高素质人才的培养具有不可替代的作用

（1）化学学科的本质特征

初高中化学课标都界定了化学是研究物质的组成、结构、性质、转化及应用的一门基础学科。化学学科的研究对象是物质，研究问题是物质的组成、结构、性质、转化及应用。"创造物质"是化学学科的独有特征，而"认识物质"的特征，却不仅仅只有化学学科。对此，初高中化学课标对认识物质的角度进行了限定，首先限定"微观层次认识物质"，进一步限定"在原子、分子水平上"。

（2）化学学科的多重价值

初高中化学课标都从学科价值、育人价值和社会价值 3 个方面，系统阐述了化学学科的价值。其中，学科价值是材料科学、生命科学、环境科学、能源科学和信息科学等现代科学技术的重要基础；是揭示元素到生命奥秘的核心力量。育人价值是学生终身学习和发展的重要基础；对于科学文化的传承和高素质人才的培养具有不可替代的作用。社会价值是推动人类社会可持续发展的重要力量。

（3）化学学科的学习特征

义务教育阶段和普通高中阶段的化学课程都具有基础性和实践性。在基础性方面，义务教育阶段更多的是引导学生逐步学会认识物质及其变化的视角，帮助学生"常识地"看世界到"化学地"看世界的转变，培养基本的化学观念，更多是启蒙的作用（房喻 等，2022）。普通高中化学阶段同样强调基础性，要求基于化学视角掌握化学的基本概念和原理，建立化学的知识体系，其知识的广度和深度都较义务教育阶段显著提升。

在实践性方面，义务教育阶段通过实验激发学生对化学的学习兴趣，初步理解化学的本质，梳理化学的价值观。此外，初中化学课标规定了 8 个学生必做实验，设计了 10 个跨学科实践活动供教师选择实验。普通高中阶段同样强调实践性，重视培养学生的科学探究能力，注重实验系统思维，要求学生具备自主性和创新性。其中，高中化学课标规定9个必修课程学生必做实验和9个选择性必修课程学生必做实验。

📖 6.2 课程理念

初高中化学课标主要从育人功能、课程目标、课程内容、教学方法、教学评价5个方面凝练了化学课程理念（见表6.2.1），具有共性和差异之处。

（1）在育人功能方面

初高中化学课标都强调注重化学课程的育人功能。义务教育化学课程标准"注重学生的自主发展、合作参与、创新实践，培养学生适应个人终身发展和社会发展所需要的必备品格、关键能力，引导学生形成正确的世界观、人生观和价值观"（中华人民共和国教育部，2022），高中化学课标"立足于学生适应现代生活和未来发展的需要，充分发挥化学课程的整体育人功能，构建全面发展学生化学学科核心素养的高中化学课程目标体系"（中华人民共和国教育部，2020）。初高中化学课标在课程理念中均提出要发展核心素养，而高中化学课标更为明确，具有学科特征，这可能与化学在义务教育阶段具有启蒙性有关。

（2）在课程目标方面

初高中化学课标都强调素养立意的课程目标。而由于不同阶段课程的地位不同，义务教育化学课程与小学科学课程和高中化学课程衔接，也与义务阶段其他有关课程关联；高中化学课程则设置满足学生多元发展需求的课程以拓展学生的学习空间，适应学生未来发展的多样化需求，如设置了必修课程、选择性必修课程和选修课程。

（3）在课程内容方面

初高中化学课标都强调要选择体现基础性、时代性和实践性的课程内容。义务教育化学课程标准首次提出要构建大概念统领的课程内容体系，注重学科内的融合及学科间的联系，反映核心素养在各学习主题下的特质化内容要求。

（4）在教学方法方面

初高中化学课标都强调开展"素养为本"的教学，倡导真实问题情境的创设，开展以化学实验为主的多种探究活动，重视教学内容的结构化设计。其中，初中化学教学提出要基于大概念建构，整体设计和合理实施单元教学，开展项目式学习，重视跨学科实践活动。

（5）在教学评价方面

初高中化学课标都倡导基于素养的评价，设计学业质量和各学习主题的学业要求，评价学生在不同学习阶段化学学科核心素养的达成情况。其中，义务教育化学课程标准强调实施促进发展的评价，改进终结性评价，加强过程性评价，深化综合评价，探索增值评价，将多元化的评价方式融入全过程教学中。

表 6.2.1　初高中化学课标对课程理念的描述

义务教育化学课程标准（2022 年版）	普通高中化学课程标准（2017 年版 2020 年修订）
➤ 充分发挥化学课程的育人功能	➤ 以发展化学学科核心素养为宗旨
➤ 整体规划素养立意的课程目标	➤ 设置满足学生多元发展需求的高中化学课程
➤ 构建大概念统领的化学课程内容体系	➤ 选择体现基础性和时代性的化学课程内容
➤ 重视开展核心素养导向的化学教学	➤ 重视开展"素养为本"的教学
➤ 倡导实施促进发展的评价	➤ 倡导基于化学学科核心素养的评价

📖 6.3　课程目标

作为课程目标，核心素养是学科育人价值的集中体现，是学生通过学科学习而逐渐形成的正确价值观、必备品格和关键能力（中华人民共和国教育部，2020）。

初中化学课程要培养的核心素养，主要包括化学观念、科学思维、科学探究与实践、科学态度与责任。其中，如图 6.3.1 所示，"化学观念"反映核心素养的学科特质，"科学思维""科学探究与实践"体现了化学作为科学课程重要组成部分的核心素养的领域特质，"科学态度与责任"彰显了化学课程在义务教育阶段不可或缺的作用及核心素养的跨领域特质（房喻 等，2022）。

高中化学课程要培养的核心素养，主要包括"宏观辨识与微观探析""变化观念与平衡思想""证据推理与模型认知""科学探究与创新意识""科学态度与社会责任"5 个方面。有研究者（毕华林，2022）用图 6.3.2 来表示化学学科核心素养构成要素之间的关系，处在中间的是"科学态度与社会责任"，这是面向未来学生发展最重要的核心素养，也是化学学科育人的根本要求。四个顶角则是科学探究、学科思维方式、学科思维方法和学科基本观念的具体体现，展现了化学课程学习对学生发展的独特价值。

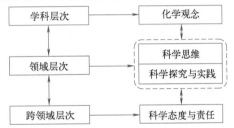

图 6.3.1　化学课程要培养的核心素养层次关系图（房喻 等，2022）

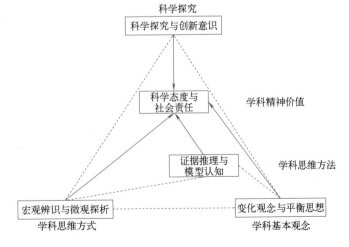

图 6.3.2　化学学科核心素养构成要素之间的关系（毕华林，2022）

尽管初高中化学学科核心素养的构成要素有所不同，不同研究者对其关系的解读视角也不同，但可从中梳理共性，从化学科学实践、化学科学认识和化学科学应用三个角度对初高中化学学科核心素养进行结构化（见图6.3.3）。其中，"宏观辨识与微观探析"（素养1）、"变化观念与平衡思想"（素养2）、"化学观念"（Ⅰ）反映的是化学学科思维方式和思想，"证据推理与模型认知"（素养3）、"科学思维"（Ⅱ）反映的是化学思维方法。化学学科思维方式和方法属于化学科学认识的范畴。"科学探究与创新意识"（素养4）、"科学探究与实践"（Ⅲ）属于化学科学实践范畴，"科学态度与社会责任"（素养5）、"科学态度与责任"（Ⅳ）属于化学科学应用范畴，而化学科学实践→化学科学认识→化学科学应用正符合哲学认识论的一般过程，即实践→认识→再实践（应用）。

图6.3.3 初高中化学学科核心素养结构化

📖 6.4 课程内容

初高中化学课标中的课程内容呈现形式相同，每个主题的内容都由"内容要求""教学提示"和"学业要求"3个部分构成。内容要求是预期学生应该学习的内容及其程度，属于输入性要求，也称"素养发展要求"。学业要求是预期学生学完主题内容后的素养表现要求，属于输出性要求，也称"素养表现要求"。教学提示则是对教师如何有效地引导学生完成内容要求从而达成学业要求的教学建议，其中具体包括"教学策略""学习活动建议"和"情境素材建议"3个项目。"内容要求""教学提示"和"学业要求"3者的关系如图6.4.1所示。

图6.4.1 "内容要求""教学提示"和"学业要求"3者关系（郑长龙，2018）

义务教育阶段的化学课程设置了5个学习主题，即"科学探究与化学实验""物质的性质与应用""物质的组成与结构""物质的化学变化"与"化学与社会·跨学科实践"。其中，"物质的性质与应用""物质的组成与结构""物质的化学变化"三个学习主题，是化学科学的重要研究领域；"科学探究与化学实验""化学与社会·跨学科实践"两个学习主题，侧重科学的方法论和价值观，反映学科内的融合及学科间的联系，凸显育人价值。5个学习主题之间既相对独立又具有实质性联系，隐含着一条内在的线索：让学生通过科学探究与化学实验的方式，去认识物质的组成与结构、性质与应用、变化与转化，然后应用所学化学知识和方法解决社会生活问题以及跨学科实践活动，即"从生活走进化学，从化学走向社会"，使学生体验到化学学科重要的社会价值（毕华林，2022）。这一线索正符合哲学逻辑：实践→认识→再实践。

初中化学课标中的每个学习主题的内容要求都由五部分构成，分别是该学习主题需要建构的大概念，需要学习的核心知识，需要掌握的基本思路与方法，需要形成的重要态度，需要经历的必做实验及实践活动，即所谓的 BCMAP 多维结构（房喻 等，2022）。大概念指的是反映学科本质，具有高度概括性、统摄性和迁移应用价值的思想观念。五个学习主题包含了体现化学学科认识论与方法论意义、反映化学学科本体论意义以及凸显化学学科价值论意义的大概念。基于化学观念、科学思维、科学探究与实践、科学态度与责任等核心素养的课程目标具体化为各学习主题的内容要求。例如，学习主题 3 "物质的组成与结构"的内容结构如图 6.4.2 所示。

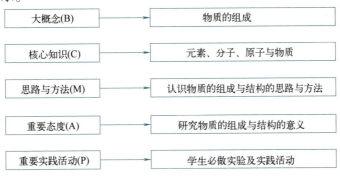

图 6.4.2 "物质的组成与结构"学习主题的内容结构

任务 6.1

以"物质性质与应用"主题为例，解析其内容要求和结构。

普通高中化学课程为满足学生发展的多元需求，设置了必修、选择性必修和选修三类课程，分别确定课程的主题、模块和系列。在必修课程阶段，突出化学基本观念（大概念）的统领作用，选取"化学科学与实验探究""常见的无机物及其应用""物质结构基础与化学反应规律""简单的有机化合物及其应用""化学与社会发展"5 个主题。在选择性必修课程中，依据化学学科的基础性研究领域，设置"化学反应原理""物质结构与性质""有机化学基础"3 个模块。在选修课程中，选取"实验化学""化学与社会""发展中的化学科学"3 个系列，综合体现化学学科的特点、社会发展价值和时代性。

高中化学课标中的学习主题的内容要求，以"主题—核心概念—重点内容"这样一个结构化、网络化的组织方式构成，每一个主题下都提炼出若干核心概念作为二级主题，并采用认识性的描述方式对核心概念所包含的重点内容进行陈述，为知识向素养的转化提供了路径（毕华林，2022）。以主题 2 "常见的无机物及其应用"为例，其部分内容组织形式如图 6.4.3 所示。

部分主题下会设置该主题的 STSE（科学—技术—社会—环境）的应用内容，如主题 2 中的"物质性质及物质转化的价值"，主题 4 中的"有机化学研究的价值"等，主题 5 则从化学与可持续发展、材料科学、人类健康、自然资源和能源综合利用、环境保护等方面全面展现了化学学科的重要价值。这些内容能够很好地激发学生化学学习的兴趣，培养学生从化学的视角看待和解决社会实际问题的能力，弘扬化学学科的价值，促进科学态度和社会责任感的形成。

主题	核心概念	重点内容 (从认识性描述中提取)

常见的无机物及其应用
- 1.元素与物质：物质的分类、不同价态同种元素的物质的相互转化、胶体
- 2.氧化还原反应：氧化还原反应的本质、氧化剂、还原剂
- 3.电离与离子反应：电离、离子反应、离子反应发生的条件以及常见离子的检验方法
- 4.金属及其化合物：钠、铁及其重要化合物的主要性质
- 5.非金属及其化合物：氯、氮、硫及其重要化合物的主要性质

图6.4.3 "常见的无机物及其应用"学习主题的课程内容组织形式

任务6.2

以选择性必修阶段"烃及其衍生物的性质与应用"主题为例，解析其内容要求和结构。

6.5 学业质量标准

化学学业质量标准是以化学学科核心素养及其表现水平为主要维度，结合化学课程内容，对学生学业成就表现的总体刻画。其中，义务教育化学课程标准的学业质量标准分为4个条目，分别聚焦于学生通过义务教育化学课程学习，在"说明物质组成与性质""解释化学反应与规律""参与实验探究与实践""探索问题解决与应用"4个方面的学业成就。学业质量标准的4个条目是依据核心素养的4个维度制定，但4个条目与核心素养的4个维度并不完全是一一对应关系，学业质量标准综合了核心素养4个维度的目标要求，在每个条目中核心素养的4个维度虽有侧重，但4个方面与核心素养的4个维度都有内容要求的交叉，应该理解为每个条目都是核心素养多个维度的综合要求。如条目1"说明物质组成与性质"主要对应素养维度1"化学观念"，条目3"参与实验探究与实践"主要对应素养维度3"科学探究与实践"，条目4"探索问题解决与应用"主要对应素养维度4"科学态度与责任"。条目2"解释化学反应与规律"包含化学观念、科学思维等维度目标要求。学业质量标准的4个方面没有单独列出"科学思维"的学业成就表现，并非"科学思维"素养不重要，而是因为它是化学课程学习的基础和核心要求，列出的4个方面都离不开并且包含科学思维。

普通高中化学课程的化学学业质量水平划分为4级，在每一级水平的描述中均包含化学学科核心素养的5个方面，依据侧重的内容将其划分为4个条目（每个条目前面的数字代表水平，后面的数字代表条目序号）。每个条目（按数字表示）分别对应于一定的化学学科核心素养。如序号1侧重对应"素养1宏观辨识与微观探析"和"素养3证据推理与模型认知"；序号2侧重对应"素养2变化观念与平衡思想"；序号3侧重对应"素养4科学探究与创新意识"；序号4侧重对应"素养5科学态度与社会责任"。事实上，"素养3证据推理与模型认知"也贯穿在其他几个素养中。

在每个条目中使用认识、说明、辨识、解释、分析、表示、感受、判断、体会、设计、初步形成、尝试提出、简单计算、初步运用、主动关注、辩证分析等不同行为动词对学业质量要达到的水平进行科学描述，反映了对具体知识和核心素养的学业质量要求，化学学业质量的层次性与学科核心素养的整合，使其既能为化学学业水平考试提供重要依据，又引导教学更关注育人功能和对学生的学科核心素养的培养。

6.6　课程实施

（1）注重基于大概念整体设计单元教学

初高中化学课标的内容要求提炼了对应主题内容学习的大概念，它们是具有统摄性的概念。因此在课程教学时，倡导基于大概念来组织单元教学内容，发展学生对教学内容的统摄性和结构化认识。例如，九年级"燃烧与灭火"单元帮助学生进一步发展化学变化的大概念，认识燃烧与灭火的本质是可燃物的化学反应，引导学生建构化学变化的能量视角。进行教学设计时，教师应基于化学反应及能量大概念将"燃烧条件的探究""灭火的原理与方法""化石燃料的开发与利用"等单元内容结构化地统整起来（见图 6.6.1），发展学生的核心素养。高中选择性必修 2"晶体结构与性质"单元帮助学生进一步发展微粒间的相互作用这一大概念，以"分子晶体"和"共价晶体"的学习为例，教师可引导学生从"微粒种类—微粒间相互作用—微粒空间排布—物理性质"这一认识思路组织学习该单元下的基本概念，发展学生证据推理与模型认知的核心素养（见图 6.6.2）。

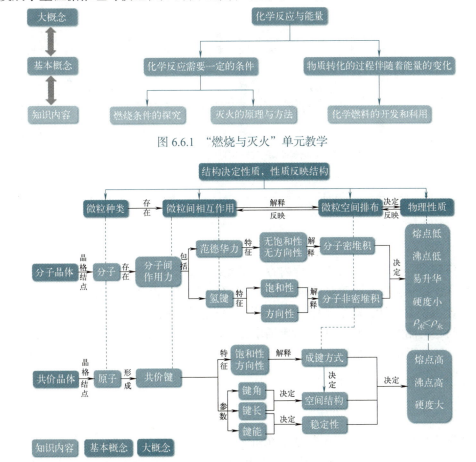

图 6.6.1　"燃烧与灭火"单元教学

图 6.6.2　"分子晶体""共价晶体"单元教学❶

---

❶ 案例选自华南师范大学化学学院 2022 级学科教学（化学）专业的李妃和周紫薇的课程小组作业。

（2）重视实验探究与实践活动的设计和实施

科学探究是获取科学知识、认识和解释科学现象、创新科学应用、改造客观世界的重要途径，也是化学学科的重要研究方法，而化学实验则是科学探究的主要方式。科学探究是一种重要的科学实践活动，对促进学生核心素养的发展具有独特价值。为此，教师应根据学生认知发展水平，精心设计多种形式的探究活动，有效组织和实施探究教学。例如，九年级"燃烧条件的探究"，可以设计 3 组探究实验，从物质的可燃性、氧气和可燃物的着火点 3 个方面引导学生进行探究；还可以让学生通过图书馆或互联网查阅有关"钻木取火""燧石取火"的资料，引导学生对资料进行分析讨论，归纳出物质燃烧的 3 个条件。在高中选修阶段，以"乙酸乙酯制备实验的改进"为任务，基于"化学反应是有规律的，有方向、速率和限度，是可调控的"这个学科大概念，引导学生从"多、快、好、省、安（全）"的角度，通过分组设计实验方案，进行实验探究，得到项目成果并进行汇报，助力学生学科认识与核心素养的发展。上述过程见图 6.6.3。

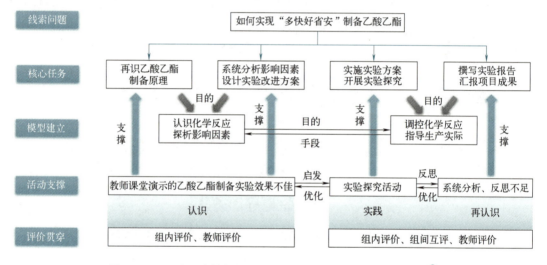

图 6.6.3 "乙酸乙酯制备的再探究"实验教学的设计理念和任务❶

明确将跨学科实践活动作为课程内容，是此次义务教育课程改革的重大变化之一。教师应充分认识跨学科实践活动对发展学生核心素养和落实课程育人功能的重要性，积极引导学生亲身经历创意设计、动手制作、解决问题、创造价值的过程，增强学生认识真实世界、解决真实问题的能力。例如，"基于特定需求设计和制作简易供氧器"，既要运用氧气制取的化学原理，又要运用物理学科有关密度、流速等知识，还要考虑特定需求所用材料的选择及成本等问题。

（3）发展核心素养导向的综合评价和探索增值评价

化学学习评价包括化学日常学习评价和化学学业成就评价，应树立"素养为本"的化学学习评价观，紧紧围绕化学学科核心素养和化学学业质量标准来确定化学学习评价目标，

---

❶ 案例选自华南师范大学化学学院 2022 级学科教学（化学）专业的刘秋怡、陈圳、李妃、梁正誉、石子欣、杨维震和周紫薇的课程小组作业。

注重过程性和结果性评价的有机结合，灵活运用活动表现、纸笔测验、学习档案评价等多样化的评价方式，深化综合评价。在义务教育阶段需要注重实验操作性考试和跨学科实践活动，探索设计对应的评价量规。增值评价是此次义务教育化学课程评价的一个新理念，倡导基于学生核心素养在原有水平上的发展程度来进行评价，普通高中阶段也可借鉴该理念进行评价。为此，教师应视学生的学习起点和学习过程关注学生核心素养发展的增值情况：使用适切的统计分析方法计算增值，真实反映学生在学业总体成绩及核心素养上的"增长点"，评价学生的努力情况及进步程度，发挥增值评价对学生核心素养发展的助推作用。

🍃 初高中化学课标对化学课程性质的表述均包括化学学科的本质、化学学科的价值，以及化学学科的学习特征。

🍃 初高中化学课标主要从育人功能、课程目标、课程内容、教学方法、教学评价五个方面凝练了化学课程理念，具有共性和差异之处。

🍃 初中化学课程要培养的核心素养，主要包括化学观念、科学思维、科学探究与实践、科学态度与责任。高中化学课程要培养的核心素养，主要包括"宏观辨识与微观探析""变化观念与平衡思想""证据推理与模型认知""科学探究与创新意识""科学态度与社会责任"5个方面。可从化学科学实践、化学科学认识和化学科学应用三个角度对初高中化学核心素养进行结构化。

🍃 初中化学课标中的每个学习主题的内容要求，都由五部分构成，分别是该学习主题需要建构的大概念，需要学习的核心知识，需要掌握的基本思路与方法，需要形成的重要态度，需要经历的必做实验及实践活动，即所谓的 BCMAP 多维结构。高中化学课标中的学习主题的内容要求，以"主题—核心概念—重点内容"这样一个结构化、网络化的组织方式构成，每一个主题下都提炼出若干核心概念作为二级主题，并采用认识性的描述方式对核心概念所包含的重点内容进行陈述，为知识向素养的转化提供了路径。

🍃 化学学业质量标准的4个条目是依据化学核心素养的4个维度制定的，每个条目都是核心素养多个维度的综合要求；普通高中化学课程的化学学业质量水平划分为4级，在每一级水平的描述中均包含化学学科核心素养的5个方面。

【基础类】

1. 请说出初高中化学课标的基本结构和特点。

2. 请列举初高中化学课标提出的课程理念的异同。

3. 请分析初高中化学课标中课程内容的结构和特点。

【高阶类】

4. 请论证初中或高中化学课标中提出的化学核心素养之间的关系。

5. 请举例说明，如何有效基于化学课程标准进行日常教学与评价。

教育部基础教育课程教材专家工作委员会 . 高中化学课标解读 [M]. 北京：高等教育出版社，2020.（课标解读）

郑长龙 . 2017 年版高中化学课标的重大变化及解析 [J]. 化学教育，2018，39（9）：41-47.（课标分析）

教育部基础教育课程教材专家工作委员会 . 义务教育化学课程标准（2022 年）解读 [M]. 北京：高等教育出版社，2022.（课标解读）

杨玉琴，陆海燕，吕荣冠 . 学科大概念：从课标到教材到教学的转化——基于《义务教育化学课程标准（2022 年版）》的分析 [J]. 化学教学，2022（10）：3-9.（初中化学课标分析）

第7章

化学教科书

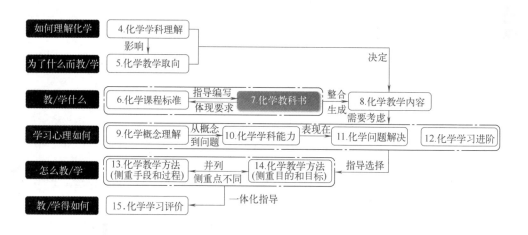

课程标准主题的编排顺序并不一定和教材编排顺序一致，教材的编排需注重知识的逻辑顺序、学生的认识顺序和心理发展顺序及社会发展的需求等方面的合理结合。因此有必要对教材的结构和内容体系进行了解，以便掌握教材的编排意图，挖掘教材内隐的思维方式和方法。此外，栏目是教材的重要组成和必要补充，也是课程内容的重要呈现形式，新教材改革注重栏目的设计与创新，本章也将对不同版本的教材栏目进行分类，对比异同，挖掘其功能价值，以指导教学。

本章导读

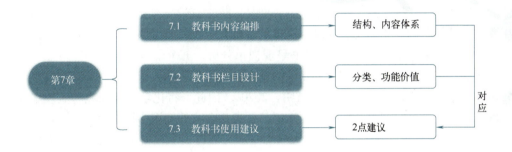

通过本章学习，你应该能够做到：

- 简述课标内容顺序与教材编排顺序的差异和原因
- 举例说明教材的章节安排和内部逻辑
- 简述教材栏目的分布特点，并能举例说明教材栏目的功能

📖 7.1 教科书内容编排

（1）基于课程标准的角度

高中化学教材是高中化学课程的物化形态与文本素材，是实现高中化学课程目标、培养学生化学学科核心素养的重要载体。课程标准要求教材编写应遵循下列原则：立足于立德树人的根本任务，依据化学课程标准以发展化学学科核心素养为主旨，体现化学学科的基础性、时代性和人文性，密切结合学生实际，体现先进的教学理念（中华人民共和国教育部，2020）。需要注意的是，"教材"是个广义的概念，其包括了常见的课本（即教科书）以及文字性教辅材料（如化学练习册等）。本章主要介绍狭义的教材，故下文统称"教科书"。

以高中必修课程为例，课程标准将课程内容按学科本质与方法、学科本体内容、学科价值的逻辑架构，安排了五个学习主题，分别是：化学科学与实验探究、常见的无机物及其应用、物质结构基础与化学反应规律、简单的有机化合物及其应用、化学与社会发展（中华人民共和国教育部，2020）。但从教科书呈现视角分析，五个学习主题的顺序并非一定是合适的学习顺序，教科书的编排需注重知识的逻辑顺序、学生的认识顺序、心理发展顺序及社会发展的需求等方面的合理结合（任雪明，2020），因此，将化学实验探究与实践融入所有课程内容，将化学反应理论、物质结构知识与元素化合物的知识穿插安排。

由表 7.1.1 可见，课标的一级主题大概念一般需通过多个教科书单元"二级大概念"的持续建构。如"常见的无机物及其应用"该主题内容分布于人教版多个单元——"物质及其变化""海水中的重要元素——钠和氯""铁 金属材料""化工生产中的重要非金属元素"，也同样分布于苏教版多个专题中。通过多个类别物质的持续学习，建立基于"价类二维"的元素观，建构物质分类、各类物质的一般性质、电离和离子反应、氧化还原反应等核心概念。

表 7.1.1 课程标准内容主题与人教版、苏教版教科书结构对应关系

课程标准内容主题	人教版教科书结构	苏教版教科书结构
化学科学与实验探究	贯穿编排于每章	专题 2 研究物质的基本方法 贯穿编排于每个专题
常见的无机物及其应用	第一章 物质及其变化 第二章 海水中的重要元素——钠和氯 第三章 铁 金属材料 第五章 化工生产中的重要非金属元素	专题 1 物质的分类及计量 专题 3 从海水中获得的化学物质 专题 4 硫与环境保护 专题 7 氮与社会可持续发展 专题 9 金属与人类文明
物质结构基础与化学反应规律	第四章 物质结构 元素周期律 第六章 化学反应与能量	专题 5 微观结构与物质的多样性 专题 6 化学反应与能量变化
简单的有机化合物及应用	第七章 有机化合物	专题 8 有机化合物的获得与应用
化学与社会发展	第八章 化学与可持续发展 贯穿编排于每章	贯穿编排于每个专题

不同教科书编写人员对所学学科内容的教学时序的认识差异，必然导致不同版本的教科书结构的差异。以人教版和苏教版高中化学必修教科书为例，其结构差异主要表现在 3 个

方面：①人教版教科书将"化学科学与实验探究"融入教科书的所有章节中，而苏教版教科书除将"化学科学与实验探究"融入教科书的所有章节中外，还单独安排了"研究物质的基本方法"专题讨论；②人教版教科书将"化学与社会发展"融入教科书的所有章节之外，单独安排一章"化学与可持续发展"讨论，苏教版教科书并没有安排单独专题讨论；③ 对"常见的无机物及其应用"的安排存在较大差异，人教版教科书在"元素周期律"前安排了钠、氯、铁元素及其化合物的内容，在"元素周期律"后安排了硫、氮元素及其化合物的内容，苏教版教科书在"元素周期律"前安排了钠、氯、硫元素及其化合物的内容，在"元素周期律"后安排了氮、铁元素及其化合物的内容（张玉娟，2023）。

（2）基于学科思维的角度

当前新教科书凸显内隐于知识结构的思维方式、方法，一定程度上推动我们站在更高的认识论、方法论层面上，开展基于学科理解的教科书研究（赖婷 等，2024）。在通过课程标准宏观了解教科书结构的基础上，需要从学科理解角度微观分析教科书内容体系，以便整体把握教科书编排意图，实现从课标到教科书再到教学的转化。

以课标主题"化学反应方向、限度和速率"为例，对应人教版和鲁科版选择性必修1"化学反应原理"第二章，由表 7.1.2 可知，鲁科版第二章的编排顺序正符合课标内容要求顺序，而人教版则采用"速率—限度—方向"的编排顺序。从学科理解角度看，了解反应进行的方向和最大限度以及外界条件对平衡的影响是热力学研究的范围，即解决变化的可能性问题；而了解反应进行的速率和反应的机理是动力学研究的范围，即解决变化的现实性问题。对于 1 个任意设计的化学反应，首先需要判断的是它在指定条件下有无可能发生，以及在什么条件下有可能发生（即化学反应的方向）；对于可能发生的反应，它的限度如何？可以通过改变哪些反应条件以获得尽可能高的转化率（即化学反应的限度）。1 个热力学判定可能发生的反应并不一定能够实际发生，还要考虑化学反应的快慢（即化学反应的速率）。

表 7.1.2　人教版和鲁科版选择性必修 2 化学平衡部分的章节编排

版本	章标题	节标题
人教版	第二章 化学反应速率与化学平衡	2.1 化学反应速率 2.2 化学平衡 2.3 化学反应的方向 2.4 化学反应的调控
鲁科版	第二章 化学反应的方向、限度与速率	2.1 化学反应的方向 2.2 化学反应的限度 2.3 化学反应的速率 2.4 化学反应条件的优化——工业合成氨

人教版将"化学反应速率"前置，在平衡移动方向的问题解决中，可基于反应速率以及平衡常数的知识进行判断，为化学平衡移动问题的解决增添多样化的途径，这遵循着从易到难的认知顺序。鲁科版考虑到化学动力学与热力学混淆的问题，将化学反应速率的教学置于方向、限度后，减轻学生的认知障碍，避免学生对平衡状态的理解停留在"动、等、定、变"的定性-孤立水平，这遵循学科理解的内部逻辑（谭宇凌 等，2021）。

另外，两版新教科书都在旧教科书的基础上增加了对化学反应历程的认识，对应课标内容要求提出的"知道化学反应是有历程的"，但并不做学业要求。高中教科书中引入基元反应以后，中学化学对化学反应的研究在原有"反应速率""化学平衡""反应方向"的基础上，增加了"反应历程"维度，使得学生对于化学反应的认识视角更加全面（见图 7.1.1）（乔国才，2020）。

图 7.1.1　化学反应的认识视角

任务 7.1

请论述人教版选择性必修 1"水溶液中的离子反应与平衡"该章节教材编排逻辑。

📖 7.2　教科书栏目设计

栏目是教科书的重要组成和必要补充，也是课程内容的重要呈现形式，更是实现课程目标的重要载体，它不仅体现了教科书编写者的学科理解和教育理念，还增加了教师、学生、教科书之间的交互性，为化学日常教与学提供了课程资源和线索工具（万盈盈 等，2023）。

2019 版普通高中化学教科书基于高中化学课标进行了较大程度的修改，对栏目的设置进行了整合与优化，使得教科书的教育功能进一步提升。如何更好地开发各栏目的育人功能，指导学生创造性地使用教科书学习，是一线教师需要认真研究的课题。从表 7.2.1 不难看出，人教版、鲁科版、苏教版三个版本新教科书栏目设计的共性在于注重知识结构化，外显核心素养，凸显情境的创设与活动的设计，重视实验和探究活动的作用，强调突出科学方法的引导或提炼（魏崇启 等，2022）。

表 7.2.1　2019 版普通高中化学教科书修订特点

	人教版	鲁科版	苏教版
教科书修订特点	重视栏目设计；重视化学史；强化学科内容的德育价值；突出科学方法的导引；重视实验的作用；加强活动的设计；拓展习题的功能；发挥插图的作用；注重情境的创设	聚焦大概念，组织科学合理的学习进阶；建构认识模型，设置"方法导引"，外显核心素养；设计进阶式能力活动任务体系；将科学探究与化学核心认识的发展融合；教学素材选取体现时代性又具有中国特色；创设真实问题情境，设置"微项目"	重构单元主题，注重知识结构化；源于生活实际，指导实践应用；注重情境、活动、问题解决的整体设计，促进学习方式转变；重视方法提炼，启迪学生思维……

本文借鉴万盈盈等研究者（万盈盈 等，2023）提出的栏目类型，基于栏目内容特点和功能的视角将不同版本教科书栏目从资料拓展、探究实践、思维训练和概括应用 4 大类进行分类，以此梳理了解不同版本教科书栏目设置的异同（见表 7.2.2）。

表 7.2.2　不同版本教科书栏目设置

栏目类型	人教版	鲁科版	苏教版
资料拓展	科学史话 科学·技术·社会 资料卡片 化学与职业 信息搜索	资料在线 拓展视野 历史回眸 化学与技术 身边的化学	生活向导 拓展视野 跨学科链接 科学史话
探究实践	【实验 X-X】 探究 实验活动 研究与实践	活动·探究 微项目	基础实验 实验探究 调查研究
思维训练	思考与讨论	联想·质疑 迁移·应用 交流·研讨 观察·思考	温故知新 交流讨论 观察思考 选择决策 批判性思维
概括应用	方法与导引 练习与应用 整理与提升 复习与提高	方法导引 概括·整合 练习与活动 本章自我评价	方法导引 学以致用 学科提炼 理解应用 建构整合 回顾与总结 综合评价

　　资料拓展类栏目一般位于每章节的末尾,属于教科书正文知识拓展和延伸。栏目通过选取相关化学史话,与化学密切联系的科学、技术、社会和环境等方面事实或现象以及跨学科重要议题进行丰富拓展,展示化学学科的多维价值。值得注意的是,人教版化学教科书设置了"化学与职业"特色栏目,介绍与本章知识点相关的职业类型,引导学生对社会职业的关注,重视学生职业规划意识的发展,譬如,人教版第二章第二节"氯及其化合物"在"氯离子的检验"后设置了"化学与职业"栏目,介绍水质检验员的工作(见图 7.2.1)。

图 7.2.1　化学与职业——水质检验员

探究实践类栏目主要包括课标要求必做基础实验、围绕某一研究任务和问题设置的实验探究和调查研究等综合实践类活动，以此通过设置不同类型的探究实验任务，引导学生发现问题并主动参与问题的解决，从而锻炼探究能力、启迪探究思维、发展探究素养。

值得注意的是，鲁科版新教科书设置了"微项目"特色栏目，位于每个章节的最后，基于本章节知识结果，结合实际应用呈现任务活动，并相应设置"方法导引"栏目，要求学生建构完善知识体系，通过建设模型等方法解决项目活动遇到的化学学科问题，甚至获得项目成果。"微项目"可以分为探究性活动、理论分析性活动、验证性活动。其中，探究性活动会创设相关问题情境，直观地为学生呈现科学探究活动过程，辅以对应的资料和方法导引，彰显化学学科特征。例如，在微项目"科学使用含氯消毒剂"中呈现84消毒液的产品说明，要求预测有效成分次氯酸钠的性质，并设计实验方案验证，进而解释注意事项。项目提供对应的方法导引和探究框架，在此基础上探究消毒液的使用问题。理论分析性活动如"自制米酒——领略我国传统酿造工艺的魅力"提供了《齐民要术》作为理论基础资料，要求学生基于理论分析古人在酿酒过程中是如何对物质转化并加以调控的，并尝试自制米酒。验证性活动如"学习科学论证，论证利与弊"，要求学生自主收集相关数据并加以分析，支撑观点。

实际上，人教版和苏教版分别在"研究与实践""调查研究"栏目也结合社会生活和生产实际设置一定的研究任务，要求学生搜集资料，进行相关的讨论，例如"检验食品中的铁元素"与"稀土资源的开发和利用"等。

思维训练类栏目分布最为广泛，遵循知识认识逻辑，设置相关的学生互动、思维启发、思考讨论和迁移应用等多种互动激活学生的认知思考，引导学生展开基于思考的知识建构。由表7.2.2可以看出，人教版在思维训练类栏目设置的栏目种类较为单一，仅有思考与讨论，而鲁科版和苏教版在知识学习的不同阶段适时设置了不同类型的思维训练活动。例如，苏教版从强调新知引入的"温故知新"栏目，到建构认知的"观察思考""交流讨论"栏目，再到深化思维解决问题的"选择决策""批判性思维"栏目，帮助学生循序渐进地建构知识体系，深化理解。

概括应用类栏目重点对于单元知识进行基于知识关联、认识思路和核心观念的结构化整理和提炼，并通过练习与应用发展学生的概念建构、知识迁移和问题解决能力。高中化学课标指出"教科书内容选择应精选化学核心知识，凸显化学学科核心观念"（中华人民共和国教育部，2020）。概括应用类栏目通过突出科学方法的导引、化学知识的结构化编排的内容设计，凸显了对核心知识的认知功能和素养发展功能的重视，也实现了核心知识的功能外显，有效促进了知识向能力和素养的转化。

科学方法是培养科学思维，促进知识结构化、实现学科知识向学科核心素养和关键能力转化的桥梁（魏崇启 等，2022）。在科学方法的导引上，3个版本教科书都有方法导引栏目，苏教版除此之外还有学科提炼栏目，以核心知识为主体，突出对化学学科的认识视角（如分类、模型等）、认识思路（如分析物质转化、认识有机物的一般思路等）、方法策略（如变量控制、物质检验等）以及学科观念（如绿色化学、科学态度等）的导引。例如，人教版方法与导引介绍了"分类"，苏教版学科提炼介绍了"物质分类研究的价值"，鲁科版方法导引介绍"根据物质类别预测陌生物质的性质"，三者出现的位置都在物质分类章节中。化学物质分类知识是中学生必须掌握的化学知识的有机组成部分，该思想的培养有利于学生对科学方法的理解和掌握，帮助学生形成正确的化学物质观，形成认识无机物的基本思路，能够根据物质类别预测物质的性质，从而发展学生宏观辨识与微观探析的素养。

高中化学课标强调"化学教学内容的组织，应有利于促进学生从化学学科知识向化学学科核心素养的转化，而内容的结构化是实现这种转化的关键"（中华人民共和国教育部，2020）。基于此，三个版本教科书都设置了对应的栏目——整理与提升、概括·整合、建构整合等，以概念图、思维导图等形式呈现本章知识和概念的结构化，建构认识思路，形成认知图式，进而帮助学生理解教科书、把握重点。章节末尾都匹配有对应的练习和应用，进一步实现对学生的综合评价，诊断学生的学习情况。

任务 7.2

请论述不同版本教材中"变量控制"科学方法所在栏目出现的位置与功能。

📖 7.3　教科书使用建议

高中化学教科书是教科书编写团队将课程标准、化学学科结构和学生化学认知规律相融合的智慧结晶。但由于教科书的科学简约性和广泛普适性的特征，要使高中化学教科书成为学生学习化学的"学材"，一线教师需要树立正确的教科书观，创造性重构教科书，"用教科书教"而不是"教教科书"。而"用教科书教"需要教师基于课标理解教科书结构，从学科理解角度分析教科书内容体系，整体把握教科书编排意图，突破教科书难点；分析不同版本化学教科书的栏目功能，充分整合不同教科书的资源，创造性使用化学教科书。

（1）把握教科书编排意图，突破教学难点

在课程标准的基础上，教科书结合学科知识的内部逻辑顺序、学生的认识顺序和心理发展合理分布主题进行编排，且不同版本教科书的结构和内容逻辑略有不同。在充分理解教科书编写意图的基础上，可基于课程标准相应主题的大概念内容要求，分析教科书单元下的各个课题之间是否具有逻辑关联、能否用大概念进行统整，从而构建适宜的教学单元，有效突破教学难点。以电解质溶液主题为例，基于学科理解分析必修和选择性必修阶段对应的章节，结合课程标准提取核心概念，将主题学科大概念凝练为"物质在水溶液中的行为表现及转化程度"，并结合教科书内容分析，显化微观认识视角和思路，绘制了电解质溶液主题认识模型（见图 7.3.1），由此可将该主题下对应章节组织为单元进行教学，依托不同版本教科书开发教学内容，实现"离子反应—离子平衡—多平衡"的学习进阶，突破电解质溶液的"微观、动态、定量、系统"认识难点，发展微粒观、变化观与平衡观。

（2）发挥教科书栏目功能，实现资源整合

不同版本新教科书都设有资料拓展类、探究实践类、思维训练类、概括应用类栏目，且同一类别下也设置了不同功能和要求的栏目，因此，教师可充分利用不同版本的资源，发挥栏目的功能，将其应用于教学中。例如，精选育人素材，选取不同版本教科书资源拓展

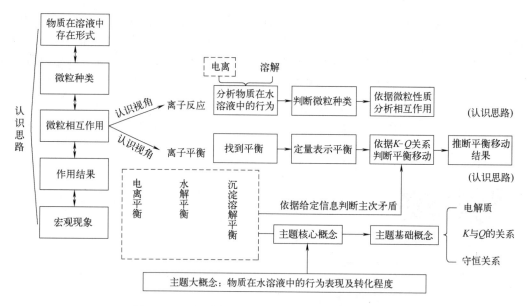

图 7.3.1　电解质溶液主题认识模型（赖婷 等，2024）

类栏目中有关 STSE 内容、跨学科内容、化学史话等作为教学情境素材，渗透学科育人价值，拓展学科视野。精心设计探究活动，参考鲁科版教科书适当在探究过程引入"方法导引"，帮助学生建构方法和思路，开展系统探究，培养学生化学观念和科学思维。重视教学问题链的设计，可整合不同版本教科书中思维训练类栏目资源，通过多种任务活动形成进阶式问题链，并尝试渗透批判性思维。注重教学内容结构化，充分利用教科书设置的"方法导引""整理与提升"等概括应用类栏目，帮助学生外显学科认识视角、明确认识方式、建构学科观念，使学生不断增进对化学知识的理解，也加深对具有化学学科特质的思维方法和方式的理解（万盈盈 等，2023）。

化学教材的编排需注重知识的逻辑顺序、学生的认识顺序、心理发展顺序及社会发展的需求等方面的合理结合。另外，可基于课标主题与学科思维两个角度理解化学教科书的内容编排。

栏目是教材的重要组成和必要补充，也是课程内容的重要呈现形式，更是实现课程目标的重要载体，它不仅体现了教材编写者的学科理解和教育理念，还增加了教师、学生、教材之间的交互性，为化学日常教与学提供了课程资源和线索工具。

人教版、鲁科版、苏教版三个版本新教科书栏目设计的共性在于注重知识结构化，外显核心素养，凸显情境的创设与活动的设计，重视实验和探究活动的作用，强调突出科学方法的引导或提炼。

基于栏目内容特点和功能的视角可将不同版本教材栏目从资料拓展、探究实践、思维训练和概括应用 4 大类进行分类。

【基础类】

🚩1. 任选初中或高中某一章或单元，简述教科书内容编排的逻辑。

🚩2. 请举例说明中学化学教科书至少 3 个不同的栏目，并论证其对学生化学学习的作用。

【高阶类】

🚩3. 如何理解化学课标主题与教科书章节编排顺序的不一致性？

🚩4. 以某化学主题为例，比较不同版本的教科书在编排逻辑上的异同点。

🚩5. 如何对化学教科书进行深度分析？

拓展阅读

🔖 张玉娟. 从"教教材"走向"用教材教"——基于"人教版""苏教版"高中化学必修新教材比较的视角 [J]. 化学教学，2023（11）：9-14.（正确教材观）

🔖 周竹，王后雄，王世存. 人教版高中化学新教材特色分析及使用建议 [J]. 中学化学，2022（05）：14-18.（教材编排和使用建议）

🔖 万盈盈，严文法，姜森，等. 新苏教版高中化学教材栏目分析及使用建议 [J]. 化学教育（中英文），2023，44（15）：13-18.（栏目分类）

🔖 魏崇启，王澍. 高中化学必修教科书中"方法导引"栏目的比较研究 [J]. 教育与装备研究，2022，38（02）：23-27.（方法导引栏目）

第8章

化学教学内容

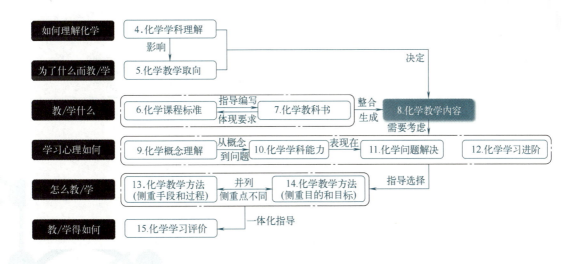

一般而言，化学课程内容或教科书内容虽然能为教师确定化学教学内容提供重要参考，然而对教学内容的提取仍需要教师对课程与教科书内容进行有效的解读与整合。本章强调可将化学教学内容分为知识-技能类、过程-方法类与价值-观念类内容，并举例说明化学教学内容结构化的内涵，以期为一线教学的化学教学内容重构提供有益的参考。

本章导读

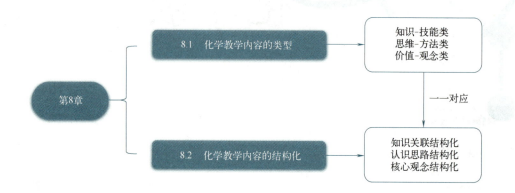

通过本章学习，你应该能够做到：

- 说明化学课程内容、教科书内容和教学内容三者的联系
- 举例说明化学教学内容结构化的三种形式
- 基于化学教学内容结构化的任一形式分析教科书内容

📖 8.1　化学教学内容的类型

基于化学课程内容与化学教科书内容进行解读与重组可确定某一化学课时的教学内容，并按照其性质进一步划分为"知识 - 技能类""思维 - 方法类"与"价值 - 观念类"内容（见图 8.1.1）。

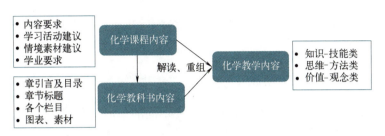

图 8.1.1　化学教学内容分析的依据（邓峰 等，2022）

知识 - 技能类主要包括化学学科中的基础知识、基本概念和基本技能，如物质结构与性质、化学反应与原理等基础知识；元素、化合价、离子反应等基本概念；实验、计算、化学用语等基本技能。思维 - 方法类是指在学习化学过程中需要培养的思维方式和方法，包括宏微结合、结构决定性质、定量思维等；证据推理、模型认知、科学探究等。价值 - 观念类指化学学科所蕴含的价值观念和社会责任等方面的内容，包括化学学科价值观、辩证唯物观以及学科基本观念等。表 8.1.1 展示了三类教学内容的例子。

表 8.1.1　三类教学内容举例

教学内容	对应举例
知识 - 技能类	基础知识（物质结构与性质、化学反应与原理等）；基本概念（元素、化合价、离子反应等）；基本技能（实验、计算、化学用语等）
思维 - 方法类	思维方式（宏微结合、结构决定性质、定量思维等）；思维方法（证据推理、模型认知、科学探究等）
价值 - 观念类	社会主义核心价值观、辩证唯物主义思想；元素观、微粒观、变化观、能量观、实验观、分类观、科学本质观、社会观、绿色观

任务 8.1

请结合化学课程内容与化学教科书内容，分析归纳人教版必修第一册第一章第三节"氧化还原反应"的三类教学内容。

📖 8.2　化学教学内容的结构化

高中化学课标提出"化学学科理解"这一概念，要求教师增进化学学科理解，开展基于学生化学学科核心素养发展的课堂教学，实现知识教学转变为素养教学。化学学科理解是指个体对化学学科知识及其思维方式和方法的一种本原性、结构化的认识，它不仅是对化学知识的理解，还包括对具有化学学科特质的思维方式和方法的理解（中华人民共和国教育部，2020）。其中，结构化是指关联、联系，化学学科理解的结构化（郑长龙，2019）需要基于化学知识的学科功能，将化学知识联系起来，形成知识概念图等系统性认识。内容的结构化是实现知识教学转向素养教学的重要路径。内容结构化主要有以下三种形式：基于知识关联的结构化、基于认识思路的结构化和基于核心观念的结构化（中华人民共和国教育部，2020）。基于知识关联的结构化要求按照化学学科知识的逻辑，发现知识的关联并组织汇总。基于认识思路的结构化要求从学科本原的角度概括、总结物质及其变化的认识过程。基于核心观念的结构化要求从学科本原进一步概括、抽象物质及其变化的本质与其认识过程，建构和发展化学学科核心观念。

（1）基于知识关联的结构化

化学教学内容所涉及的知识体系庞大且跨越不同的学段，所以教学中建立知识间的联系，形成横向或纵向的知识联系，有助于学生有条理地掌握相关内容。基于知识关联的教学内容结构化中，不仅有两两概念间的联系，还有多个概念间的共同联系。以"有机化学"主题为例（刘丽珍 等，2022），碳骨架、官能团、化学键不仅是有机化学教学内容中的核心概念，还是认识有机化合物结构的重要认识视角。以结构为中心，碳骨架、官能团和化学键的三个概念作为基础，衍生其他教学内容，如图8.2.1所示。有机物的碳骨架、官能团、化学键共同影响有机物的化学性质，而且确定一个有机物的结构也需要用到实验法来测定分析碳骨架、官能团、化学键。譬如，通过运用李比希法、质谱法、红外光谱法、核磁共振氢谱法等实验方法测定碳骨架、官能团、化学键，综合分析才能得出有机物的结构。这是三个概念间的第一种联系。第二种联系是指它们三者共同影响有机物的化学性质，主要表现为影响有机物发生有机反应。譬如苯酚，其官能团酚羟基上的氧原子具有2对孤对电子，其中一对电子占据未杂化的p轨道，与苯环（苯酚的碳骨架上的大π键电子云）形成p-π共轭体系，体系中氧原子的电子被大π键吸引发生偏移，导致氧原子的电子云密度降低，使得氢氧单键中的电子云向氧原子偏移，导致氢氧单键的极性增强，更容易发生断裂。

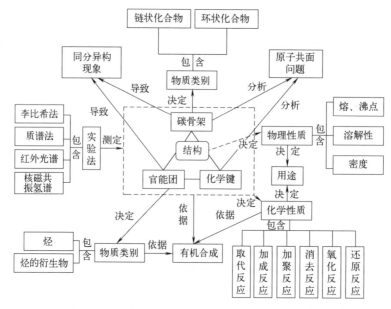

图 8.2.1　基于知识关联的高中有机化学教学内容结构化（刘丽珍 等，2022）

　　以"氧化还原"主题为例（佘雪玲，2021），该主题跨越初中、高中必修和高中选修阶段，在"氧化还原"学习进阶文献、"氧化还原"主题的教科书（人教版）与课程标准相关分析的基础上，通过深入分析知识点间的横向与纵向联系绘制成图 8.2.2，可以看出，对于氧化还原反应的认识视角呈现水平进阶的关系。

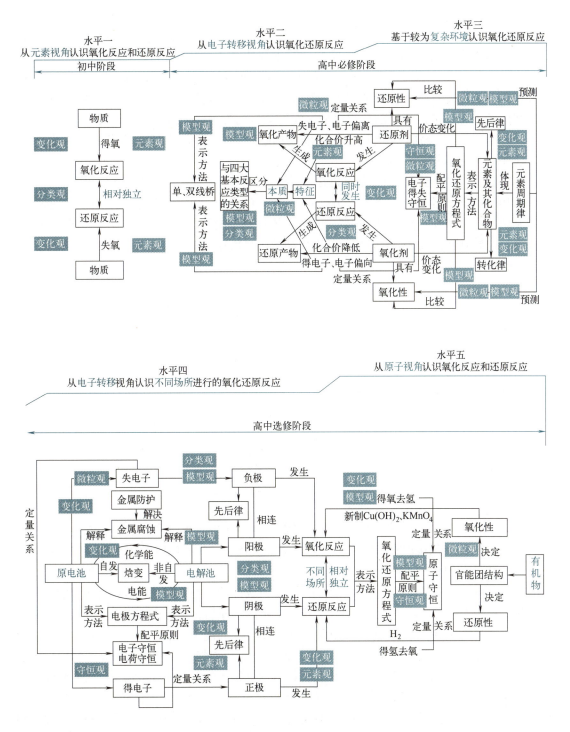

图 8.2.2　基于知识关联的初高中"氧化还原"教学内容结构化（佘雪玲，2021）

任务 8.2

请尝试以概念图形式呈现基于知识关联的初高中"化学反应"教学内容结构化。

（2）基于认识思路的结构化

认识思路是一种具有顺序性的结构，其组成成分为认识视角和体现逻辑顺序的路径（王仕琪，2019）。所谓化学认识思路，是指对物质及其变化的特征及规律进行认识的程序、路径或框架，解决的是"怎么想"的问题。认识思路结构化是指将认识环节按照一定逻辑线索有机组织起来，形成稳定的认识模型，发展学生的模型认知素养（中华人民共和国教育部，2020）。下文将分别以"有机化学"和"热化学"为主题举例说明认识思路结构化。

① 有机化学认识思路结构化。

"有机化学"主题可得到 2 条有机化学教学的思路，即有机化合物的认识思路和合成有机化合物的认识思路（刘丽珍 等，2022）。其中，有机化合物的认识思路的横向主线按照从宏观到微观，再回到宏观的顺序串联。此外，该思路中的结构视角在纵向上还延伸出支线 1（有机化合物结构的认识思路），以及从性质和转化视角延伸出支线 2（有机反应的认识思路）（见图 8.2.3）。

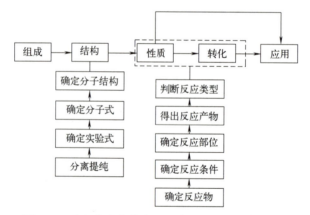

图 8.2.3　有机化合物的认识思路（刘丽珍 等，2022）

有机化合物的定义包含了组成元素的界定，说明认识有机物常以组成元素为起点。接着从结构的认识视角认识有机物，分析有机物的碳骨架、官能团以及化学键，确定物质类别。进而基于结构从性质视角认识有机物，深入理解物质具有的物理性质以及能发生的反应。化学学科的特征是认识物质和创造物质，认识其性质、加以利用，通过物质间的转化合成目标产物。需要强调的是，人们知道某类有机物的性质后，也可直接应用，如检验某未知物是否为醛类物质时，直接应用醛类物质发生银镜反应的性质检验。

另外，认识有机物结构也具有一定的认识思路。在自然界或实验室合成产物中，多数有机物以混合物的形式存在。因此认识有机物结构首先要分离提纯有机物，然后研究纯净有机物的结构。通过化学方法（如燃烧）先定性再定量分析有机物的元素组成，确定实验式。而后常用较为准确、便捷的质谱法测定有机物的分子量，以确定分子式。质谱图中的碎片峰对于研究结构有一定的作用，但仍无法确定官能团等具体结构。故得到分子式后，仍需借助现代分析仪器进行红外光谱等波谱分析，确定分子结构，从而得出有机物的结构。

值得注意的是，认识有机反应同样具有一定的认识思路。有机物化学性质通常表现为"能发生某种有机反应"，而发生反应的同时，实现物质转化，故认识性质和转化则需认识有机反应。首先确定有机反应的反应物。其次，确定反应条件，因为条件是探讨反应复杂性、反应缓慢性的前提。而后，确定反应部位，分析反应物在该条件下容易断键的部位，综合考虑各基团与官能团的相互影响、相邻结构的限制等因素。然后，通过分析推理确定反应产物。最后通过总结反应部位的特点，判断反应类型。

正合成分析法、逆合成分析法是认识合成有机化合物的一般方法，在运用方法时都需按步骤完成，完成路径即图 8.2.4 中各个步骤构成的认识思路。合成有机化合物需要先确定原料与目标产物的结构差异，然后分析其中碳骨架、官能团、化学键的变化，根据已学知识确定结构变化的方法。由于涉及结构多个位点的变化，故仍需对这些变化进行排序，考虑各位点合成的条件对其他位点合成的影响。最后遵循有机合成的基本原则，综合考虑步骤少、产率高、对环境友好等因素，得出较优合成路线。

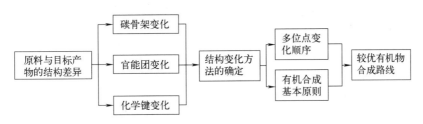

图 8.2.4　合成有机化合物的认识思路（刘丽珍 等，2022）

② 热化学认识思路结构化。

人教版和鲁科版两版新教科书开篇用相同的问题导入：在实际应用中，人们如何定量地描述化学反应过程中释放或吸收的能量呢？紧承必修模块中对化学反应从吸放热角度定性分类，进一步引发学生从定量层面思考，并由此统整该主题所有内容，显化本章节学科价值之一即定量认识化学反应中的能量变化。将该主题下各知识节点和存在关联的知识节点（如量热计设计原理和中和反应反应热测定均属于实验测定相关知识节点）的认识视角加以分析，如中和反应反应热测定属于实验认识视角、燃烧热等属于反应热分类视角、基于化学键断裂和形成分析能量变化属于微观认识视角等，可总结出图 8.2.5 所示的热化学认识思路（胡润泽 等，2024）。

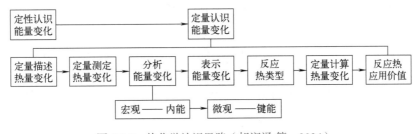

图 8.2.5　热化学认识思路（胡润泽 等，2024）

图 8.2.5 是多版教科书整合后梳理的结果，各版教科书未必完全符合以上认识思路，如新鲁科版教科书中未给出燃烧热概念，故不存在对反应热分类这一认识视角。由图可知热化学认识思路可分为三个层级。第一层体现"定性—定量"这一必修模块到选择性必修模块

的认识视角进阶。第二层则是在"定量"这个核心视角下从描述—测定—剖析本质—表征（包含物理量的定量表示和热化学方程式表示）—计算—应用逐步深入，厘清反应热、内能、焓变等核心概念间的联系。第三层在剖析能量变化本质节点下，此处亦是热化学主题中的教学重点、难点，本质剖析按宏观内能变化到微观化学键断裂与形成加以认识，此处与前面感知反应热和后续热化学方程式相关联，又渗透着宏观感知—微观探析—符号表征的认识思路，呼应了反应热计算的两种方式（物质总能量与键能）。

由反应热到燃烧热，由中和热实验测定到应用盖斯定律计算等均体现了由一般到特殊，从实验、理论到实际应用的思路。中和反应反应热测定实验编排位置前移值得关注，两版新教科书均在开篇阐明反应热定义后立即给出量热计设计原理并以实验探究形式开展中和反应反应热测定，与旧教科书中将该实验放在反应热一节最后相比，新教科书编排顺序更符合学生认知和科学概念建构过程，突出了化学实验学科价值，也为盖斯定律的提出作铺垫"当部分反应热无法通过实验测定时又当如何"。

认识思路结构化水平的提升从各版教科书本主题各级标题的变动也可见一斑。旧人教版本章第一节第一个子标题为"焓变 反应热"，新人教版教科书中更新为"反应热 焓变"并同时增补了两个二级标题"反应热及其测定""反应热与焓变"。反应热与焓变前后顺序对调顺应两个概念认知顺序，学生已经认识到化学反应将伴随能量变化，而能量变化形式为热量时表现为化学反应的热效应（反应热），焓变作为一个物理量可以定量表征化学反应热效应的具体大小，从认识逻辑上来说的确应反应热在前，焓变在后。旧版教科书中由于未对反应热概念做详细界定，仅用恒压条件下，反应的热效应等于焓变带过，致使学生对焓变与反应热之间的关系始终似是而非。

> **任务 8.3**
>
> 请梳理高中阶段"水溶液"主题的认识思路结构化，并举例说明如何解决相关"水溶液"问题。

（3）基于核心观念的结构化

核心观念是指具有学科意义、解释力和生成性，与生活息息相关，且学习过程中呈螺旋上升式的观念。核心观念可以是学科大概念，以此聚焦化学教学不仅能够增强知识的结构性与内在联系，并且有助于化学基本观念的形成，解决教学中存在的掌握知识与学生发展的矛盾（王晓军 等，2021）。化学核心观念（毕华林 等，2014）是从具体化学知识中提炼出来的，是学生对学科知识深刻理解后形成核心概念从而升华得到的，是化学基本观念的重要组成部分。化学核心观念结构化是对物质及其变化的本质和其认识过程的进一步抽象，以促使学生建构和形成化学学科的核心观念（中华人民共和国教育部，2020）。

化学观念具有层次性和进阶性的特征，要实现化学观念的逐步建构，就需要分析化学观念在教科书中的进阶路径。基于此，笔者研究团队采用内容分析法，建立对应观念的分析工具，对人教版初高中化学教科书进行分析，梳理观念各组分层级进阶关系，以形成核心观念结构化，进一步指导教学设计，下文将以"元素观"和"微粒观"举例说明。

① 基于元素观的人教版初高中化学教科书分析。

采用内容分析法，建立了元素观分析类目（见表 8.2.1），对初高中化学教科书进行分析，结果表明：不同阶段人教版化学教科书中元素观的组分分布情况各有特点；元素观各组分在不同阶段的人教版化学教科书中的发展均体现进阶性，基于此建构元素观各组分在人教版化学教科书中的层级进阶（吴来泳 等，2022）。

表 8.2.1　元素观分析类目（吴来泳 等，2022）

类型	组分	内涵
知识型元素观	元素定义观	元素是同一类原子的总称
	元素性质观	元素的性质随原子核外电子排布呈现出周期性的规律，元素周期表是这一规律的具体体现形式
	元素 - 物质组成观	物质都是由元素组成的，元素是组成物质的基本成分，一百多种元素组成了世界上的数千万种物质
	元素 - 物质分类观	物质可以按元素组成进行分类
	元素 - 物质性质观	从组成成分的角度看，物质的化学性质首先取决于其元素组成（元素组成相似的物质，其性质相似），其次取决于元素在物质中所处的价态；物质的元素组成相同，其性质未必相同，结构是影响物质性质的另一重要因素
	元素 - 物质转化观	通常我们见到的物质千变万化，只是化学元素的重新组合，在化学反应中元素不变（种类不变、质量守恒）；由同种元素组成的不同物质之间可以相互转化
方法型元素观	元素符号观	每种元素都有自己特定的符号和名称；可以用化学式表示物质的元素组成
	元素分析观	通过化学实验或仪器分析方法可以对物质的元素组成进行定性与定量的分析
价值型元素观	元素价值观	某些元素在人体健康、社会生产生活、科学研究等领域中具有重要的应用价值

以"元素性质观"进阶分析为例（见图 8.2.6），元素性质观随"元素位置 - 原子结构 - 元素性质"认识模型的发展，体现从孤立到联系、从宏观到微观的进阶。具体而言，义务教育教科书初步建立元素位置、原子结构、元素性质的认识视角，对应水平 1。必修教科书编排元素周期表、元素周期律等内容，建立元素位置、原子结构、元素性质三者的联系，对应水平 2，体现从孤立到联系的进阶。水平 3 的元素性质规则对应选择性必修 2 中原子结构与性质内容，引导学生从整个元素周期表认识元素位置，从能级和能层、构造原理等认识原子结构，从原子半径、第一电离能、电负性等认识元素性质，从更加微观的层面理解元素性质观，体现从宏观到微观的进阶。

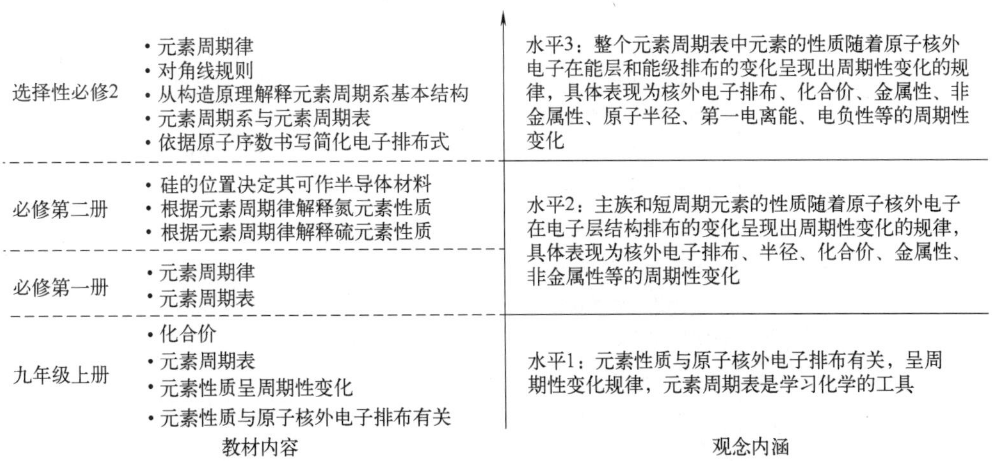

选择性必修2	• 元素周期律 • 对角线规则 • 从构造原理理解元素周期系基本结构 • 元素周期系与元素周期表 • 依据原子序数书写简化电子排布式	水平3：整个元素周期表中元素的性质随着原子核外电子在能层和能级排布的变化呈现出周期性变化的规律，具体表现为核外电子排布、化合价、金属性、非金属性、原子半径、第一电离能、电负性等的周期性变化
必修第二册	• 硅的位置决定其可作半导体材料 • 根据元素周期律解释氮元素性质 • 根据元素周期律解释硫元素性质	水平2：主族和短周期元素的性质随着原子核外电子在电子层结构排布的变化呈现出周期性变化的规律，具体表现为核外电子排布、半径、化合价、金属性、非金属性等的周期性变化
必修第一册	• 元素周期律 • 元素周期表	
九年级上册	• 化合价 • 元素周期表 • 元素性质呈周期性变化 • 元素性质与原子核外电子排布有关	水平1：元素性质与原子核外电子排布有关，呈周期性变化规律，元素周期表是学习化学的工具
	教材内容	观念内涵

图 8.2.6　元素性质观在人教版教科书中的层级进阶（吴来泳 等，2022）

根据元素观的层级进阶关系，可对应水平组织某一阶段下的单元教学，也可形成统整思路，结构化组织复习课。譬如，在高三复习课上，基于元素性质观来统摄必修第一册第四章和选择性必修 2 第一章的内容，教师引导学生基于元素位置、原子结构、元素性质三个视角来梳理元素周期表和元素周期律相关内容，形成结构化的知识网络，发展化学思维，起到事半功倍的复习效果。

② 基于微粒观的人教版初高中化学教科书分析。

采用内容分析法，建立微粒观分析类目（见表 8.2.2），对人教版初、高中化学教科书进行分析。基于微粒观组分内涵与教科书内容，以化学思维对象（物质、变化、能量）为进阶变量，梳理微粒观组分在不同阶段化学教科书中的进阶路径，以解决单一视角所建立的微粒观层级兼容性差、进阶孤立等问题。下面以"微粒作用观"为例阐述微粒观组分进阶模型（见图 8.2.7）。微粒作用观划分四个水平，分别用相应的字母代表每一水平中所包含的 1 ~ 3 条观念内涵，同一水平中的观念内涵为并列关系。譬如，ZY-［BH-NL］表示微粒间的相互作用与"变化"和"能量"两者存在关联，不强调三者的联系顺序，该水平的内涵为"微粒间相互作用改变会引起能量的改变"（陈泳蓉 等，2024）。

表 8.2.2 微粒观分析类目（陈泳蓉 等，2024）

微粒观类型	微粒观组分	组分内涵
知识型微粒观	微粒本体观	微观粒子很小，在不停地运动，微粒间有一定间隔 物质都是由原子、分子、离子等基本微粒构成的；微粒构成物质时是按比例的，这个比例可用化学式表示；在物质构成活动中具体的微观粒子能够直接影响物体的性质与特点；可以根据微粒的种类对物质进行分类 在一般条件下物质发生化学变化时，分子、离子会发生变化，而原子保持不变；化学变化是微粒按一定的数目关系进行的 微粒本身具有能量
	微粒作用观	微粒间存在相互作用；微粒间的相互作用具有多种类型；微粒会影响微粒间作用力 微粒靠相互作用（静电作用）聚集为宏观物质；微粒在空间的排列结构是微粒之间相互作用平衡的结果；微粒间作用力会影响物质的性质；根据微粒间的作用力对物质进行分类 在一定条件下，微粒间的相互作用会发生改变，这种改变造成了物质间的相互反应
	微粒结构观	不同层次的微粒本身是有结构的；微粒与微粒间作用力都会影响微粒的结构 微粒构成物质时是按一定的空间取向排列的；微粒的结构决定物质的性质；根据微粒的结构对物质进行分类 微粒在空间排列时有尽可能占据最小空间和具有最低能量的趋势
方法型微粒观	微粒符号观	可以用化学符号或图示表征微粒、微粒间作用力及微粒的结构
	微粒分析观	通过化学实验或仪器分析方法可以对物质的构成微粒、微粒间作用力、微粒结构进行定性或定量的分析
价值型微粒观	微粒价值观	微粒、微粒间作用力及微粒的结构在人体健康、社会生产生活、科学研究等领域中具有重要的价值

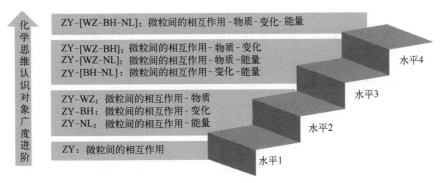

ZY代表微粒间的相互作用；短线-表示两者存在联系；WZ代表物质；BH代表变化；NL代表能量；
半角方括号[ ]表示多个思维认识对象整体。

图 8.2.7　微粒作用观在人教版中学化学教科书的组分进阶模型（陈泳蓉 等，2024）

同样以"微粒作用观"为例，微粒作用观内涵划分为 4 个层次（见图 8.2.8）。其中，水平 1 关注微粒间的作用力及其类型和微观粒子对微粒间作用力的影响，主要对应"化学键""分子间作用力"等核心概念。水平 2 表示微粒间作用力与物质 / 变化 / 能量的单一联系，集中体现在高中必修和选择性必修教科书中。水平 3 表示微粒间作用力的变化引起物质 / 能量的变化。微粒作用观的最高水平表示微粒间作用力与物质、变化和能量三者存在相互影响。对 238 个微粒作用观编码数据划分层级水平，微粒作用观各水平在初中和高中教科书的分布呈现明显的层次性，高中教科书是帮助学生建立完整的微粒作用观的重要素材。不过，相对于高中必修教科书而言，选择性必修教科书中的微粒作用观水平并未明显提升。

微粒作用观进阶

教材内容知识	水平	观念进阶与内涵
• 【必修第二册】化学反应能量变化的微观实质 • 【必修第一册】熔融NaCl能导电的微观原因	水平4	ZY-[WZ-BH-NL]:微粒间相互作用力的改变会引起物质发生化学变化并伴随能量的改变；通过输入能量改变微粒间作用力进而影响物质的性质
• 【必修第一册】化学反应的微观本质(化学键断裂与形成) • 【选择性必修1】盐溶液显不同酸碱性的原因 • 【选择性必修3】有机化学反应的分类(化学键角度)	水平3	ZY-[WZ-BH]:微粒间相互作用力的改变会引起物质间的相互反应、物质性质的改变；可以根据微粒间作用力变化的不同对物质发生的化学反应进行分类
• 【必修第二册】化学键断裂吸收能量，化学键形成释放能量		ZY-[BH-NL]:微粒间相互作用改变会引起能量的改变
• 【选择性必修2】配位化合物 • 【选择性必修2】价层电子对互斥模型 • 【选择性必修2】氢键对物质熔、沸点、溶解性的影响 • 【必修第二册】根据烃分子中碳原子间成键方式的不同，可以对烃进行分类	水平2	ZY-WZ:微粒靠相互作用(静电作用)聚集为宏观物质；微粒构成物质时空间的排列是微粒之间相互作用平衡的结果；微粒间作用力会影响微粒或物质的性质；可以根据微粒间作用力对物质进行分类
• 【必修第一册】NaCl固体受热熔化变为Na⁺和Cl⁻ • 【选择性必修2】键能的定义		ZY-BH:在一定条件下，微粒间的相互作用会发生改变 ZY-NL:可以用键能衡量微粒间作用力的强弱
• 【选择性必修2】σ键和π键 • 【必修第一册】化学键和分子间作用力 • 【九年级下册】溶解的微观过程	水平1	ZY:微粒间存在相互作用；微粒间的相互作用有多种类型；微粒会影响微粒间作用力

ZY代表微粒间作用力；短线-表示两者存在联系；WZ代表物质；BH代表变化；NL代表能量；半角方括号[ ]表示多个思维认识对象整体。

图 8.2.8　微粒作用观进阶（陈泳蓉 等，2024）

经过组分分析，结果表明：①微粒观组分在不同学段教科书的分布大致上相同，呈现出随着学段提高而逐渐丰富的特点；②具体至各个阶段的教科书，其共性是侧重的组分主要是微粒符号观、微粒本体观、微粒作用观、微粒结构观；③微粒观组分在不同阶段教科书的发展呈现出化学思维对象联系广度进阶的特点。据此,针对微粒观教学实践提出 3 点建议:①重视研究和使用教科书,做好初高中化学教学衔接;②形成微粒观基本理解,开展"观念建构"教学;③利用微粒观组分层级,以评价促进教学(陈泳蓉 等,2024)。

任务 8.4

请尝试以"元素观"或"微粒观"某个组分分析初、高中教科书内容,并划分进阶水平。

📎 基于化学课程内容与化学教科书内容进行解读与重组可确定某一化学课时的教学内容，并按照其性质进一步划分为"知识 - 技能类""思维 - 方法类"与"价值 - 观念类"内容。

📎 内容结构化主要有以下三种形式：基于知识关联的结构化、基于认识思路的结构化和基于核心观念的结构化。

📎 基于知识关联的结构化要求按照化学学科知识的逻辑，发现知识的关联并组织汇总。

📎 基于认识思路的结构化要求从学科本原的角度概括、总结物质及其变化的认识过程。

📎 基于核心观念的结构化要求从学科本原进一步概括、抽象物质及其变化的本质及其认识过程，建构和发展化学学科核心观念。

【基础类】

🚩 1. 请谈谈你对课程内容、教材内容、教学内容以及三者关系的认识。

🚩 2. 请举例说明三类化学教学内容。

🚩 3. 请谈谈你对化学教学内容结构化的认识。

【高阶类】

🚩 4. 请以某化学主题为例，设计某个课时或单元的教学内容结构。

🚩 5. 请尝试以"结构决定性质"这一核心观念为例，谈谈你将在高三化学总复习教学中进行教学内容的结构化设计。

◄ 经志俊. 基于教学内容结构化的教学主张 [J]. 化学教学，2019（10）：28-32.（教学内容结构化在教学中的 3 点实施建议）

◄ 景崤壁. 高中化学知识体系与教学设计——基于人教版新教材的视角 [M]. 北京：化学工业出版社，2021.（人教版 5 本教科书的教学内容结构化案例）

第9章

化学概念理解

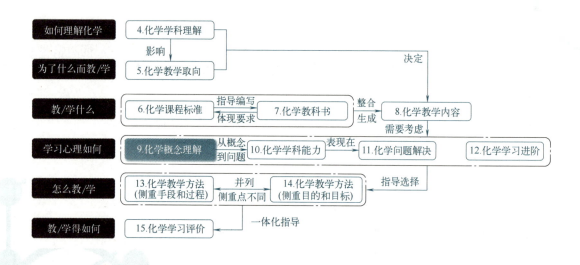

化学教学包含教师教和学生学——第 6～8 章的课程知识侧重回答"教师教什么"的问题，接下来的第 9～12 章则主要介绍学生的学习心理。学习化学的过程离不开对化学概念的理解；然而，不少学生会对单个化学概念形成错误的认识，头脑中难以将相关概念结构化地联系起来，为此需要教师实施概念转变为目标的教学（包括转变单个迷思概念和整个概念架构），从而发展学生的化学概念理解。据此，本章相应探讨以下内容：化学迷思概念、化学概念架构和化学概念转变。

本章导读

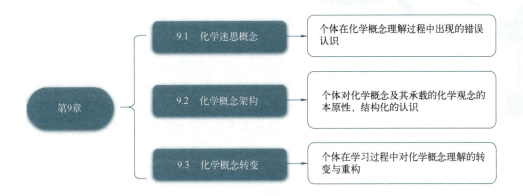

通过本章学习，你应该能够做到：

- 简述迷思概念的定义与特点，并列举常见的化学迷思概念
- 举例说明化学概念架构的内涵及其教学应用价值
- 说出化学概念转变的内涵及其策略

📖 9.1　化学迷思概念

迷思概念（misconceptions）是个体依据自身经验形成的与科学事实不符的错误理解或信念。迷思概念的存在会阻碍学生正确理解科学概念，对后续学习的科学概念产生负迁移（Özmen，2008）。因此，对学生迷思概念的探查是促进学生概念理解的前提。迷思概念具有经验性、顽固性、普遍性与隐蔽性等特点（蔡铁权 等，2009），当前对迷思概念的测查主要采用测试卷、多段式测验与访谈法相结合的方式进行。下面将以几个化学主题为例，展示学生容易产生的迷思概念，以帮助读者在教学实践中加以识别，促进学生形成对化学概念的正确理解。

学界观点

学界对迷思概念的界定主要分为 4 种取向（陈坤 等，2019）。一是否定取向，认为迷思概念是与科学共识不符的错误观念，如 Bransford 所言，它们是学生的错误理解。二是调和取向，视迷思概念为学生头脑中的不完整想法，需要进一步发展。例如，DiSessa 将迷思概念描述为片段化的"现象本源"（p-prims），这些元素需要整合以形成完整的概念。三是过程取向，认为迷思概念是在学习科学概念的过程中形成的，如 Osborne 和 Wittrock 指出的，这些观念在科学教育前就已根深蒂固。四是发展取向，认为迷思概念是知识发展过程中的障碍，Gunstone 认为迷思概念是用来判别学生的概念和科学概念之间的差异性的概念，有待转变或提升，是教学的基础。对迷思概念本体论的探讨感兴趣的读者可见章末"拓展阅读"的文章。

譬如，在学习"化学平衡"这一重要概念时，不同年级和层次的学生不能准确理解化学平衡的特点及其变化规律，并且尝试在不理解的情况下应用这些规律，从而得到错误的答案（Özmen，2008）。学生在理解化学平衡的建立过程、化学平衡状态及其特征、外界条件对化学平衡的影响、勒夏特列原理的应用与平衡常数等基本概念时存在较多迷思概念，具体见表 9.1.1。

表 9.1.1　化学平衡主题迷思概念（黎梦丽 等，2020）

内容领域	具体迷思概念
化学平衡的建立过程	1. 正向反应先进行完全，然后逆向反应才开始进行 2. 可逆反应是可以反应完全的，即反应物可以完全转化为生成物 3. 正逆反应速度都随时间的变化而增加 4. 在达到平衡之前，正反应速率总是大于逆反应速率
化学平衡状态及其特征	1. 平衡时正逆反应速率相等，反应物浓度与生成物浓度也相等 2. 平衡状态下没有发生任何反应
外界条件对化学平衡的影响	1. 温度增加时反应物粒子会获得更多动能，从而有效碰撞次数更多，因此更多的反应物就会转化为生成物，平衡正向移动 2. 在多相平衡系统中，当体系达到平衡状态且固液共存时，加入固体物质平衡会发生移动 3. 在平衡状态下增加某反应物的浓度，当体系达到新的平衡状态后，该反应物浓度等于先前平衡状态的浓度 4. 加入催化剂也会导致平衡发生移动，因为催化剂会同时影响正逆反应速率但是影响程度不同，或催化剂只影响了正反应速率而不影响逆反应速率 5. 条件改变时，优势反应的速率会加快，而另一个反应速率则总是减慢 6. 当建立了新的平衡后，其速率将与最初的平衡状态相等

内容领域	具体迷思概念
勒夏特列原理的应用	1. 用勒夏特列原理预测一组物质在达到平衡前的物质转化情况 2. 用勒夏特列原理来预测多相平衡体系的变化
平衡常数	1. 平衡常数是反应物和生成物浓度的比值，当体积改变导致浓度发生改变时，平衡常数也会改变 2. 当温度升高时，不管反应吸热还是放热，平衡常数都会增大 3. 当平衡常数越大时，反应速率也会越大

另外，学生在理解"溶液化学"这一核心概念时，也存在诸多迷思概念（Çalýk et al，2005）。主要出现于"溶解与溶解度""电离与电解质""酸与碱"与"盐类的水解"4 部分内容，具体见表 9.1.2。

表 9.1.2　溶液化学主题迷思概念（陈圳 等，2024）

内容领域	具体迷思概念
溶解的过程	1. 溶解过程中的"消失"和"变小"是融化过程 2. 溶解过程是物质的简单混合，是较小的粒子进入较大粒子的间隙 3. 溶解过程中盐和水的相互作用是一种化学变化
溶解的平衡	饱和溶液无法溶解更多溶质是因为溶剂粒子间的空隙已被填满，从而使得溶解过程停止了
饱和的状态	1. 含较少溶质的溶液就是未饱和的溶液、浓溶液就是饱和溶液 2. 饱和溶液在蒸发部分溶剂后就会变成过饱和溶液
溶解度的变化	1. 溶解度会随着加入更多的溶质而增加 2. 水蒸发时，溶质总量保持不变，溶解度保持不变 3. 水蒸发时，溶解的盐会沉淀出来，溶解度降低
电离的过程	电解质在水溶液中的电离是自动发生的，不存在微粒间的相互作用
电解质的定义	1. 任何导电的物质都是电解质 2. 所有溶液中都存在离子
酸碱性的强弱	1. 分子式中氢原子越多，酸的强度越大 2. 强酸或强碱的离子浓度高，弱酸、弱碱离子浓度低 3. 溶解过程中盐和水的相互作用是一种化学变化
酸碱性的判断	1. 极稀的酸溶液是碱性的 2. 中和反应产生的溶液就是中性的
pH 的定义与计算	1. pH 是衡量酸性的量，pOH 是衡量碱性的量 2. 物质的量浓度相同的强碱和弱碱溶液，pH 相同
缓冲溶液的组成	任何酸与碱的组合都可以形成缓冲溶液，而不仅仅是弱酸 / 碱和它们的共轭盐
缓冲的范围	1. 缓冲溶液可以抵抗 pH 的变化，即使加入过量的酸也不会改变 pH 值 2. 缓冲溶液能够维持溶液呈中性，因为加入碱 / 酸会与酸 / 碱反应生成盐和水
缓冲的能力	溶液的体积会影响缓冲溶液的缓冲能力
水解的本质	1. 混淆水解反应和中和反应的概念 2. 混淆水解和解离过程，将"水解"描述为"水将物质分解为其离子" 3. 水解就是离子和水的反应，是不可逆的
水解的条件	1. Cl^- 会水解产生 OH^- 2. CN^- 不水解因为 HCN 是强酸 3. 若溶液呈酸性，则盐一定来源于强酸和弱碱

此外，学生对"氧化还原反应"这一贯穿整个中学阶段的核心概念也持较多迷思概念，尤其在对氧化还原反应的本质特征、参加氧化还原反应的物质种类、氧化还原反应中元素化合价判定和氧化性与还原性强弱判定等方面，具体见表9.1.3。

表 9.1.3　氧化还原反应主题迷思概念（丁伟，2015）

内容领域	具体迷思概念
氧化还原反应的本质特征	1. 只要有氧化性物质参加的化学反应就是氧化还原反应 2. 有单质参加或生成的化学反应一定是氧化还原反应 3. 化合反应/分解反应一定是氧化还原反应 4. 复分解反应有可能是氧化还原反应 5. 氧化还原反应中反应物全部被还原或被氧化
参加氧化还原反应的物质种类	1. 氧化还原反应的反应物至少要有两种 2. 氧化性物质与还原性物质放在一起，一定能发生氧化还原反应 3. 在氧化还原反应中，反应物不是氧化剂就是还原剂
氧化还原反应中元素化合价判定	1. 氧化还原反应中最多只有两种元素的化合价改变 2. 化合物中金属元素的化合价都是正化合价 3. 分子式中左侧元素都表现为正价态，右侧元素都表现为负价态
氧化性与还原性强弱判定	1. 同种元素化合价越高，物质氧化性一定越强 2. 某一元素的原子在反应中得到电子越多，其氧化性就越强；失去电子越多还原性就越强

任务 9.1

请你结合文献资料与自身经历，试着列出 3 个与化学键有关的迷思概念。

9.2　化学概念架构

概念架构（conceptual framing）指个体对知识及其所承载观念的一种本原性的认识，是个体在脑海中将特定主题的知识和观念经过主观加工后形成的结构化网络（吴微 等，2020）。概念架构包含两个层面：一是对于特定领域的知识的本原性、结构化的认识；二是对具有统摄性的基本观念的本原性、结构化的认识（林颖，2022）。2020 年新课标指出，化学教学内容的编排应帮助学生将化学学科知识内化为化学学科的核心素养，实现这一转变的关键在于内容的系统化和结构化，而概念架构对于帮助学生实现上述结构化具有不可或缺的作用。因此，概念架构研究已成为化学教育研究的一个重要课题。

概念架构的研究主要采取以问卷法为主，半结构化访谈法为辅的方式获取学生关于某化学主题下的知识架构、观念架构以及两者之间的关系，帮助读者在教学实践中全面了解学生的学习特点和困难，从而开展具有针对性的核心素养教学。

以往对学生关于特定主题下的概念理解研究大多集中在知识层面。尽管近几年已有研究者开始关注观念对概念理解的影响，但很少探索学生头脑中共有的概念联系——知识之间、观念之间和观念与知识之间的联系。下面，以"电化学"主题为例，分别在知识架构、观念架构和概念架构中展开介绍。

（1）"电化学"主题知识架构

如图 9.2.1 所示，从整体上看高二学生"电化学"知识架构图包含 6 个知识组分（氧化还原反应、原电池、电解池、电极反应式的书写、金属的腐蚀和金属的防护），形似金字塔结构。"原电池"与"电解池"位居知识架构的核心，其余 4 个知识组分围绕它们进行发散与延伸，因此，"原电池"和"电解池"也是知识结构的认知固定点，也与众多知识组分有着不同程度的联系。例如，在表征层面，它们与"电极反应式的书写"紧密相关；在应用层面，则揭示了"金属腐蚀"和"金属防护"的本质原理。这也表明这 3 个知识组分构成了知识结构的关键节点，它们在一定程度上映射了"电化学"主题知识内容的复杂性和有序性，以及知识间横向与纵向联系的深度。

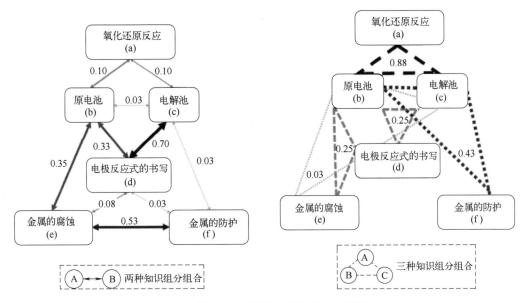

图 9.2.1　高二学生"电化学"知识架构图（林颖，2022）

"氧化还原反应""原电池"与"电解池"三者之间的联系最为频繁，高达 88%，这主要是因为氧化还原反应在理论和实践上对原电池和电解池具有统领性的指导作用。原电池与电解池在能量转换、物质变化及电极反应等方面存在内在联系，使得这三者之间的关联容易构建。同时，"电解池"与"电极反应式的书写""金属的腐蚀"与"金属的防护"之间的联系频次也超过 20 次（测查了 40 名学生），这反映出学生能够在认知上梳理电化学防护方法所依据的基本原理，进而实现知识间的有机联系。值得一提的是，"氧化还原反应"作为两大认知固定点的理论基础，它并不与其他电化学知识组分构成直接的关联组合。

（2）"电化学"主题观念架构

如图 9.2.2 所示，高中生在电化学的观念架构的内容上出现了 9 种观念类型，蕴含守恒观、微粒观、变化观、元素观、模型观、分类观、能量观、辩证观及化学价值观等化学基本观念。观念间联系的结构存在多种观念组合，其中 2 种观念的组合类型较多，但整体架构图显得较为分散，呈现出多中心散射状，其中化学价值观、变化观通常是认知固定点。观念架构图中，以变化观、元素观和微粒观为核心的三观念组合呈现翼状结构，并且这些观念间的三观念和四观念组合具有紧密联系。这表明，在"电化学"主题的教学中，各个观念都发挥着关键的指导作用，"电化学"的丰富内涵是培养学生化学观念形成的重要载体。

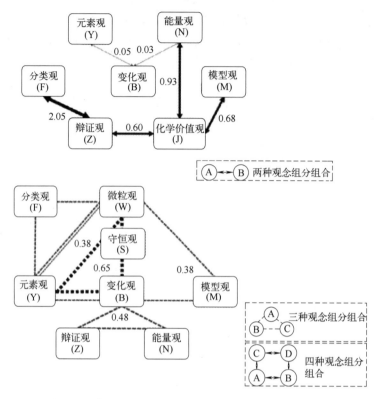

图 9.2.2　高二学生"电化学"观念架构图（林颖，2022）

由图 9.2.2 分析，部分学生对于观念之间联系的掌握程度不够，无法完整形成 3 种或 4 种观念类型的组合，仅能表现出其中 2 种之间薄弱的联系，因此展现了较少次数的"变化观 - 微粒观""变化观 - 能量观"组合。这是因其未能完整地形成一个"变化观 - 微粒观 - 元素观 - 守恒观"的 4 种观念组合联系，只能局部体现两种观念的联系。

而在 2 种观念的组合中，辩证观和分类观的联系最紧密，可能得益于氧化还原反应、原电池和电解池 3 种知识组分之间的紧密联系和统摄引领。譬如，原电池和电解池工作时涉及的四类电极，以及其发生的氧化反应或还原反应中电子、化合价变化以及电解质溶液中阴、阳离子的定向迁移等知识，均体现了电化学的动态过程。此外，化学价值观在两种观念的组合中展现了较为核心的地位，分别与能量观、模型观和辩证观形成了中等水平的联系频率，这与电化学知识具有的浓厚社会发展价值息息相关。

（3）"电化学"主题概念架构

如图 9.2.3 所示，在知识类型方面，每个知识类型都涵盖了两种以上学科观念。其中，"原电池"和"电解池"作为电化学体系核心概念，均分别与变化观、能量观和化学价值观有相连。在表征层面，"电极反应式的书写"承载的观念数并列最多。这是因为高中生在书写电极方程式时，不仅要遵循基本的三大守恒，还要综合考虑反应物之间的强弱前后律和环境因素的影响，是掌握守恒观、变化观、微粒观和元素观多种学科观念后的表现。而作为核心本质的"氧化还原反应"则淋漓尽致地体现了辩证观，是高中生脑海中最为紧密的知识与观念联系。

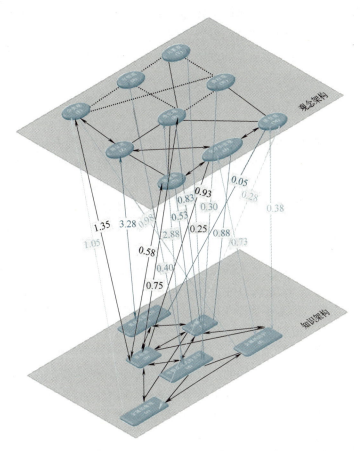

图 9.2.3　高二学生"电化学"概念架构图（林颖，2022）

在观念类型方面，从内部观念的连线次数来看，分类观、变化观、化学价值观和模型观分别与 3 种不同的知识组存在连线，是与知识架构最为紧密的观念，显示出它们在电化学知识体系中的核心地位。紧随其后的是能量观，它与原电池和电解池两种知识类型相连，说明高中生能从能量视角认识电化学装置。而守恒观、辩证观、微粒观和元素观分别与知识架构存在一次关联，说明两者架构联系较浅，但也反映了电化学主题所蕴含的多元观念和丰富价值。

任务 9.2

请你和小组同学选取"晶体结构与性质"主题，绘制概念架构图，并且借助"拓展阅读"的文献，分析小组同伴绘制的概念架构图。

9.3　化学概念转变

在第 9.1 节中，我们聚焦于化学迷思概念，揭示了学生在形成科学概念过程中可能遇到的单个概念的误解与障碍。第 9.2 节则从化学概念架构的角度，分析了学生如何组织和整合多个化学概念以构建起他们的认知结构。在此基础上，本节将以概念转变的理论及其发展为主线，进一步了解学生对化学概念理解的发展。概念转变不仅涉及对单个概念理解的修正或替换，也关系到整个概念架构的丰富与发展。这种转变是科学学习与认知发展的核心，它要求我们既要关注学生对特定化学概念的理解，也要关注这些概念如何相互作用以共同构成一个协调、连贯的知识体系。

（1）概念转变理论的提出

随着迷思概念领域研究的不断发展与完善，研究者们的视线开始由关注学生有哪些迷思概念聚焦到如何解释和转化学生对概念的理解上。概念转变的研究始于 20 世纪 70 年代，教育工作者们意识到学生在理解核心科学概念方面存在迷思概念，且这些迷思概念并非源于错误的观察或不合逻辑的推理，而是他们在尝试用这些概念解释现象时形成的。这些发现强调了科学教学中促进概念转变的重要性，同时指出了教学方法需要从单纯的观察和实验转向更加注重概念转变和理论理解的途径（Amin et al，2014）。

1982 年，波斯纳（Posner）等人提出了概念转变模型（conceptual change model，CCM）（Posner et al，1982），这一模型认为科学学习是一个从日常概念到科学概念的转变过程。他们从认识论的视角出发，借鉴了库恩（Kuhn）对科学革命的描述和皮亚杰（Piaget）关于学习的"同化"和"顺应"机制，强调了科学概念学习中概念框架的转变。Posner 指出，概念转变需要满足 4 个条件：对原有概念的不满意；新概念的可理解性；新概念的合理性；新概念的有效性。这 4 个条件是有顺序的，只有当学生认识到科学概念的有效性时，错误概念才会被科学概念所取代。这一理论的提出指导科学教育研究产生了大量成果，成为了科学教育研究的一种范式，被称为经典的概念转变理论（卢姗姗 等，2016）。

学界观点

有学者从理论的拮抗性、概念理解的顺序性与认识论的复杂性对波斯纳的概念转变四条件模型进行了批判性讨论（Amin el al，2014）。首先，波斯纳的模型缺少了库恩关于理论是拮抗变化的观点，没有充分考虑这种理论内部的概念网络和它们之间的相互作用；其次，该模型假设学生能够在理解新概念之前，用他们已有的概念来评估现有理论和新理论。然而，新概念的意义是从新理论中获得的，这就产生了一个悖论：在没有完全理解整个理论的情况下，新概念如何能够具有意义，如果不理解每个概念，又如何能够理解整个理论。最后，评估两套理论的相对优点所需的认识论复杂性超出了多数学生的能力。学生中的许多人难以区分理论和证据，也很难理解科学模型的本质和功能。

（2）概念转变理论的发展

20 世纪 70 年代至 80 年代（以下简称"第一阶段"）的研究关注学生如何在认知结构上从日常概念转变为科学概念，专注于学生在某些领域所持概念的特征，凸显了领域特殊性与科学定性推理的重要性。在之后的 10 年间，根据对学生认知结构的假设和概念转变机制看法的不同产生了两种观点——连贯观（coherence view）与碎片观（knowledge-in-pieces view），见表 9.3.1。连贯观认为学生的知识结构是相互关联和有组织的，他们的概念转变是一个逐步的过程，需要学生对现有知识结构进行重组以适应新的科学概念。与连贯观相对立的知识碎片观则认为，学生的知识是由一系列不连贯的、基于直觉的"现象本源"（p-prims）组成。这些 p-prims 是小的知识单元，它们是学生用以解释现象的基础（Disessa，1993）。

表 9.3.1　两种概念转变观点的分歧

概念转变观点	学生的认知结构	概念转变机制
连贯观	学生的认知结构是有序和组织化的，概念之间存在着内在的联系，形成一个整体网络	概念转变是一个整体性的过程，需要学生对现有知识结构进行重组，以适应新的科学概念。这种转变通常涉及对现有概念的深入理解和批判性思考
知识碎片观	学生的认知结构是由许多独立的、片段化的知识元素组成，这些元素之间的联系较弱，更类似于一系列散乱的知识点	概念转变是通过重新组织和连接这些片段化的知识元素来实现的，在教学中需要识别和利用学生的直觉知识，通过逐步引导将其转化为更科学的思维方式

20 世纪 90 年代至 21 世纪初（以下简称"第二阶段"），研究者们开始深入探讨概念转变的过程，认识到本体论、认识论、模型与建模、社会互动等多个因素与概念转变过程的密切联系（Amin et al，2014）。

① 本体论（ontology）。

Chi 等人（Chi，1992）认为，学生对科学概念的理解受到其本体论类别的影响。本体论类别是个体用来组织和分类知识的基础框架，这些类别反映了学生对事物本质的深层次理解。为了促进概念转变，教育者需要识别和挑战学生现有的本体论类别，并引导他们向更科学的本体论类别转变。这种基于本体论的概念转变理论对概念转变的促进有两方面启示：一是课程、教材和教师应关注学生的本体论信念；二是教师应注意教学语言，避免不恰当的教学语言强化了学生的迷思概念（Slotta et al，1995）。譬如，教师在教授"化学键"概念时，应强调化学键是一种相互作用而非物质实体，以直接教学的方式，将概念归属到科学的类别中。

② 认识论（epistemology）。

认识论属于元认知的一个方面，它涉及对知识本质的理解，包括知识的来源、结构、论证以及局限性（Hofer et al，1997；Sandoval，2005）。基于认识论概念转变模型的研究者们普遍认为学生的认识论信念对他们学习科学概念和进行概念转变至关重要。认识论信念会影响学生在学习过程中采用的策略与关注的焦点。例如，认为科学知识是确定不变的学生可能更倾向于采用机械学习策略且较关注具体事实，而认为科学知识是动态和不断发展的学生可能更倾向于采用深度学习策略，且会探索概念之间的关系和原理并对所学内容建立更好的科学解释（Sandoval，2005）。前述波斯纳等人提出的经典概念转变理论也在第二阶段进行修正（Posner et al，1982），将"对原有概念的不满意"视为受学生动机和情感因素影响的条件，而将调节学生对新概念可理解性、合理性和有效性认识的个体经验背景统称为"概念生态圈"（conceptual ecology）。概念生态圈包括反例、类比、隐喻、认识论信念和形而上学信念等要素，这些要素在概念转变过程中起着至关重要的作用。基于认识论的概念转变模型为促进学生化学概念转变提供了许多卓有成效的教学策略，如认知冲突策略、概念转化文本策略、类比策略、概念图策略等（更详细的促进概念转变的化学教学方法详见本书第14.3节）。

案例 9.1

认知冲突策略在化学概念转变教学中的应用：在教授"物质的量"概念时，针对学生"可用摩尔来计量宏观物质"这一迷思概念，教师可创设这样的情境：假设有 6.02×10^{23} 粒稻谷，将其平分给65亿人，每人每天吃1斤，要吃1000万年才能吃完。通过这样的例子，让学生产生认知冲突，使其意识到摩尔这个单位所代表的数量级之大，因而不能用于宏观物体，既不方便，也无意义。

③ 模型与建模（models and modeling）。

模型与建模是学生从直观、经验性的理解向科学、系统化的知识结构过渡的关键工具。在概念转变的第二阶段，研究者们认识到模型与建模不仅帮助学生更好地理解和表征复杂的科学现象，而且还促进了学生认知结构的深化和发展。

模型是对于一个复杂系统的简化和抽象表示，目的是用来解释或者预测某些科学现象，模型既能以内化的心智模型形式存在，也可以外化的各种表征方式呈现（如图表、三维物体）；而建模即产生科学模型的过程，是一个动态的历程，通常包括构建、应用、评估和修正四个方面（史凡 等，2019）。在教育实践中，使用现成模型的目的在于简化推理模式，支持学习者用已有知识进行更深入的理论化理解，譬如使用燃烧3要素模型理解不同的灭火原理。自行建模的目的则在于让学生参与复杂定量推理，譬如在盐类水解概念的教学中，可从氯化铵溶液的酸碱性出发，结合溯因推理与演绎推理，分析溶液中微粒的数量、微粒的种类、微粒间的相互作用及该过程中涉及的物质类别，引导学生逐步建模，而后再让学生通过类比推理的方式分析醋酸钠溶液呈碱性的原因，最后再抽提出盐类的水解模型。学生在建模过程中，需要评估和修正自己的模型，有助于识别和破除迷思概念。

④ 社会互动（social interaction）。

社会互动涉及个体在社会环境中的交流和互动过程。在教育与学习领域，社会互动通常指学生、教师和其他教育参与者之间的交流和合作，这些互动可以促进知识构建、认知发展和概念转变。从社会文化视角看，知识是通过社会互动过程逐渐内化的，更有知识的人为学习者提供脚手架，帮助他们掌握复杂概念（Wertsch，1991）。该理论强调了社会互动在认知发展中的核心作用。有关话语分析视角的研究则试图揭示在社会互动中发生的交流细节，以及这些细节如何促进多样化观点的融合和概念的转变。譬如，Roschelle（Roschelle，1992）指出，对话中的互动可以帮助学生建立关于自然现象的核心概念。关于同伴互动效果的研究表明，同伴之间的讨论可以提高学生提供解释的质量。这种互动不仅促进了学生对现象的理解，还帮助他们在概念上取得进步（Hatano et al，1991）。此外，还有 Piaget 学派的有关认知冲突出现在小组中的研究，Herrenkohl 等人（Herrenkohl et al，1999）关于如何通过组织科学课堂活动并提供脚手架来促进概念学习的研究，以及 Howe 等人（Howe et al，1992）关于社会干预与个人构建的研究，这些研究展示了社会互动在促进概念转变中的多维作用，从社会文化背景到具体的教学实践，强调了社会因素在认知发展和科学理解中不可或缺的角色。

任务 9.3

请你基于上述对社会互动行为介绍，提出 1 个利用社会互动促进化学概念转变的教学方法，并举例说明该方法如何在教学中实施。

自 21 世纪初至今（以下简称"第三阶段"），越来越多的研究者基于系统化视角研究概念转变，他们认识到概念转变并不是孤立发生的认知事件，而是涉及个体的认知结构、社会文化背景、教育环境以及学习者的情感和动机等多方面因素相互作用的过程。第三阶段的研究重点强调了对这些相互作用因素的深入理解，以及它们如何共同塑造学习者对科学概念的理解和转变。

概念转变作为教育心理学和科学教育领域的核心议题，其研究已发生了深刻的演变。从第一、第二阶段对迷思概念转变的机制与策略研究发展到第三阶段对概念及概念转变的系统化和层级化分析。在这一背景下，上一节提到的化学概念架构的丰富与发展就显得尤为重要。概念转变的过程，实质上是对这一架构的不断丰富和深化的过程，要求教师关注不同概念如何相互作用，形成更为复杂和高级的认知结构。针对不同年级学生概念架构的发展，可以发现它们与第三阶段中的内容有着密切的对应关系。譬如，在中学生"化学反应"概念架构的研究中（吴宇豪，2023）发现，随着学生年级的提高，他们的知识架构和观念架构都呈现出由浅入深、逐步提高的发展趋势。初三年级学生的知识架构以基础概念为主，而高一年级学生开始建立起更为复杂的知识联系，高二年级学生则进一步发展了网络化的知识体系。这种发展不仅体现了知识内容的深化，也反映了学生在认知上从具体到抽象、从单一视角到多维视角的转变。

展望未来，概念转变的研究将继续深化，体现在对学生个体差异的重视、对教学策略的创新以及对学习环境的优化。教育者需要设计更有效的教学方法，以促进学生认知结构的重组和科学概念的内化。未来的研究还可以探索如何利用人工智能技术识别学生的认知误区和迷思概念，以及如何通过智能辅导系统提供及时的反馈和引导。此外，人工智能在模拟复杂科学现象、构建虚拟实验室以及促进学生与科学概念互动方面也展现出巨大潜力，这将有助于学生在更具情境性与互动性的学习环境中实现对概念的深层次理解。

🍃 迷思概念是个体基于自身经验形成的与科学事实不符的错误理解或信念。它具有经验性、顽固性、普遍性和隐蔽性等特点。迷思概念的测查方法包括测试卷、多段式测验与访谈法等，当前的研究倾向于采用多种方法结合的方式进行测查以获得更全面准确的结果。

🍃 化学概念架构指个体对化学知识及其所承载观念的一种本原性的认识，是个体在脑海中将特定化学主题的知识和观念经过主观加工后形成的结构化网络。化学概念架构的研究主要采取以问卷法为主，半结构化访谈法为辅的方式获取学生关于某化学主题下的知识架构、观念架构以及两者之间的关系。

🍃 波斯纳（Posner）的概念转变模型需要满足 4 个条件：对原有概念的不满意；新概念的可理解性；新概念的合理性；新概念的有效性。社会互动是促进概念转变的重要因素，通过交流合作帮助学习者内化和理解科学知识。系统化视角认为概念转变是涉及个体的认知结构、社会文化背景、教育环境以及学习者的情感和动机等多方面因素相互作用的过程。

🍃 连贯观认为学生的知识结构是相互关联和有组织的，他们的概念转变是一个逐步的过程；知识碎片观则认为，学生的知识是由一系列不连贯的、基于直觉的"现象本源"（p-prims）组成，它们是学生用以解释现象的基础。

🍃 基于本体论的概念转变理论建议教育者应关注学生的本体论信念；教师应注意教学语言，避免不恰当的教学语言强化了学生的迷思概念。基于认识论的概念转变策略主要包括认知冲突策略、概念转化文本策略、类比策略、概念图策略等。

【基础类】

⚑ 1. 请以"热化学"主题为例，谈谈学生可能存在哪些迷思概念。

⚑ 2. 谈谈你对化学概念架构的认识。

⚑ 3. 如何有效促进化学概念转变？

【高阶类】

⚑ 4. 请与同伴合作设计用于测查高三学生"元素周期律"迷思概念的工具。

⚑ 5. 请以"微粒间相互作用"主题为例，结合中学化学课程标准与教科书，初步设计该主题对应的概念架构图，并加以文字论证。

⚑ 6. 如何评估学生在化学教学中概念转变的成功与否？请探讨可能的评估方法和指标，以及如何使用这些评估结果来改进教学。

拓展阅读

◣ 陈坤，唐小为. 国外迷思概念研究进展的探析及启示 [J]. 教育学术月刊，2019（6）：8.（迷思概念的文献综述）

◣ 蔡铁权，姜旭英，胡玫. 概念转变的科学教学 [M]. 北京：教育科学出版社，2009.（概念转变的系统介绍）

◣ 丁伟. 化学概念的认知结构研究 [M]. 南宁：广西教育出版社，2015.（概念理解的具体研究）

◣ Amin T G，Smith C L，Wiser M. Student conceptions and conceptual change: Three overlapping phases of research[M]. London：Routledge，2014，57-81.（概念转变的系统介绍）

第 10 章

化学学科能力

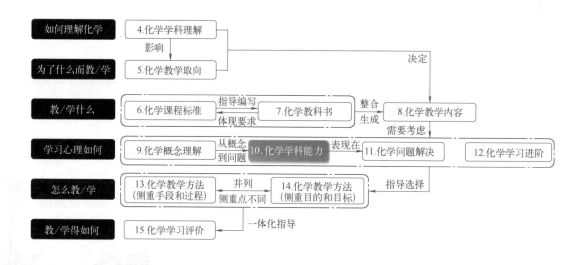

在化学课程改革中，学科能力活动的开展及学科能力的培养是知识转化为素养的重要途径。为了帮助读者认识化学学科能力，本章首先从化学学科能力的内涵出发，介绍化学学科能力"是什么"，并厘清"化学学科能力"分别与"学科知识""学科能力表现"以及"关键能力"的关系；再接着从心智水平属性和化学学科的本质特征角度来介绍国内目前使用范围较广的化学学科能力分类情况。

本章导读

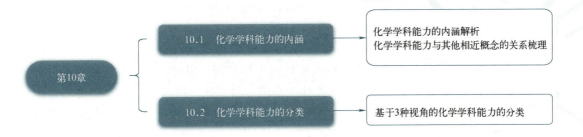

第10章

10.1　化学学科能力的内涵 → 化学学科能力的内涵解析
化学学科能力与其他相近概念的关系梳理

10.2　化学学科能力的分类 → 基于3种视角的化学学科能力的分类

通过本章学习，你应该能够做到：

- 描述化学学科能力的内涵
- 厘清化学学科能力与学科知识、学科能力表现及关键能力的关系
- 结合实例分析化学学科能力组分

📖 10.1 化学学科能力的内涵

（1）化学学科能力的内涵解析

关于"能力"的内涵，学术界无统一的界定。从心理学的角度来看，能力是指完成某种活动的本领，包括完成某种活动的具体方式以及成功地完成某种活动所必需的个性心理特征（司马兰 等，2010）。具体到学科层面，不同学科有着各不相同的认识对象和本原性问题，化学学科能力的实质问题是从化学科学的本质问题（即本原性问题）中派生出来的（杨玉琴，2016），人们针对化学学科结构而进行的心理活动和行为反馈，也是认识化学并解决化学问题所需要的心理能力。

目前，国外关于学科能力的研究主要集中在批判思考能力（George，1967）、论证能力（Kuhn，2010）、科学推理能力（Stuessy，1989）、问题解决能力（Nova，1961）等科学能力方面，鲜少有针对化学这一学科的能力研究。而国内关于化学学科能力的研究较为丰富，涵盖理论研究与实证研究。

虽然国内学者对于化学学科能力的内涵认识不尽相同，但理论基础大多源自冯忠良先生"类化经验论"的能力观。依据能力类化经验说（冯忠良，1998），化学学科能力是指个体能够顺利地完成特定的化学学科认识活动和问题解决任务的稳定的心理调节机制，具体包括定向调节机制和执行调节机制。其中陈述性知识（如氧化还原反应的定义）是定向调节机制的基础，程序性知识（如氧化还原反应的配平）和策略性知识（如氧化剂和还原剂的记忆技巧）是执行调节机制的基础。所以，化学学科能力的内涵基础是结构化和类化的核心知识及核心活动经验（王磊 等，2016）。

从智能结构的角度看，智力偏向对客观事物的认识，着重解决"知与不知"的问题；能力偏向实际活动中的实践，着重解决"会与不会"的问题。而化学学科能力既要解决"知与不知"的问题，又要面对"会与不会"的问题。

譬如，当学生遇到"酸雨对环境的影响及其防治"的社会性议题时，脑海中关于酸雨的成因及酸雨的防治措施方面的知识等是"智力"方面能解决的问题。然而在实施过程中还需要考虑技术上的可行性、经济成本、社会效益及环境影响等多方面的问题，则要求学生具备实际操作和决策优化能力，这是"能力"层面解决的问题。而要真正回答"酸雨对环境的影响及其防治"的问题，需要有机整合"智力"和"能力"，即调用"化学学科能力"，从酸雨成因及对环境的保护等物质性质、反应和转化的特定认识视角解决问题。

基于此，化学学科能力可以理解为是学生在学校进行的化学学科的认知活动或化学问题解决活动中形成和发展起来的，并且在这类活动中所表现出来的比较稳固的心理特征（林崇德，1997；杨玉琴，2012）。

> **任务 10.1**
>
> 请你结合实例理解化学学科能力的内涵。

（2）化学学科能力与化学学科知识的关系

如上所述，化学学科能力这一心理调节机制是以陈述性知识、程序性知识和策略性知识为基础开始形成与发展的。一个没有学过化学的人即使拥有很高的智力，也一定不具备化学学科能力。但化学学科知识和技能本身并不能代表化学学科能力，只有当知识和技能概括化并内化为个体的心理结构并能够被提取和应用时，才认为个体形成了一定的学科能力（杨玉琴，2016）。如学生掌握了"萃取"这一分离混合物的基本操作，当其遇到"如何富集碘水中的碘单质"等问题却无法解决时，则认为该学生未形成相应的学科能力。

学生的化学知识能否转化为化学学科能力的关键在于：化学知识能否转化为学生自觉主动的化学认识方式。化学认识方式的内涵可回顾本书第 1.2 节。化学学科具有特定的认识对象和本原性问题，有其特定的认识角度、认识思路。不同学生在面对同一问题时，可能会采取不同的化学认识方式解决问题，表现出不同的学科能力。因此，任何一种学科的能力，都要在学生的认知思维活动中获得发展，离开认知思维活动，则无学科能力可言（林崇德，1997）。

（3）化学学科能力与化学学科能力表现的关系

化学学科能力表现是学生完成化学学科认识活动和问题解决活动的表现，实质为核心学科知识和经验在各类能力活动中的表现（王磊，2016），是可观察的和外显的学习质量和学习结果，是化学学科能力的外显，如图 10.1.1 所示。基于学生的知识学习和认知活动，学生的学科能力表现往往体现为由内隐的学科思维过程和外显的学科行为反应决定的学科素养（郭元祥 等，2012）。

图 10.1.1　化学学科能力与化学学科能力表现的关系

譬如，一个学生是否具有较高水平的实验能力，可根据学生在某个具体的实验中的表现来判断。以"酸碱滴定实验"为例，学生需要调用酸碱反应的基本原理、指示剂的选择与使用等核心知识和经验，进一步运用实验系统思维等对酸碱滴定实验方案进行合理设计，随后将内隐的思维过程反馈到实验操作中（如正确配制标准溶液、控制滴定速度等）。学生进行酸碱滴定实验的化学学科能力表现是可观察与可检测的，是其实验能力的外显。

学科能力表现包含不同类型和不同水平，可通过可观察的行为与可检测的思维活动得到评价。目前，国际上使用较广泛的布鲁姆教育目标分类学及其修订版所构设的教学目标领域及其体系和 SOLO 分类理论本质上均是以学科能力表现为核心的。

（4）化学学科能力与化学学科关键能力的关系

化学学科关键能力是指在众多化学学科能力要素中处于中心位置、最重要、最有价值、能起决定作用的能力，如图 10.1.2 所示。它的价值不在于"全面"而在于"关键"，即强调的是对化学学科进行理解、分析、应用和创新至关重要的能力，应由学生在高中化学学习过程中逐步获得，是化学核心素养的重要组成部分（杨季冬 等，2019）。

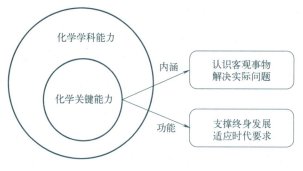

图 10.1.2　化学学科能力与化学学科关键能力的关系

关键能力的内涵不局限于个体的一般智能结构，同时涵盖了非智力因素，其核心功能聚焦于年轻人胜任未来的职业所必备的能力，强调的是工作的胜任力和职业的适应性（杨季冬 等，2019）。这与中共中央办公厅、国务院办公厅印发的《关于深化教育体制机制改革的意见》（中国政府网，2017）中倡导的"注重培养支撑终身发展、适应时代要求的关键能力"的精神相一致。

与此同时，在课程改革进程中，为了更好地在考试中贯彻课程理念，加强对关键能力的考查，部分学者开始尝试构建高考化学学科关键能力框架并阐明其内涵要素。其中，《中国高考评价体系》（教育部考试中心，2019）结合学科素养的发展要求与学生认知发展实际，将关键能力划分为"知识获取能力群""实践操作能力群"和"思维认知能力群"，具体到不同学科，关键能力组分的侧重点各有不同，如化学学科在"实践操作能力群"中侧重实验设计能力和动手操作能力等。教育部考试中心进一步根据化学学科特点，结合国内外关于能力评价的研究进行聚类分析，提出将高考化学学科关键能力建构为"理解与辨析能力""分析与推测能力""归纳与论证能力"和"实验与探究能力"（单旭峰，2022），为考试命题工作提供了理论框架。此外，有研究者对高考评价体系、教育部考试中心和初高中化学课标中提出的关键能力进行整合与补充，重新界定得到如图 10.1.3 所示的化学学科关键能力（邓峰 等，2024）。

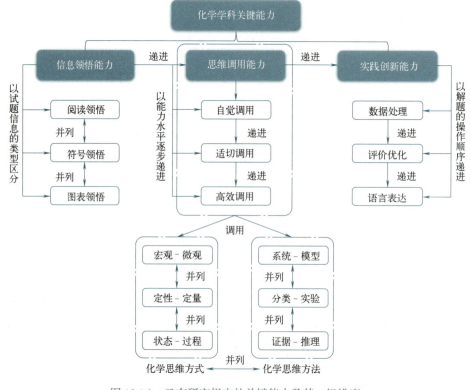

图 10.1.3　已有研究提出的关键能力及其二级维度

任务 10.2

请你与同伴用思维导图梳理化学学科能力与化学学科知识、化学学科能力表现、化学学科关键能力之间的关系。

📖 10.2　化学学科能力的分类

（1）基于心智水平属性对化学学科能力分类

化学学科的认识活动和问题解决活动可以概括为：①学习理解活动，对应知识和经验的输入；②应用实践活动，对应知识和经验的输出；③创新迁移活动，对应知识和经验的高级输出。王磊教授团队在此基础上从核心学科知识、核心学科活动经验和化学学科认识方式 3 个角度解释化学学科能力的内涵，构建了化学学科能力及其表现的系统模型（见图 10.2.1），并从能力活动的学科内容属性和心智水平属性来刻画学科能力表现（王磊，2017），梳理得到如表 10.2.1 所示的 3×3 化学学科能力要素内涵及其表现指标。

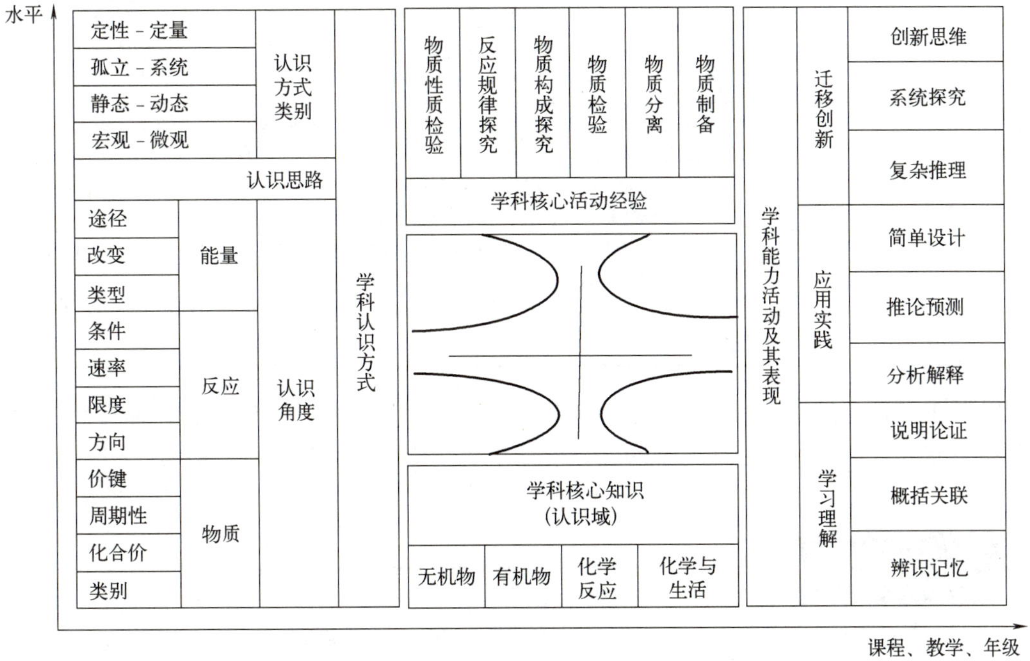

图 10.2.1　化学学科能力及其表现模型（王磊，2017）

表 10.2.1　化学学科能力要素内涵及具体指标（王磊，2017）

能力要素		内涵及表现指标
A 学习 理解能力	A1 辨识记忆	辨识：在已知信息中提取有关知识；从已知信息中选出适当的例子以对应相关的陈述；对观察到的现象进行描述和分类；从图表或其他途径中提取信息。 记忆：从长期记忆中提取具体知识或活动检验原型；识别或确认关于事实、关系、过程和概念的准确表述、原型和程序经验

能力要素		内涵及表现指标
A 学习理解能力	A2 概括关联	概括：对物质、性质、现象、数据等进行正确分类，提炼、归纳类别中各成员的共同本质特征。 关联：展示相互关联的原理或概念之间的关系，展示出原理的不同表征形式和数据模式之间的关系（例如：语言、符号、图表等）；展示出原型的目的和操作之间的关联
	A3 说明论证	用已有知识经验推导、说明、阐释目标知识；基于信息（包括实验事实、数据）给出的证据来证明和说明目标知识；论证原型方案和方法的合理性，完整复述活动原型
B 应用实践能力	B1 分析解释	用物质性质、概念、原理等分析解释具体的事实、现象和简单的实际问题；分析近变式活动程序的合理性及其原理；分析近变式的活动程序经验
	B2 推论预测	使用物质性质、概念、原理预测现象或事件结果；基于证据，结合对核心知识的理解得出能满足问题或假设的合适结论，体现出因果关系；对近变式实施局部任务（譬如，预测形式和变量关系，根据假设提出方案获取证据等）
	B3 简单设计	对活动经验原型进行近迁移，为回答科学问题或检验假设，设计适合的实验方案；描述或识别良好的方案设计；对实施探究时需要的使用的仪器、采取的操作程序等做出决策。对近变式完整执行任务（例如完整设计方案）
C 迁移创新能力	C1 复杂推理	运用物质性质、概念、原理等核心知识，经过多角度分析、多步系统推理解决情景陌生、综合度高的复杂问题。分析复杂的远变式活动程序的合理性及其原理
	C2 系统探究	对活动经验原型进行远迁移，为解决科学问题进行系统探究，包括提出假设、设计并实施方案、获取证据、得出结论、开展评价反思。针对复杂的远变式，系统执行任务——完整设计方案、从提出假设到获取证据的完整执行
	C3 创新思维	建立远联系：建立不同知识、相关表征之间的远联系，综合知识、概念、程序以建立结论、发现新的知识或规律。 进行想象创意：对物质微观状态（微观粒子）的想象（例如：碰撞、反应历程等）；基于物质用途的宏观想象，提出新颖的物质性质应用的思路。 进行创意设计：基于核心知识或活动经验原型设计解决或解释新颖的科学问题或者联系较远的问题，突出设计的新颖性或发散性。 针对复杂的远变式，设计有新颖的方案或发现新的规律，结合不同类型的活动经验解决陌生问题

以下述习题为例，该习题要求学生分析有机物中的一氯取代产物种数，需要学生分析有机物中的等效氢个数，进而回答问题，考查学生"B 应用实践能力"中的"B1 分析解释能力"。

案例10.1

（鲁科版选择性必修 3 P.45 第 5 题）下列分子的一氯取代产物（指有机产物）只有一种的是（   ）

A. 甲苯   B. 对二甲苯   C. 2,2,3,3- 四甲基丁烷   D. 异丁烷

（2）基于化学学科的本质特征对化学学科能力分类

如前所述，化学学科能力的实质问题是从化学科学的本质问题中派生出来的，而化学是在原子、分子水平研究物质的组成、结构、性质、转化及其应用的学科，基于此，杨玉

琴认为实验探究、符号表征、模型思维和定量研究是化学学科的特殊要求，其关系梳理如图 10.2.2 所示。在此基础上，进一步将化学学科能力要素确认为"实验能力""符号表征能力""模型思维能力""定量化能力"（杨玉琴，2012），具体内涵如表 10.2.2 所示。

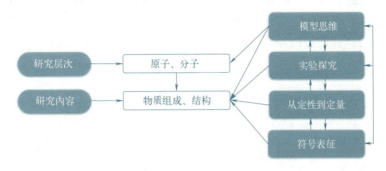

图 10.2.2　化学学科本质及其特殊要求（杨玉琴，2012）

表 10.2.2　化学学科能力及其内涵（杨玉琴，2012）

能力	内涵
实验能力	学生运用实验认识和探究化学物质及其变化的本质和规律的能力。从化学实验能力的构成要素看，包含认知（思维）成分、观察成分、操作成分。能用纸笔测验所评价的部分为认知成分，即实验认知能力
符号表征能力	学生认识化学符号，理解化学符号所蕴含的丰富信息（宏观的、微观的、量的关系等），并且能够利用化学符号表达物质的组成、结构和变化规律，进行思考和推理以及解决化学问题的能力
模型思维能力	学生能够运用模型描述化学研究对象（如分子、原子等），解释化学现象和规律，预测可能的结果，并能够建构模型展示自己理解和解释的能力
定量化能力	学生依据化学基础知识，运用数学方法解决物质组成、结构、变化中"量"的问题的能力。具备定量化能力，能使学生从量的方面认识物质及其变化的规律，体验定量研究方法在化学科学研究和工、农业生产中的重要作用

　　以 2024 年高考山东卷第 12 题为例，该题 A 选项要求学生能通过实验现象判断酸性高锰酸钾溶液褪色的原因，考查学生的"实验能力"；B 和 D 选项需要学生分别调用原电池模型和化学平衡移动模型来解释电极质量增加和红棕色变浅的原因，属于对"模型思维能力"的考查；C 选项则需根据实验事实，结合物质组成的量的关系进行结论的推理，综合考查"实验能力"和"定量化能力"。

案例 10.2

（2024 年山东卷第 12 题）由下列事实或现象能得出相应结论的是（　　　）

选项	事实或现象	结论
A	向酸性 $KMnO_4$ 溶液中加入草酸，紫色褪去	草酸具有还原性
B	铅蓄电池使用过程中两电极的质量均增加	电池发生了放电反应
C	向等物质的量浓度的 $NaCl$，Na_2CrO_4 混合溶液中滴加 $AgNO_3$ 溶液，先生成 $AgCl$ 白色沉淀	$K_{sp}(AgCl) < K_{sp}(Ag_2CrO_4)$
D	$2NO_2 \rightleftharpoons N_2O_4$ 为基元反应，将盛有 NO_2 的密闭烧瓶浸入冷水，红棕色变浅	正反应活化能大于逆反应活化能

（3）基于学科通适和学科专属的核心素养视角对化学学科能力分类

欧美地区的国家或组织（如 OECD、欧盟与美国）构建的面向 21 世纪学习者的"终身学习的核心能力"框架与核心素养导向下的教学均倡导培养学生的适应终身发展与社会发展所需的必备品格和关键能力。有研究者（邓峰 等，2017）基于上述两个理论视角，对国内外关于学习能力的研究进行梳理，构建出包含 10 个能力维度的化学核心学习能力框架。如图 10.2.3 所示。

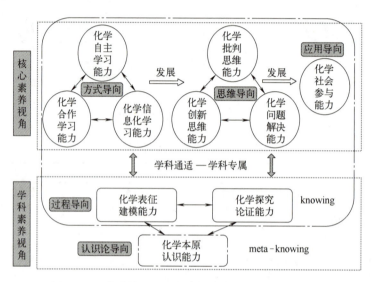

图 10.2.3　化学核心学习能力框架图（邓峰 等，2017）

该框架涵盖的 10 个能力维度彼此独立又相互联系与促进，图中上方的 7 种能力主要是基于学科通适型的核心素养视角，图中下方的 3 种能力则是立足于化学学科专属的核心素养视角。此外，前 9 种能力所设计的学习认知活动主要是对化学知识的建构与创造活动（knowing），而第 10 种能力则要求学习者从化学本原视角对这些知识建构与创造活动进行更高级别的反思性认知操作（meta-knowing）（邓峰 等，2017），这一框架为我国化学教学改革与化学教师发展提供了重要启示。

任务 10.3

请你任选一种化学学科能力分类对高考选择题与非选择题进行分析。

🖋 化学学科能力的实质问题是从化学科学的本质问题中派生出来的（杨玉琴，2016），人们针对化学学科结构而进行的心理活动和行为反馈，也是认识化学并解决化学问题所需要的心理能力。

🖋 化学学科能力的内涵基础是结构化和类化的核心知识及核心活动经验。化学学科能力是指学生在学校进行的化学学科的认知活动或化学问题解决活动中形成和发展起来的，并且在这类活动中所表现出来的比较稳固的心理特征。化学知识成为化学学科能力依赖于化学知识能否转化为学生自觉主动的认识方式。

🖋 化学学科能力表现是学生完成化学学科认识活动和问题解决活动的表现，实质为核心学科知识和经验在各类能力活动中的表现，是可观察的和外显的学习质量和学习结果，是化学学科能力的外显。

🖋 化学学科关键能力是指在众多化学学科能力要素中处于中心位置、最重要、最有价值、能起决定作用的能力，它的价值不在于"全面"而在于"关键"，即强调的是对化学学科进行理解、分析、应用和创新至关重要的能力。

🖋 基于心智水平属性可将化学学科能力分为"学习理解能力""应用实践能力"和"迁移创新能力"3 个一级组分及其下属的 9 个二级组分。

🖋 基于化学学科的本质特征可将化学学科能力分为"实验能力""符号表征能力""模型思维能力"和"定量化能力"4 个组分。

🖋 基于学科通适和学科专属的核心素养视角可将化学学科能力分为"化学自主学习能力""化学合作学习能力""化学信息学习能力""化学批判思维能力""化学创新思维能力""化学问题解决能力""化学社会参与能力"（前 7 个属于核心素养视角）"化学表征建模能力""化学探究论证能力"和"化学本原认识能力"（后 3 个属于学科素养视角）共 10 个组分。

【基础类】

🚩1. 根据任务10.1和10.2的结果，谈谈你对于化学学科能力的理解。

🚩2. 化学学科能力和化学核心素养有什么联系？

【高阶类】

🚩3. 除了正文提到的分类方式，你认为化学学科能力还可以有其他分类吗？

🚩4. 有教师认为采用表10.2.1对课后习题或测试卷等评价工具进行化学学科能力要素编码时，自己难以区分"A3说明论证"和"B2推论预测"，请你谈谈你对此的看法，并对新人教版选择性必修2某一节的课后习题进行化学学科能力编码，尝试根据你的编码，给出一套可操作的方法论，指导其他读者界定A3和B2的区别。

🔖 王磊，支瑶. 化学学科能力及其表现研究 [J]. 教育学报，2016，12（4）：46-56.（化学学科能力的内涵）

🔖 王磊. 基于学生核心素养的化学学科能力研究 [M]. 北京：北京师范大学出版社，2017.（基于心智水平属性的化学学科能力分类）

🔖 杨玉琴. 化学学科能力及其测评研究 [D]. 上海：华东师范大学，2012.（基于化学学科本质特征的化学学科能力分类）

🔖 邓峰，刘小艳，李美贵. 化学核心学习能力理论框架研究 [J]. 中学化学教学参考，2017（23）：1-5.（基于学科通适和学科专属的核心素养视角的化学学科能力分类）

第 11 章

化学问题解决

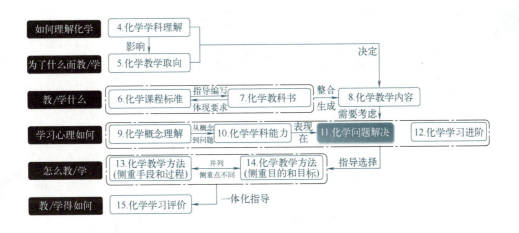

学生在理解化学概念，形成化学学科能力的过程，离不开对一个又一个化学问题的解决。化学问题解决是化学学习与研究不可或缺的一部分，它不仅是知识的运用与检验，更是思维的拓展与创新的源泉。

为了帮助读者认识化学问题解决，本章首先从化学问题解决的内涵出发，回答"是什么"的问题；其次介绍个体在进行化学问题解决的心理活动，即问题解决的心理机制，回答"如何运作"的问题；接着梳理化学问题解决的影响因素，对个体在问题解决中的行为与结果进行合理解释；最后结合已有的实证研究向读者简介化学问题解决的五种具体类型，为读者初涉化学问题解决研究铺设基石。

本章导读

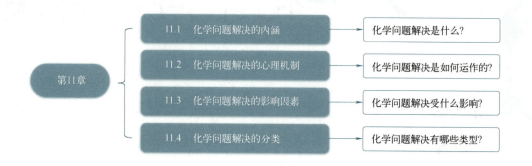

通过本章学习，你应该能够做到：

- 描述化学问题解决的内涵
- 简述化学问题解决的一般过程，理解各心理阶段之间的相互作用
- 结合实例分析化学问题解决的影响因素，分析各因素对问题解决的作用

📖 11.1 化学问题解决的内涵

素养为本的化学教学倡导真实情境下的问题解决，在此背景下，作为教师应明晰：何为问题？何为问题解决？本节内容将结合不同学派的观点对上述两个问题进行介绍。

（1）问题的内涵与特征

"问题"的定义争论已久。早期行为主义心理学家认为，问题是机体缺乏现成反应可以利用的刺激情境。完形学派则将其定义为"完形上的缺口"。认知学派基于信息加工理论，将问题定义为"给定信息和目标之间有某些障碍需要被克服的刺激情境"（杨跃鸣，2002）。认知心理学家梅耶认为，当问题解决者想让某种情境从一种状态转变到另一种不同的状态，而且问题解决者不知道如何扫除这种障碍时，就产生了问题。虽然上述观点不尽相同，但大都公认"问题"应由问题的"给定状态""目标状态"和"障碍"三个核心要素组成，具体含义见图 11.1.1。

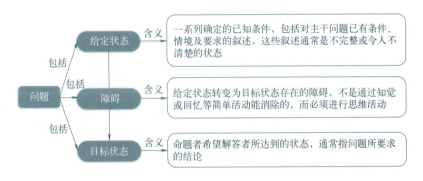

图 11.1.1 问题的核心要素及其含义

通过对"问题"定义的探讨及已有研究（李广洲 等，2004）的总结，可知问题一般有如下特点：

① 矛盾性——当个体的认知或个体与环境之间出现了"矛盾"，那么个体就有提出问题的可能性。因而，"问题"与"矛盾"相伴而生。

② 目的的指向性——问题是从给定状态指向目标状态，由已知指向未知，总是要达到某个特定的终结状态。

③ 问题的相对性——能否构成一个问题，要相对认知主体而言。若问题所求的答案是认知主体所未知的，则成为问题；反之，则不构成问题。

④ 主客观二重性——问题本身包含"未知"和"欲知"两个要素，二者缺一不可。除了问题的相对性（对于认知主体而言是否"未知"）外，问题的主观性（认知主体是否"欲知"）也尤为重要。只有当认知主体主观上期待达到问题的目标状态时，问题才真正存在。

⑤ 动态性——问题在不同的过程存在不同的状态。随着问题解决的进行，问题的指向预设和问题的解答域不断发生变化，原来的问题可能会发展出新问题，问题在提出和解决的过程中此消彼长，体现了辩证发展的观点。

有学者认为若要理解问题的本质，应从问题逻辑学的角度出发进行阐述。问题逻辑学认为"问题是提出疑问，要求回答的思维形式"。根据问题的内在逻辑结构，将问题分为已知成分和未知成分（李广洲 等，2004），下图将结合具体案例进行说明。

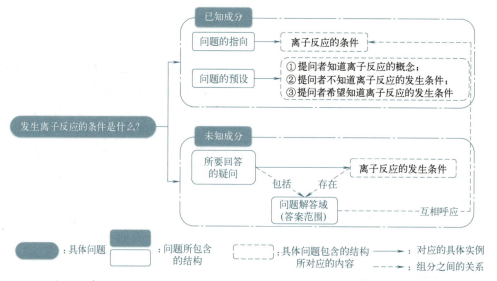

问题的已知成分即问题的指向预设。问题的指向是问题的研究对象，它规定了问题的边界和研究的范围；问题的预设是隐含在问题中的判断，可以通过分析获得的事实、命题或假设。隐含判断是问题存在的条件，而能识别或分析出隐含判断是问题存在的关键。

问题的未知成分即问题所要回答的疑问（含问题解答域），表示问题研究对象及其可能答案范围之间的某种不确定性。一个问题的存在必须以相应的问题解答域为基础，否则问题的存在就失去了意义。

（2）问题解决的内涵与价值

问题解决始于问题，终于问题，是以问题为核心，从发现问题、提出问题直至解决问题的全过程（李广洲 等，2004）。基于"问题"的定义和特征，"问题解决"指的是由问题引发而产生的具有目的指向性的思维活动（皇甫倩，2016）。只有同时具备三种条件的活动才是问题解决活动：一是具有目的指向性；二是具有操作系列；三是具有认知思维操作。从心理学的角度出发对"问题解决"进行微观的描述：问题解决是从最初的问题空间（判断1）出发，经历不同的问题状态（不同的子问题），运用一定解决问题的策略达到对问题正确表征的过程，最终获得问题结果（判断n），消除疑问（李广洲 等，2004）。从逻辑学的角度，借用"问题"与"判断"的关系对问题解决的结构进行描述，具体关系如图11.1.2所示。

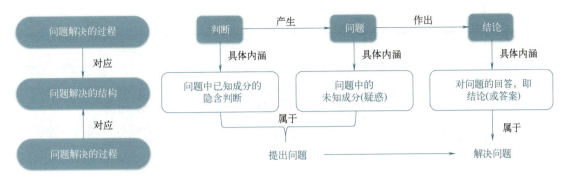

图 11.1.2　问题解决的结构及对应的过程

　　由上图可知，提出问题以发现问题为前提，其目的又在于解决问题。问题解决是一个内涵较大的概念，涵盖了发现问题、提出问题和解决问题等过程。值得注意的是，问题解决不仅仅是为了解决问题，而是高于解决问题，旨在解决问题后能继续发现问题和解决问题，是螺旋上升、不断发展的过程。从价值的角度，解决问题注重的是终结性的目标价值（李广洲 等，2004），而问题解决注重的是过程性的思维活动与提升。

任务 11.1

　　请你结合具体实例理解"问题解决的内涵"。

11.2　化学问题解决的心理机制

　　自心理学界将问题解决纳入实证研究范畴以来，学者们从不同维度出发，提出了一般问题解决的心理机制（可简单理解为问题解决的心理程序 / 过程）。在此基础上，研究者们持续深化理论探讨，提出了化学学科具体问题解决的心理机制，力求从深层次挖掘问题解决的内在机制。

（1）一般问题解决的心理机制

①杜威的"五阶段"论

美国著名的哲学家、教育家和心理学家杜威基于其对人类行为的大量观察和逻辑分析，提出了"五阶段"论，随后进行了两次修订，具体如表 11.2.1 所示。通过对三个版本的心理机制进行梳理，可知其均包含"发现问题—识别问题—明晰问题—提出假设—验证假设"五步（皇甫倩，2016），每次修订都对问题解决的描述更加清晰、更贴近本质。

②奥苏贝尔的"四阶段"论

奥苏贝尔以数学中的几何问题为切入点，在杜威的"五阶段"论的基础上提出了"四阶段"论，如图 11.2.1 所示。奥苏贝尔的"四阶段"论与杜威的"五阶段"论最大的差异在于其不仅描述了问题解决过程的具体步骤，而且首次指出了问题解决者原有认知结构中的各成分在问题解决过程的作用（皇甫倩，2016），为问题解决的理论研究和教学实际的结合做出重大贡献。

表 11.2.1　杜威的"五阶段"论

著作	《我们怎样思维》 （1910 年）	《民主主义与教育》 （1916 年）	《我们怎样思维（修订版）》 （1933 年）
描述	1. 开始意识到难题的存在； 2. 识别出问题； 3. 收集材料并分类； 4. 接受和拒绝试探性的假设； 5. 形成和评价结论	1. 由于身处不确定的情境之中，而感到困惑、迷乱、怀疑； 2. 尝试进行推测和预料，试图对情境中的已知信息进行解释； 3. 对所有能够考虑到的事情进行审慎调查，试图解释和阐明手头的问题； 4. 提出更加合理而精确的假设； 5. 在实际行动中对假设进行检验	1. 暗示； 2. 理智化； 3. 提出导向性的意见（即假设）； 4. 狭义地推理； 5. 用行动来检验假设

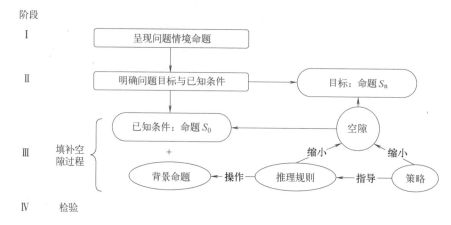

图 11.2.1　奥苏贝尔的"四阶段"论

③ 王磊的化学一般类问题解决的心理机制模型

王磊教授是国内最早开始对化学问题解决心理机制展开研究的学者。她认为化学问题解决不仅需要基本知识和基本技能，还需根据具体问题类型调用相应的结构知识、策略性知识，本质上是一种经过抽象化和系统化的解题经验体系，即"类化了的、对解题活动具有定向调节和执行调节作用的知识网络"（王磊，1998）。

如图 11.2.2 所示，化学问题解决过程分为"审题活动""解析活动"和"实际解题活动"

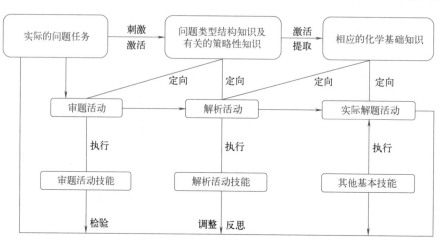

图 11.2.2　王磊的化学一般类问题解决的心理机制模型

三个步骤，实际的问题任务是刺激、激活和提取基础知识和策略性知识的前提。反过来，问题类型结构知识及有关的策略性知识和相应的化学基础知识定向并调节着问题解决的全过程。

尽管学者们从不同角度对问题解决的心理机制展开研究，所得到的成果有所差异，但均突出了成功进行问题解决的几个重点：

a. 对问题进行恰当的表征是问题解决过程中的重要环节，问题的表征方式和表征程度是问题解决能否成功的决定性因素（李广洲 等，2004）。

b. 问题解决过程是非线性的。各阶段之间相互关联，问题解决者可根据问题需要灵活回到某一阶段。

c. 问题解决过程是思维活动的过程，必须经过一定的思维活动才可达到问题的目标状态。

d. 问题解决不等同于解决问题，问题被解决时并非终点。伴随着问题解决过程更注重的是问题解决者的认知结构获得发展，在问题解决过程中往往会促使新问题的产生，是一个螺旋上升的过程。

e. 问题解决后的反思或评价是至关重要的环节，贯穿了问题解决的全程。

根据一般问题解决心智模型，毕华林教授团队将化学问题解决过程概括为 5 个阶段。阶段 1：审题——理解并表征问题；阶段 2：搜索——在问题与已有经验间建立关联；阶段 3：对接——确立解题思路和方法；阶段 4：解答——执行解题思路和方法；阶段 5：检验——整理思路与总结经验。问题成功得以解决后，形成新的认知结构，实现知识经验的整合。同时，元认知监控贯穿于整个问题解决过程，全程发挥调控作用（毕华林 等，2022）。

➤ 阶段 1：审题——理解并表征问题

问题解决的第一步是审题，审题时对问题给定状态进行信息提取，领悟问题的指向和预设，并形成对问题的表征。问题的表征是人们在解决问题时所使用的一种认知结构，是通过一系列"算子"（把问题从给定状态向目标状态转化的操作），对信息进行记录、储存和加工信息的结构方式（廖伯琴 等，1997）。

问题的表征分为字面表征和深层表征（王祖浩，2007），成功解决问题的关键是要进行深层表征，即在理解字面的基础上，将问题的已知成分进行整合，形成目标统一的心理表征，这同时也是适宜的问题表征应满足的条件——表征与问题的真实结构相对应，且问题的各个成分被适当地结合在一起，表征还结合了问题解决者的其他知识（Wertheimer，1985）。

案例 11.1

（2024 年广东卷第 16 题）一种基于氯碱工艺的新型电解池，可用于湿法冶铁的研究。电解过程中，下列说法不正确的是（　　　）

A. 阳极反应：$2Cl^- - 2e^- = Cl_2 \uparrow$

B. 阴极区溶液中 OH^- 浓度逐渐升高

C. 理论上每消耗 1 mol Fe_2O_3，阳极室溶液减少 213 g

D. 理论上每消耗 1 mol Fe_2O_3，阴极室物质最多增加 138 g

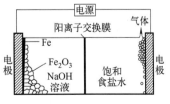

分析问题的已知成分可知试题的考查对象是电解池，预设包含了电解池的装置模型。要回答 A~D 选项的问题，首先要识别图中电解池的阴极和阳极，虽然四个选项的考查内容涵盖电解池的原理、阴、阳极的微粒浓度、溶液或物质质量变化，但本质上均要求学生将电解质的装置维度转化为对原理维度的分析。换言之，问题的深层表征应为对电解池阴极、阳极的原理的分析。

➤ 阶段 2：搜索——在问题与已有经验间建立关联

在问题表征后，学生需根据问题搜索和激活头脑中与问题相关的已有知识经验，将新情境下的问题与已有认知建立关联。

学生对已有认知结构的搜索主要有两种结果。一种是发现头脑中积累了解决相应问题的"原型"，在进行问题解决时可以直接调用已有的原型进行解决问题；另一种结果是发现已有的认知结构与新问题之间存在差异，此时学生需将已有知识经验与问题表征中获得的新线索进行相互作用，对已有知识经验进行补充、调整或重构，形成新的"原型"后尝试解决问题。

➤ 阶段 3：对接——确立解题思路和方法

问题解决者根据对问题的表征和对与问题相关的已有信息的搜索结果，在两者之间建立联系，形成新的认知结构，以此确立解题思路和方法。该过程包括分析、推理、综合、创新等一系列复杂的思维过程，学生需调用相关的问题解决策略（图 11.2.3），继续以上述题目（案例 11.1）为例对阶段 2 和阶段 3 的思维操作进行说明，该题需要学生在原型的基础上进行补充与调整，形成新的"原型"后确立解题思路以进行问题解决。

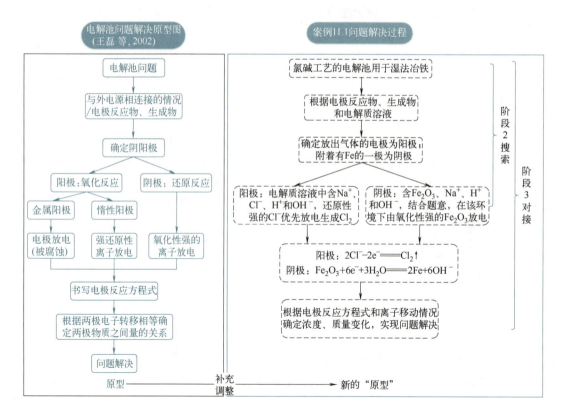

图 11.2.3　案例 11.1 题目的阶段 2 和阶段 3 问题解决过程

➢ 阶段 4：解答——执行解题思路和方法

作出解答是执行解题思路和方法的过程，该过程并非一个机械的执行过程，还需要问题解决者不断分析与思考，对阶段 3 的解题思路不断调整与完善。

➢ 阶段 5：检验——整理思路与总结经验

问题得到解决并不是问题解决的重点，检验是问题解决过程中必不可少的环节。检验的过程即进行元认知监控，这贯穿了问题解决的全过程，尤其是对关键步骤的监控。譬如，反思问题的表征是否准确、完整，梳理的解题思路和选用的解题方法是否恰当，问题达到的目标状态是否符合题目的要求等。此外，元认知监控还包括解题之后对整个问题解决过程和结果进行反思与评价，通过反思与评价将问题解决过程中的经验、方法和结论纳入已有认知结构中，形成知识网络，这是问题解决的一个关键环节。

值得注意的是，上述 5 个阶段并非简单的线性执行的过程，以上所有阶段都是相互联系、相互作用的，不同阶段可以出现交错和跳跃，问题解决者可以根据实际需要灵活进行某一阶段或重复执行某几个阶段（毕华林 等，2022）。

任务 11.2

请你结合实例，参考任一问题解决心理机制，梳理其中问题解决过程。

（2）特定的问题解决心理机制

随着对化学问题解决的心理机制研究的深入，有研究者开始依据问题的类型对特定化学问题解决的心理机制展开研究。

譬如，王磊教授团队（王磊 等，2000）在化学一般问题解决的心理机制的基础上，利用活动分析法和心理模拟法研究并提出化学实验问题解决的心理机制（如图 11.2.4 所示）。该模型与一般化学问题解决模型最大的不同是将执行解决思路的方法的过程具化为了"设计实验方案"和"实施实验方案"，这是进行化学实验问题解决的中心环节。

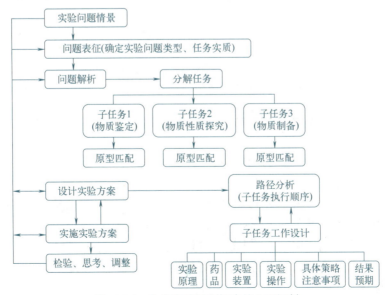

图 11.2.4　化学实验问题解决的心理机制

除此之外，还有研究者基于不同理论提出了有机化学问题解决心理机制（牛拥，2002）、化学计算问题解决心理机制（皇甫倩，2016）、化学平衡问题解决心理机制和开放性化学问题心理机制（杨玉琴，2003）等，完善了问题解决理论，同时为教学实践的改进提供了重要参考。

学界观点

在问题解决研究中，通常采用问题行为图形象地描述被试在问题解决过程中所进行的各种认知操作序列，是对被试当时认知状态的直观表现方式（李广洲 等，2004）。

问题行为图主要由知识状态和操作两部分组成。①知识状态，也称为问题空间，是指个体在某一时刻所知道的关于该问题的全部信息，通常用方框等符号表示；②操作，指个体每次用来改变其知识状态的手段。用箭头表示，箭头的方向指出知识状态变化的路线。

如下图是"除去 $FeCl_2$ 中的 FeI_2 的方法"的问题行为图（未编码）。需要说明的是，在正式开展研究时，为了研究的方便，通常对问题行为图进行编码后绘制。

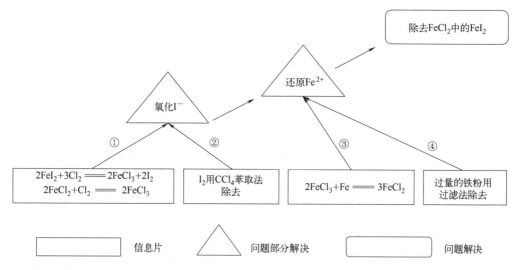

问题解决的心理机制提供了理论框架和解释，而问题行为图则提供了具体的可视化工具。两者相互补充，共同揭示了问题解决过程中的内部机制和外部表现。

📖 11.3 化学问题解决的影响因素

在探讨问题解决的过程中，不可忽视其背后错综复杂的影响因素。这些因素如同思维网络的经纬，覆盖面广，既包括个体层面的认知因素和情感因素等内部因素，也包括外部因素。它们相互交织，共同作用于问题识别、分析、策略制定与执行的全过程，深刻影响着问题解决的效果与效率。下面将对影响化学问题解决的认知因素、情感因素和外部因素 3 个方面的特点进行梳理。

（1）认知因素

为了帮助问题解决者成功地解决化学问题，国内外研究者主要发现了 4 个影响化学问题解决的认知因素，即问题表征、化学认知结构、问题解决策略和元认知监控。

① 问题表征。

面对问题情境，问题解决者首先要进行问题表征，找寻问题的给定状态和目标状态，从而准确而快速地确定问题空间，将任务具化为可操作的步骤，逐步缩小问题空间。

研究表明，问题的表征方式对问题解决存在影响。表征方式多种多样，譬如可采取图表、空间模型和逻辑推理等，这与学生的思维特点和习惯有关（王磊，2002）。抽象思维能力强的同学喜欢将问题表征为逻辑推理问题，头脑应变灵活的同学喜欢用形象思维工具如图像或模型进行想象，而问题解决能力较差的同学往往直接将问题表征为文字或符号，进一步加工的程度较差。

案例 11.2

某一可逆反应的反应过程如下左图所示，a 点处正反应速率和逆反应速率是否相等？

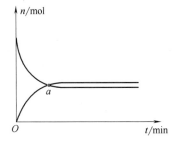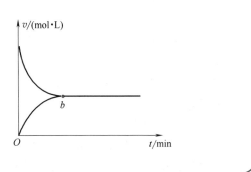

若问题解决者将问题表征为公式之间的换算，使用 $v = \dfrac{\Delta n}{V \Delta t}$ 进行计算则较难解决问题，但若将问题转化为 v-t 图（如上右图），根据图像易知 a 点应位于 b 点左侧，故 a 点正、逆反应速率不相等。

此外，问题解决的表征类型也会影响问题解决的效果与效率。譬如，任红艳（任红艳，2005）基于其提出的多重表征模型（见图 11.3.1）研究发现学生在解决问题时采用宏观表征、微观表征或符号表征时所达到的问题的目标状态有所不同。随着表征研究的不断深入，学者们开始意识到除了内部表征对问题解决有重要影响外，问题的呈现和输入方式也影响着问题解决，由此也衍生了"外部表征"这一概念（Zhang，1997）。

心理学界及教学界均认为，表征越深刻越有利于问题的解决（李广洲等，2004）。譬

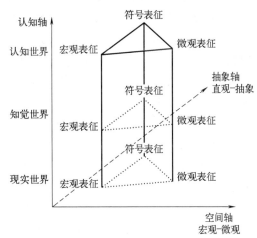

图 11.3.1　多重表征模型（任红艳，2005）

如，多重表征模型（见图 11.3.1）中的认知轴中包含的"现实世界""知觉世界"和"认知世界"的表征层次逐渐深入，知觉世界中的表征可以用"视而不见"来概括，"视"表示知觉到了现实世界中对象的部分特征，但尚未进行意义建构，故而未"见"。要"见"必须要达到认知世界的表征层次，进行个体的意义建构，这是逐渐深入的过程，促使问题解决者更好地理解和解决问题（任红艳，2005）。

② 化学认知结构。

化学认知结构是指学生头脑中的化学知识、观念及其组织方式，包括问题解决者已内化的化学概念、化学原理、化学原型和化学模型等。在完成问题表征后，需要激活已有的化学认知结构才能进行尝试解答。其中问题解决者的化学概念理解对化学问题解决的影响较大。譬如，Shadreck 等人（Shadreck et al，2017）指出高中生在解决化学计量问题时反复遇到困难是由于缺乏对化学计量概念的理解，如物质的量概念等。

也有研究者（吴晗清 等，2018）认为概念理解的结构化程度（即知识的结构化水平）对学生的有机推断问题解决影响最大。因此为了帮助学生和教师更好地理解化学概念，Lopez（Lopez et al，2014）提出将概念图作为学习和评价的工具，让学生和教师及时了解和完善自身的概念结构。除了关注知识层面外，现阶段也有研究表明化学基本观念对问题解决有影响（陈炽豪，2021），并发现化学基本观念与化学问题解决的成功呈正相关（叶茂恒，2015；毕华林 等，2011）。

③ 问题解决策略。

问题解决策略是指问题解决者完成问题表征，回忆起相关化学背景知识后，为了规划解答过程而使用的一些规则、方法和技巧。国内外研究较多的化学问题解决策略主要有算法式和启发式。

算法式就是问题解决的一套规则，它精确地指明问题解决的步骤。只要时间充裕，任何问题都可以凭借算法式得到解决，但应用算法式的途径解决问题往往比较繁琐（吴江明，2005）。譬如，要找出下列 4 种有机物（A.CO B.CH$_4$ C.C$_2$H$_4$ D.HCHO）中碳元素质量分数最高的物质。若使用算法式需按照计算元素质量分数的公式，分别计算出 4 种物质的碳元素质量分数，再进行比较，解题步骤比较繁琐。

启发式则是个体凭借已有的经验和相关知识，有选择地对问题空间进行搜索，使问题得以解决的一种策略。它不同于算法式策略的关键在于它能帮助问题解决者找到问题解决的捷径（吴江明，2005）。例如上题通过直接比较可知 C 选项中碳元素含量比 B 高，A 选项碳元素含量比 D 高，进一步根据 O 和 H 的原子量可知 C 选项中乙烯的碳元素质量分数最多，由此可知使用启发式策略可大大提升问题解决策略。

④ 元认知监控。

元认知监控是对问题解决进行监控与评价的过程，它不只是参与问题解决过程的"评价"环节，而是贯穿问题解决的整个过程，并影响各阶段的认知任务。

不少研究者发现元认知监控水平较强的问题解决者，更容易成功解决化学问题。元认知能力较强的学生解决问题的能力更好，并且更善于发现问题，提出更多的解题思路和方法，更乐于讨论（方红 等，2002）。且元认知监控水平高的学生在问题解决时能更好地调整自己做题的状态，激励自己换个角度思考（奉青 等，2007），在问题解决后也存在反思、总结与优化的行为表现。

（2）情感因素

问题解决成效是智力因素和非智力因素共同作用的结果，学生的兴趣、动机和自我效能等是影响问题解决的重要非智力因素。

有的问题解决者在面临问题时，会表现出一定的兴趣，它对问题解决会产生一定的影响。譬如，Costu 研究学生在算法、概念和图形的气体问题的表现时发现，如果学生喜欢某一类问题，他们一般在这类问题中表现得较好，比如：那些声称喜欢概念问题的学生在概念问题中表现最好（Costu，2007）。那么学生一般对什么样的问题感兴趣呢？ Overton 发现学生对真实情境问题采取更积极的情绪（Overton et al，2008）。如在有机逆合成问题中使用真实的合成目标特别令学生兴奋，因为它为学生提供了更多讨论的机会，包括其能发现有机物的药用价值及工业合成应考虑的因素等（Flynn et al，2011）。

同样地，当个体对解决某类问题具有一定的动机时，能推动问题向着目标状态前进。研究表明，中度动机水平的问题解决效率最高（如图 11.3.2 所示）。过高的动机水平容易导致出现紧张和焦虑情绪，抑制思维活动；过低的动机水平导致没有动机与克服困难的决心，降低问题解决效率。

此外，当个体坚信自己有完成任务的信念时，即体现出自我效能感。当面对复杂情境的化学问题时，自我效能感较高的学生倾向于使用有效的策略并成功地解决问题，体现出积极、不畏难的态度，直至问题得到解决。

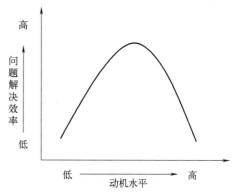

图 11.3.2　动机水平与问题解决效率的关系

（3）外部因素

除了认知因素和情感因素等内部因素，研究者发现一些外部因素也会影响问题解决者的解答。研究较多的主要有问题类型、现代信息技术、教师的教学方法。

① 问题类型。

如前所述，如果学生面对一个他们喜欢的问题类型，他们一般会更容易成功解答。可见，问题类型也是影响学生解决化学问题的重要因素之一。不同类型的问题往往要求学生调用不同的化学学科能力。例如，实验探究题更可能侧重考查学生的实验设计能力、推理能力和控制变量的思想，而反应原理题则关注于学生能否在理解化学概念与原理的基础上进行推理、计算、迁移和应用。

此外，不同类型的问题所要求学生采用的思维模式也不同。解决开放性问题需要学生具备发散性思维和创造性思维；而解决封闭性问题则可能要求学生具备收敛性思维和逻辑性思维，研究表明，能较好地解决开放性问题的学生很少（Surif et al，2014）。因此，学生能否适应某种思维方式或能否打破定势思维进行思考会直接影响学生解决问题的效果。

② 现代信息技术。

随着现代信息技术的发展，教学和课程都不断地与现代信息技术深度融合，在培养学生问题解决能力方面也逐渐展示出现代信息技术的作用。除了在问题表征方面的作用，信息技术还能让学生熟悉成功的问题解决的整个过程。譬如，使用 NetLogo 软件辅助教学（Stieff et al, 2003），能将依靠识记的事实概念转化为有意义的理解，将依靠机械训练获得的知识转化为有效的逻辑推理，对教学产生积极效应。另外，国内有研究发现运用手持技术（详见本书第13.5节）进行实验教学有利于学生建构良好的问题表征，还能使学生体验化学实验的真实情境，以便于探讨一些社会问题（邓峰 等，2006）。

③ 教师的教学方法。

如前所述，学生对真实情境问题表现出强烈的兴趣。譬如，Broman 等人（Broman et al，2018）在有机化学的教学中设计真实情境（医药、脂肪、燃料、能量饮料、肥皂和洗涤剂）的有机结构问题来实施情境教学，学生在开放性的问题中应用化学知识，使知识功能化、素养化。国内研究者则根据本土课程标准要求，提出了基于模型认知或观念建构的问题解决教学（朱圣辉，2016），提高学生在陌生情境的问题解决能力。

任务 11.3

请你结合实例分析化学问题解决的影响因素。

11.4 化学问题解决的分类

化学问题的类型多种多样。按照化学知识进行划分有：化学概念性问题、化学原理性问题、元素化合物知识问题、化学实验问题、化学计算类问题和化学方程式类问题等。按照问题类型结构进行划分有：选择题、填空题、判断题、简答题等。按照问题的开放程度进行划分有：封闭性问题、半开放性问题、开放性问题等。但对化学问题的分类不是绝对的，各类别之间存在联系，甚至可以相互转换，下面就五种具体的问题解决类型进行简介。

（1）化学方程式问题解决

化学方程式是中学化学中的一个核心内容，包括了化学反应方程式、离子反应方程式、电极反应方程式和热化学反应方程式等，是综合性很强的知识内容。同时，化学方程式是化学学习和化学问题解决的重要基础。化学方程式问题本身也是化学问题的重要组成部分，是高中化学学业水平合格考和学业水平等级考中的重点和难点，并蕴含着多种核心素养功能。

① 化学方程式问题的特征。

化学方程式是对化学反应的符号表征，包括反应物、生成物及反应条件等。化学方程式体现了反应物转化为生成物的过程，或蕴含了化学键的断裂和形成情况，需要学生对化学反应的机理有一定的了解，体现了过程性；同时，化学计量数反映了物质之间的定量关系，通过定量关系，也可以进一步体现反应的守恒性。化学方程式的这些基本特征使得其在化学学习和研究中具有重要的地位和作用。

② 化学方程式问题解决的研究案例。

该案例节选自笔者指导的硕士毕业论文《化学基本观念对高中生问题解决的影响研究——以高三学生化学方程式问题解决为例》（陈炽豪，2021），该研究通过口语报告法来调查高三学生化学方程式问题解决中的观念运用，以探查高三学生解决化学方程式问题时的观念表现，并深入探析化学基本观念对高三学生化学方程式问题解决的影响。

化学方程式问题： 某同学为探究二氧化硫的性质，用铜和浓硫酸制备二氧化硫，该反应的化学方程式为 _____。

学生作答示例分析：

观念运用模式	百分比	口语报告实例	问题解决行为图	观念运用模式图
观念空白型（成功率：50.0%）	13.3%	S13（成功）：第一题是教材上有的反应，我是直接记下来的	—	—
		S16（未成功）：课本上学过这个方程式，可以直接写出生成物	—	—
多观念贯穿型（成功率：57.1%）	46.7%	S5（成功）：用铜和浓硫酸制备二氧化硫的话，二氧化硫的硫是+4价，浓硫酸里面的硫是+6价，化合价降低2，所以得出铜单质只能做还原剂了。还原剂的话，铜离子+2价就跟硫酸根生成硫酸铜，还有二氧化硫。生成物还有水，然后按它那个原子守恒给它配平	 B1：$Cu+H_2SO_4（浓）\xrightarrow{\triangle} SO_2\uparrow$ B2：$Cu+H_2SO_4（浓）\xrightarrow{\triangle} SO_2\uparrow+CuSO_4+H_2O$ B3：$Cu+2H_2SO_4（浓）\xrightarrow{\triangle} SO_2\uparrow+CuSO_4+2H_2O$ C1:化合价、氧化还原知识 C2:质量守恒定律	
		S15（未成功）：铜和浓硫酸共热制备二氧化硫，所以反应物就是铜和浓硫酸，加热生成二氧化硫。然后硫从+6价变成+4价，化合价降低了2，有降就会有升，所以铜可能作为还原剂，就从0价变成+2价，所以我就猜可能生成氢氧化铜	 B1：$Cu+H_2SO_4（浓）\xrightarrow{\triangle} SO_2\uparrow$ B2：$Cu+H_2SO_4（浓）\xrightarrow{\triangle} SO_2\uparrow+Cu（OH）_2$ C1:化合价、氧化还原知识 C2:质量守恒定律	
……	……	……	……	……

　　研究结果显示，在观念调用方面，大多数高三学生解决化学方程式问题都运用了元素观、微粒观、变化观和守恒观，模型观的运用则非常稀缺；对于不同难度的化学方程式问题而言，复杂型问题的解决比简单型问题的解决需要运用更多的观念，但复杂型问题中分类观的运用反而更少；简单型问题中的观念运用模式更为多样，两类问题中均出现的观念运用模式有："多观念贯穿型""多-单型"和"多-单-多型"；解决简单型问题时使用"多观念贯穿型"或者"多-单型"模式似乎更容易成功；整体而言，模型观、守恒观、变化观（变化观的"贯穿式"运用、变化观的运用或"联合式"运用）的运用有助于成功解决化学方程式问题（陈炽豪，2021）。

　　③化学方程式问题解决的影响因素。

　　由上述研究可知，在解决化学问题过程中，化学基础知识的扎实程度及化学基本观念调用的熟悉程度对学生解决化学方程式问题有显著影响。在解决问题中和解决问题后，学生检查与反思方程式的正确性则反映了元认知监控水平对化学方程式问题解决的影响。

（2）化学计算问题解决

化学计算问题是从定量的角度对学生进行化学问题解决开展的研究，与其他类问题有着较大差异。多年来，在化学计算领域，研究者对问题解决的研究主要集中在个体差异方面（如专家与新手的差异、性别差异和认知特点差异等）、影响因素方面（如数学水平、化学知识和化学问题表征等与计算策略选取的关系）和对化学计算问题难度的分类研究方面。

① 化学计算问题的特征。

化学计算问题是以化学原理、定律等知识为基础，以数学计算为手段，解决化学反应及变化过程中物质之间的数量关系问题。计算活动的实质是提取一定的数量关系，由已知求未知的过程（王祖浩，2007）。

② 化学计算问题解决的心理机制（见图 11.4.1）。

图 11.4.1　化学计算问题五阶段模式和策略之间的关系

③ 化学计算问题解决的研究案例。

该案例节选自《化学问题解决研究》（李广洲 等，2004），目的在于探查学生的化学概念掌握情况对计算类化学问题解决策略选取的影响。

化学计算问题：工业废气中氮氧化合物是造成大气污染的主要来源。为了治污，工业上通常通入 NH_3 与之发生反应：$NO_x + NH_3 \longrightarrow N_2 + H_2O$。现有 NO、$NO_2$ 的混合气体 3L，可用同温同压下的 3.5L NH_3 恰好使其完全转化为 N_2，则混合气体中 NO 和 NO_2 的物质的量之比为多少？

学生采取不同策略的问题解决过程如下：

盲目搜索法：

a. 写出方程式 $6NO + 4NH_3 === 5N_2 + 6H_2O$ 和 $6NO_2 + 8NH_3 === 7N_2 + 12H_2O$；

b. 发现方程式中 NO 和 NO_2 前面系数都为 6；

c. 得出 1：1 的关系。

情境推理法：

a. 设 NO 和 NO_2 的物质的量分别为 x 和 y；

b. 分别写出 NO、NO_2 和 NH_3 反应的化学方程式；

c. 根据题意得到二元一次方程组；

d. 解方程式得到 x 和 y 的值；

e. 得到两者的比例关系。

原理统率法：

a. 设 NO 和 NO_2 的分体积分别为 x 和 y；

b. 列出等式 $x+y=3$；

c. 根据电荷守恒列出等式 $2x+4y=3 \times 3.5$；解二元一次方程组得到 x、y 的值；

d. 根据阿伏伽德罗定律推论，同温同压下，$V_1 : V_2 = n_1 : n_2$，得两者物质的量的比例关系。

数学模型法：

a. 直接利用题目所给出的化学方程式进行配平；

b. 利用题中的有关数据和方程式解出 x（x 为 NO_x 中的 x）的值；

c. 利用十字交叉法得到 NO 和 NO_2 间的比例。

研究表明，化学概念掌握情况良好的学生原理统率策略的概率较高，化学概念掌握差的学生主要选择盲目搜索策略和情境推理策略，化学概念掌握中等程度的学生介于两者之间（李广洲 等，2004）。

④ 化学计算问题解决的影响因素。

由上述研究案例可知，化学概念的掌握情况会影响化学计算策略的选择，而化学计算策略则是进行化学计算问题解决的重要因素。此外，学生对化学计算问题的表征程度导致了问题解决策略选取的不同。研究表明，对于一些复杂的计算问题，使用示意图或列表法等多种手段有助于简化问题（王祖浩，2007），而表征水平高的学生倾向于选择更优化的策略。

值得注意的是，化学计算问题是从定量角度进行问题解决的，因而对公式的理解与应用以及数学运算技巧（王祖浩，2007）同样也是影响化学计算问题的因素。

（3）化学实验问题解决

化学实验是化学学科及其教学的基本特征，化学实验能力是化学学科能力不可或缺的一部分。因此，深入探究化学实验问题解决有助于揭示化学学习的内在规律，对培养学生的化学实验能力具有重要意义。

① 化学实验问题的特征。

化学实验问题指在问题的条件、目标等因素中的一个或全部内容与实验有关，而且解决问题的途径必须通过实验手段，这是化学实验问题中最重要的特征要素（王祖浩，2007）。

② 化学实验问题解决的心理机制（见图 11.4.2）。

③ 化学实验问题解决的研究案例。

该案例选自《化学教育心理学》（王祖浩，2007），通过研究学生化学实验问题解决的心理机制，进一步对中学生化学实验能力及化学思维能力的培养提出建议。

化学实验问题：在我国初中化学教学中通常认为不能用排水法收集二氧化碳，但国外有教材则用排水法进行收集二氧化碳。请设计实验来证明"用排水法收集二氧化碳"是否可行。

参考的解决方案：用量筒收集一定量 CO_2，倒立于另一水槽中，观察并记录液面上升每小格的时间，以此来证明 CO_2 在水中的溶解速率较慢，可以满足实验室收集。

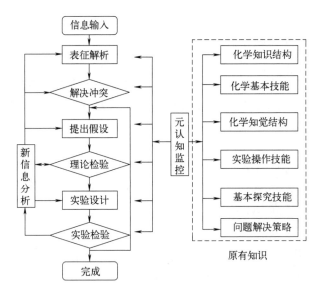

图 11.4.2　化学实验问题解决的心理机制

研究过程采用"出声思维法"分析学生解决该实验问题的思维活动，并将结果绘制如图 11.4.3 所示。由图可知，大多学生仅能将收集气体的方法与"溶解度"关联，被试的思维集中在虚线左边的知识结构，与右边的知识结构似乎距离较远，无法产生如虚线箭头所示的联系。且大多学生对溶于水和不溶于水两类气体的收集，似乎处于对立的地位，心理上无法容忍"可溶气体用排水法"（王祖浩，2007）。

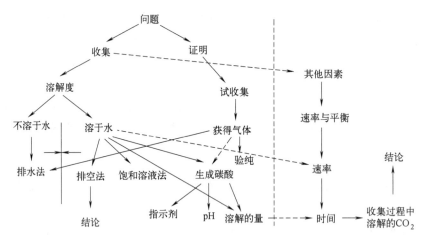

图 11.4.3　问题解决知识结构标准图

对于上述化学实验问题，在实验问题的证据收集中似乎只停留在对已有知识的验证（即偏向证明收集到的气体是否是 CO_2），而对国外教材能使用排水法收集 CO_2 这一事实未做出合理的猜想与实验探究。

④ 化学实验问题解决的影响因素。

研究者多认为影响化学实验问题解决的因素来源于认知因素，即学生的化学基础知识、化学基本实验技能、化学思维方法、实验实践能力等，除此之外，外部因素（如教师的教学策略）也是重要的影响因素。

与一般的化学解决问题过程不同的是，化学实验问题一般会包含较多的陌生信息，故而学生对化学实验问题的表征显得尤为重要。对于与原有认知产生冲突的信息，中学生常采取潜意识的回避行为，或将新信息与已知结论进行等同，这与课堂教学中教师的引导有关系——教师在实验教学时总提示学生观察"重点现象"，对偏移本节课教学内容的信息一般避而不谈。在进行学生分组实验时，"探究"实验也流于形式，最终变成了"验证"实验，实验目的仅是为了看到"应该要看到的现象"，难以使学生在实验中寻找线索、分析线索，做出真正的实验过程分析。

大量研究表明，中学生提出假设的能力不强，大多学生不敢提出与原有认知结构冲突但却是合乎逻辑的假设，通常没有系统分析问题就草率基于已有知识或结论提出假设。一般而言，原有认识结构良好的学生能提出的假设数目更多、质量更好。

此外，实验设计是化学实验问题解决中的一个重要环节，然而，中学生在面对具有较强探究性的问题时，往往表现出实验设计能力严重不足，这主要是多因素综合的结果。首先，学生的实验设计意识不强；其次，已有认知结构不良是无法完成实验探究的重要因素；再次，学生的基本实验技能不熟练造成学生无法顺利开展实验以获得预期结果；最后，学生经历的探究性实验太少，从而导致学生缺乏探究的心理体验（王祖浩，2007）。

（4）有机化学问题解决

对于有机化学问题解决方面，国内外的研究主要集中在有机合成问题解决的表征类型研究（Bowen，1990）、心理机制研究（牛拥，2002）、认知障碍研究、策略研究（吴好勤，2005）以及影响因素研究方面，下面就"问题解决策略"方面的研究进行简单介绍。

① 有机化学问题的特征。

有机化学是化学学科的重要分支之一，与无机化学相比，虽然有机化学的研究对象仍是物质的组成、结构、性质与变化，但却对学生的空间想象能力提出较高要求。学生在有机化学问题解决中，必须理解有机物分子的空间结构宏观的形象信息，在头脑中形成对有机物的微观概念，将获得的信息与头脑中的已有认知结构联系起来，进一步加工、处理，以达到解决问题的目的。因此，有机化学问题解决过程中体现了形象思维与抽象思维的结合，体现了空间想象能力与理论思维的重要性（李广洲 等，2004）。

② 有机化学问题解决的研究案例。

该案例节选自《高中生有机化学问题解决成功思维策略课堂训练的实验研究》（吴好勤，2005），通过探寻优生与差生在解决有机化学问题的思维策略差异，总结优生成功解决有机化学问题的思维策略，应用于教学改进。

有机推断问题：A 是一种含 C、H、O 三种元素的有机化合物。已知：A 中碳的质量分数为 44.1%，氢的质量分数为 8.82%；A 只含一种官能团，且每个碳原子上最多只连一个官能团；A 与乙酸发生酯化反应，但不能在两个相邻碳原子上发生消去反应。请回答：

a. A 的分子式是 ＿＿＿＿＿＿＿＿；结构简式 ＿＿＿＿＿＿＿＿＿；

b. 写出 A 与乙酸发生酯化反应的化学方程式 ＿＿＿＿＿＿＿＿＿＿；

c. 写出所有满足下列 3 个条件的 A 的同分异构体的结构简式：

（i）属直链化合物；（ii）与 A 具有相同的官能团；（iii）每个碳原子上最多只连一个官能团。这些同分异构体的结构简式是 ＿＿＿＿＿＿＿＿＿。

作答情况个例分析

优生甲：

[审题]（2分钟）

[书写计算]A中只含C、H、O，$w(O)=1-w(C)-w(H)=47.08\%$

$n(C):n(H):n(O)=44.1\%/12:8.82\%/1:47.08\%/16=5/4:3:1$

最简式为：$C_{5/4}H_3O$，分子式应为：$C_5H_{12}O_4$（4分钟）

[分析思考]每个C原子上最多只连一个官能团，但不能在两个相邻C原子上发生消去反应，可知羟基的邻位C上无H，推得结构简式

[写] $HO-CH_2-\overset{\displaystyle CH_2OH}{\underset{\displaystyle CH_2OH}{C}}-CH_2OH$ （2分钟）

[分析思考]A与乙酸发生酯化反应的化学方程式，生成酯和水（未写出）。

[审题]（1分钟）

[写]

$CH_3\overset{OH}{\underset{}{CH}}-\overset{OH}{\underset{}{CH}}-\overset{OH}{\underset{}{CH}}CH_2OH$ 　　$CH_2OHCHOHCHOHCH_2CHOHCH_2OH$

$CH_3\overset{OH}{\underset{}{CH}}-\overset{OH}{\underset{\displaystyle CH_2OH}{C}}-CH_2OH$ 　　　　$CH_2OH-CHOH-\overset{OH}{\underset{\displaystyle CH_2OH}{C}}-CH_3$ 　（4分钟）

$CH_2OH-CH_2-\overset{OH}{\underset{\displaystyle CH_2OH}{C}}-CH_2OH$

（未加检查，全过程13分钟）

差生乙：

[审题]（1分钟）

[分析思考]根据C、H的质量分数，可算出氧的质量分数为47.08%，假设A分子中只有一个O原子，依氧的质量分数，可求得A的分子量；

[书写计算]

$16/47.08\%=34$，A分子中：1个C、6个H、1个O，不可能（5分钟）；

继续计算：假设有2个O原子，A的分子量为$32/47.08\%=68$，A分子中：2个C、10个H、2个O，不可能；

假设有3个O原子，A的分子量：$48/47.08\%=102$（5分钟），最终推得A的分子式：$C_4H_8O_3$，不知对不对……

[分析思考]每个C上只连一种官能团，相邻C原子不能发生消去反应……不记得……（3分钟）

（最终未能写出结果，全过程共花14分钟）

通过大量的个案分析，总结出优生成功解决有机化学问题的思维策略，发现优生在分析问题与表征问题阶段更加注重理解题给信息，善于分析问题的已知成分和隐含成分，从而判断达到目标状态所需克服的障碍，或善于将题目与头脑中的"原型"进行类比、关联与再建构，解决问题；在解答问题阶段，优生在解决有机化学问题时倾向使用顺向和逆向推理

相结合的策略。与此同时，优生在推理有机物时倾向于使用模糊思维策略，即对一个问题暂时保留几种答案，最终分析出唯一的答案，而这一容忍模糊性正是创造性的一个重要特征；在总结反馈阶段，优生在解题过程中与解题结束后有明显的检验和反思过程。

③有机化学问题解决的影响因素。

由上述研究案例可知，学生的知识结构化水平的差异直接影响了学生在表征问题、解答问题阶段的步骤、整体加工速度及操作的可能与质量；在问题解决过程中的元认知水平也对学生进行时间分配，对监控元认知活动的进行、操作行为产生了直接影响，也是影响有机化学问题解决的因素之一。

（5）开放性化学问题解决

在对化学问题解决的研究中，除了封闭性问题解决的研究外，也有研究者从开放性问题入手展开研究，主要包括开放性问题的解决策略（杨玉琴，2003；王春，2021）、教学策略、解决能力测评及影响因素方面的研究。

①开放性化学问题的特征。

开放性问题即结构不良问题，其特点是"答案不固定""条件不完备""解题方法不唯一"，属于非常规问题。在解决开放性问题时，可以在不同的知识和能力水平上，提出对问题的不同看法，获得多种解题途径，解决过程呈现出"梯形"的非确定形状，体现了与传统封闭性问题"具有唯一确定顶点的三角形"所截然不同的特点。开放性问题具有发散性、探究性、层次性、发展性、创新性等特征，开放性问题的解决有利于培养学生的创造性思维。

②开放性化学问题的研究案例。

该案例节选自《关于高中生解决开放性化学问题心理机制的初步研究》（杨玉琴，2003），通过大样本量化研究和典型个案的定性分析，探查中学生解决开放性化学问题能力的现状及进行问题解决时的思维选取情况。

开放性化学问题：为了制取纯净、干燥的某气体，可用如右图所示的装置（置于通风橱内）进行实验，生成气体的速率可通过滴入液体的速率控制。请尽可能多地找出能用此装置进行实验的气体，并说明制取的原理或反应。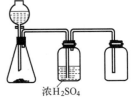

本题为结论开放性问题，主要采取多向思维的策略，思维的发散点即思维开放的立足点。制取的气体须符合下列条件：a. 必须用固体和液体反应来制取；b. 必须能用浓硫酸干燥；c. 必须能用向上排空气法收集（密度比空气大，不与空气反应）。同时具备三个条件的有：（ⅰ）CO_2，用碳酸钙和盐酸来制备；（ⅱ）SO_2，用亚硫酸钠和较浓硫酸来制备；（ⅲ）HCl，用氯化钠和浓硫酸来制备（不加热）；（ⅳ）NO_2，用铜和浓硝酸反应来制备；（ⅴ）Cl_2，用高锰酸钾和浓盐酸反应来制备（其余符合要求的答案也可）。学生得出正确结论个数的百分比见下表。

正确结论个数	0	1	2	3	4	5
学生百分比	12.2%	42.7%	21.2%	14.4%	9.2%	0.3%

研究结果表明，学生在解决开放性化学问题时，基本都能想到问题的1～2个答案，但

在想到更多方案时却遇到了困难。这说明不少学生善于解决封闭性问题，而在解决开放性问题时表现出不适应性。高中生的创造性思维虽得到一定程度的发展，但整体水平不容客观。

③ 开放性化学问题的影响因素。

由上述研究可知，学生自身的认知结构对开放性问题的解决具有一定的影响，认知结构越丰富，关联越紧密，则在面对开放性问题时可激活的原型及其变式越多，大大增加了解决问题的开放程度；此外，学生的迁移能力及创造性思维的活跃程度（杨玉琴，2003）影响思维策略的选择及灵活运用，进一步影响学生选择问题解决的路径，从而影响开放性问题的解决。

任务 11.4

请你和同伴查阅文献，对你们感兴趣的化学问题解决的类型进行了解与梳理。

🌰 "问题"由问题的"给定状态""目标状态"和"障碍"三个核心要素组成。

🌰 根据问题的内在逻辑结构，将问题分为已知成分和未知成分。问题的已知成分是问题的指向预设。问题的指向是问题的研究对象，它规定了问题的边界和研究的范围；问题的预设是隐含在问题中的判断，可以通过分析获得的事实、命题或假设。问题的未知成分是问题所要回答的疑问（含问题解答域），表示问题研究对象及其可能答案范围之间的某种不确定性。

🌰 "问题解决"指的是由问题引发而产生的具有目的指向性的思维活动。只有同时具备三种条件的活动才是问题解决活动：一是具有目的指向性；二是具有操作系列；三是具有认知思维操作。

🌰 杜威的"五阶段论"主要分为"发现问题—识别问题—明晰问题—提出假设—验证假设"。

🌰 问题解决的五个重点：①对问题进行恰当的表征是问题解决过程中的重要环节；②问题解决过程是非线性的；③问题解决过程是思维活动的过程；④问题解决不等同于解决问题，问题被解决时并非终点，伴随着问题解决过程更注重的是问题解决者的认知结构获得发展；⑤问题解决后的反思或评价是至关重要的环节，这也贯穿了问题解决的全过程。

🌰 影响化学问题解决的认知因素主要分为问题表征、化学认知结构、问题解决策略和元认知监控 4 个方面。情感因素主要包括兴趣、动机和自我效能 3 个方面。外部因素主要有问题类型、现代信息技术、教师的教学方法 3 个方面。

🌰 化学问题的类型多种多样。按照化学知识进行划分有：化学概念性问题、化学原理性问题、元素化合物知识问题、化学实验问题、化学计算类问题和化学方程式类问题等。按照问题类型结构进行划分有：选择题、填空题、判断题、简答题等。按照问题的开放程度进行划分有：封闭性问题、半开放性问题、开放性问题等。

【基础类】

🚩 1. 如何让中学生感受化学问题解决在日常生活中的实用性？

🚩 2. 问题解决的心理机制和日常教学环节有什么联系？

🚩 3. 回忆自己中学时期或者近期解决过的化学问题，影响自己问题解决过程的因素有哪些？

【高阶类】

🚩 4. 笔者在中学授课时，常有老师抱怨"学生解决问题缺少规范的流程，更多的是凭自己的感觉"。如何让中学生感受到问题解决程序规范的重要性，并帮助学生形成适合自己的问题解决的一般流程。

🚩 5. 请你任选某一年的高考题整卷，根据化学知识划分的化学问题解决分类方式，对你感兴趣的问题解决类型说明：①问题解决的特征；②问题解决的一般程序；③问题解决过程中常见的困难；④素养导向背景下，谈谈在日常教学中，我们如何落实调用思维、观念或素养解决此类问题解决。

拓展阅读

◀ 王祖浩. 化学教育心理学 [M]. 南宁：广西教育出版社，2007.（化学实验问题解决的研究）

◀ 杨玉琴. 关于高中生解决开放性化学问题心理机制的初步研究 [D]. 南京：南京师范大学，2003.（开放性化学问题解决的研究）

◀ 王磊. 科学学习与教学心理学基础 [M]. 西安：陕西师范大学出版社，2002.（问题解决的研究进展；化学问题解决的心理机制）

◀ 吴好勤. 高中生有机化学问题解决思维策略课堂训练的实验研究 [D]. 长沙：湖南师范大学，2005.（有机化学问题解决的研究）

第 12 章

化学学习进阶

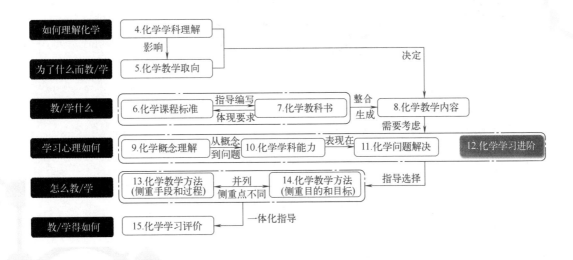

第 9 ~ 11 章介绍了学生在认识化学核心概念、解决化学问题过程中的学习心理。然而，学习过程是动态发展的，随着学段的增长，同一个学生对同一种核心概念的认知水平会有所发展。因此在教学中，教师需了解核心概念的学习进阶，以便把握学生在某一学段下对特定概念的整体认知水平。本章首先介绍化学学习进阶的内涵、测评方法以及 3 个化学大概念（可称为核心概念，包括物质、变化和能量）的测评结果，然后结合案例简单梳理化学学习进阶在课程、教学与评价中的应用价值。

本章导读

通过本章学习，你应该能够做到：

- 简述学习进阶的定义与构成要素
- 结合实例说明学习进阶在化学教学中的应用
- 使用已开发的化学学习进阶进行教学设计

📖 12.1　化学学习进阶的测评

（1）学习进阶的内涵与构成要素

学习进阶（learning progressions，LPs）是教育领域中一个重要的概念，它描述了学生在一段时间内，对特定学科领域中的核心概念与关键实践依次进阶、逐级深化的认知发展过程（National Research Council，2007；Jin et al，2019）。

学习进阶也可看作一种系统化的认知发展模型，这种模型一般包括如下五个要素（Jin et al，2019；郑长龙，2021）：进阶起点（从哪儿进阶）、进阶终点（向哪儿进阶）、进阶变量（什么在进阶）、成就水平（如何进阶）以及表现期望（怎样表现）。其中，进阶起点（也称"下锚"）是学习进阶框架中的起始阶段，它反映了学生在特定学科领域内最初的认知状态和理解水平，这一起点通常与学生的非正式推理、日常观察或基础概念知识紧密相关；进阶终点（也称"上锚"）定义了学习的最终成就，反映了社会与教育体系对学生的期望；进阶变量则是学习进阶模型中用于描述和追踪学生认知能力、理解深度以及应用技能随时间发展的特定方面或维度；成就水平揭示了学生从进阶起点到进阶终点过程中的各个关键发展阶段；表现期望明确了学生在各个成就水平（包括进阶起点与进阶终点）上能够完成的具体任务。

国际视野

随着全球范围内对学习进阶研究范式的演变，进阶变量也发生着以下重要的变化（姚建欣 等，2018）：

① 从以知识本体为主线逐渐变为以能力发展为主线，如 Sevian 的研究团队根据学生推理思维复杂性的不同，提出的关于学生化学推理思维的学习进阶模型（Sevian et al，2014）；

② 以课程内容为主逐渐融入各类认知理论和元认知理论，如郭玉英的研究团队在层级复杂度和知识整合等认知理论基础上提出的科学概念理解发展的层级模型（郭玉英 等，2016）；

③ 从单一进阶变量逐渐发展为多维度多变量。如郑长龙的研究团队基于本体论、认识论和方法论讨论了进阶变量的不同类型，建构出包含概念变量、认识变量与方法变量三个维度变量的进阶变量表征模型（郑长龙，2021）。

（2）学习进阶的一般开发过程

尽管不同学者对学习进阶研究遵循不同的研究范式，但学习进阶的开发过程是较为固定的，可分为以下 6 步。

① 确定关键内容。首先，研究者需要确定学习进阶研究的核心内容，这可能包括学科的核心概念、关键能力、思维能力，或者整合知识内容与关键能力的整合发展能力。

② 选择开发模式。典型的开发模式包括伯克利评价研究系统（Berkeley evaluation and

assessment research，BEAR）、结构中心设计法（the construct-centered design，CCD）、具有化学学科特色的 ChemQuery 评价系统以及 Minstrell 的"碎片法"（facets approach）。更多关于开发模式的介绍见"拓展阅读"的文献（王磊 等，2014）。

③ 创建进阶假设。根据所选的开发模式，围绕确定的核心概念和关键能力，构建理论假设的学习进阶框架，这个框架是由进阶变量将进阶起点、进阶终点与中间的成就水平进行串联搭建的。

④ 选取测量模型。为了对理论构建的学习进阶进行实证检验，研究者需要选择适当的测量模型，常用的测量模型包括项目反应理论（item response theory，IRT）、潜类别分析（latent class analysis，LCA）与认知诊断理论（cognitive diagnostic，CD）。其中，认知诊断理论建立在项目反应理论的基础上，结合了认知心理学与现代测量学，不仅能对学生的宏观能力进行评估还能对其内部微观认知结构进行诊断，是一类以属性为基本分析单位的精细化测量模型（辛涛 等，2015）。更多关于测量模型的介绍见"拓展阅读"的文献（高一珠 等，2017）。

⑤ 开发研究工具。研究者需要开发或选择测量工具来收集学生的反应数据。这些工具可能包括来自高水平题库的试题，如 TIMSS 或 NEAP 的试题，或者研究者独立设计或改编的试题。

⑥ 修正进阶假设。根据实证结果对理论进阶假设进行检验和必要的修正，同时，需要注意测量工具的质量对进阶水平的影响，以及进阶框架本身是否需要进一步的完善。

（3）化学核心概念学习进阶的测评

尽管从任何大概念（包括科学实践，如建模）都能发展出学习进阶，但学习进阶主要针对学科核心概念，因为它们为整合科学认识论和实践的发展与具体内容理解的发展提供了情境（Amin et al，2014）。同时，鉴于克莉根斯（Claesgens et al，2009）等人将化学学科解构成物质、变化和能量这三大核心概念，以下将围绕这几个核心概念介绍化学学习进阶的测评结果。

① "物质"核心概念学习进阶（李小峰，2022）。

"物质"作为化学研究的基本对象，可被划分为成分与辨识、性质与应用以及变化与转化三个维度，分别研究物质的组成（如元素、化合物，以及如何辨识不同的物体和材料）、物质的物理和化学性质（如颜色、硬度、弹性等，以及这些性质如何影响物质的用途）与理解物质在不同条件下的变化，包括物理变化和化学变化等内容。李小峰基于逐步演变法和全景图法，结合实证检验与修正，呈现了义务教育阶段学生"物质"核心概念学习进阶的各个水平，见图 12.1.1。

② "化学变化"核心概念学习进阶（孙影，2014）。

"化学变化"概念在化学学科中占据着基础和中心的地位，可拆分为"守恒"和"变化"两个子概念，前者包括质量守恒定律与元素守恒，后者则涵盖了反应类型、物质转化与化学平衡等主题。孙影运用了基于 ChemQuery 评价系统的开发模式，经过两轮检验与修正，揭示了不同年级学生化学变化核心概念理解的学习进阶，见图 12.1.2。结果表明，学生在不同教育阶段对化学变化核心概念的理解呈现出显著的层次性差异，高一学生总体能力水平约在水平 2，高二、高三学生约为水平 3，大一学生落在水平 4。

水平	学生"物质"核心概念理解水平描述
水平 5	5-A1：能够辨识离子状态存在的物质 5-A2：能够辨识物质是由不同元素组成的 5-A3：能够辨识金属和非金属、有机物和无机物、单质或化合物、纯净物或混合物 5-A4：能够辨识臭氧、空气污染物 5-B1：能够理解物质的颗粒性、溶解性、悬浮性、饱和性 5-B2：能够配制简单溶液，认识浓度、溶解度 5-B3：能够了解腐蚀性、可降解性、毒性、酸碱性、可燃性、放射性 5-B4：能够理解物质微观用途 5-C1：能够理解常见的化学反应 5-C2：质量在化学变化、溶解、过程中守恒。能够通过蒸发、过滤、结晶、纸层析的方法分离常见的混合物 5-C3：有些转化涉及化学变化，在这种变化中生成了新的物质，由于原子重新排列构成新的分子，但是原子本身保持不变
水平 4	4-A1：能够用密度来区分物质 4-A2：能够以分子、原子的视角辨识物质 4-B1：能够了解光的折射和反射 4-B2：理解浮力、压力、压强、气压。能够区分物体的导电性、导热性、弹性、磁性、黏性、飘浮能力 4-B3：认识物质的颗粒性，理解构成物质的粒子是运动的，外界条件如温度改变，其排列、紧密性发生变化 4-B4：理解物质宏观用途 4-C1：理解温度能够引起物体的状态变化

图 12.1.1　义务教育阶段学生"物质"核心概念学习进阶水平呈现

此处仅呈现部分进阶水平；图中字母 A 代表的是成分与辨识维度、字母 B 代表的是性质与应用维度、字母 C 代表的是变化与转化维度

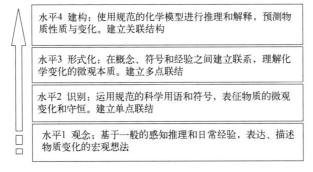

图 12.1.2　不同年级学生化学变化学习进阶

③"热化学"核心概念学习进阶（辛涛 等，2015）。

热化学作为物理化学与热力学的分支，是科学教育中具有基础性和发展性作用的一个核心概念，主要研究化学反应中的能量的转化与守恒，同时也与能量的形式、能量与社会等能量的子概念密切相关。与上述两个研究使用基于项目反应理论的 Rasch 模型不同，辛涛团队基于认知诊断理论，使用规则空间模型（rule space model，RSM）测查了高中生在热化学领域的学习进阶，他们提取了五个属性：放热和吸热反应、化学键与热量变化、反应热与焓变、热化学方程式以及盖斯定律，构建了这些热化学属性间的层级关系图，然后针对这些属性的组合方式编制了一套包含 24 道题的测试题对高中生进行测试，通过分析学生的作答情况，刻画了学生关于热化学学习的 4 条学习路径，并将这些路径划分为 3 个层级进行呈现，见图 12.1.3。这种方法不仅能够验证和细化假设的学习进阶模型，还能够为教学提供针对性的反馈，帮助教师更有效地指导学生的学习。

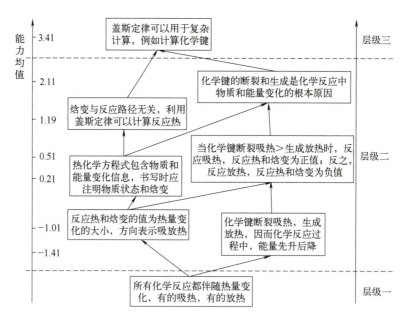

图 12.1.3　基于规则空间模型测量的学习进阶图

📖 12.2　化学学习进阶的应用

（1）化学学习进阶在课程中的应用

学习进阶提供了一种框架，帮助教育者根据学生的认知发展阶段划分课程学习阶段。从我国的《义务教育科学课程标准》（中华人民共和国教育部，2022）到初高中化学课标，无不体现了化学学习进阶在课程阶段划分与课程目标设计中的重要作用。譬如，在《义务教育科学课程标准》中，修订工作组按照低（1～2年级）、中（3～4年级）、高（5～6年级）3个阶段对科学观念、科学思维、探究实践、态度责任这几个科学素养的维度提出了各自的进阶发展要求（姚建欣 等，2017）；在高中化学课标中，同样对宏观辨识与微观探析、变化观念与平衡思想、证据推理与模型认知、科学探究与创新意识这几个核心素养进行了水平的划分，此外，还将各核心素养的学习表现整合为学业质量标准，以取代考试大纲，成为指导化学学业水平合格性与等级性考试的命题依据（中华人民共和国教育部，2020）。

> **任务 12.1**
>
> 查阅文献，尝试寻找某一化学主题（如"电化学"）的学习进阶测评结果，并据此分析某一版本教科书中该主题的教学内容的编排逻辑。

（2）化学学习进阶在教学中的应用

学习进阶不仅能从宏观视角对课程进行规划，也能从微观角度指导教学过程，帮助学生迈向进阶终点（Jin et al，2019）。在倡导核心素养导向的化学教学设计中，化学学习进阶为任务分析（详见本书第 16.1 节）提供了分析角度，为策略设计（详见本书第 16.2 节）提供理论依据（邓峰 等，2022）。

任务分析包括对化学课程内容与教科书内容进行解读和重组的"内容架构分析"，对教学内容、学科概念逻辑以及教学与认知逻辑的"板块功能分析"。化学学习进阶中通过对课标、教材与已有研究的分析确定进阶终点的方式为这两部分分析提供了切入的角度。同时，化学学习进阶中通过对学生迷思概念、概念架构等认知结构的测查确定进阶起点的方式也为"学习特征分析"提供了指导。

策略设计包括任务 / 活动设计、情境 / 问题设计与评价发展设计。化学学习进阶的各个成就水平可为前两种设计提供理论参照，见图 12.2.1。与此同时，也可以利用已开发的化学学习进阶测评工具诊断学生在课堂学习后的学习进阶水平。

情境线	问题线	活动线	进阶层级水平线
铁是人体必需的微量元素，人体缺铁会出现贫血等病症，服用补铁剂可以治疗。	1.补铁剂中的铁是几价铁呢？如何检验？	1.学生预测铁的价态，设计检验实验方案，交流展示；合作完成实验，观察现象，讨论，得出结论。	进阶起点：初中已了解酸、碱、CO_3^{2-} 等的检验方法，具有利用化学反应产生特征现象检验物质的思想；进入高中已学习从物质类别、价态角度研究和认识物质。
人体吸收 +2 价铁，补铁剂与维生素C一起服用有利于人体吸收，治疗效果更佳。	2.为什么维生素C有利于人体对铁元素的吸收？	2.提出猜想，并分析推理证实假设；设计并完成实验，收集证据进一步证实猜想。	水平1：基于物质类别、价态选择合适的试剂检验 Fe^{2+}、Fe^{3+}；设计简单检验方案、完成实验，对实验现象作出解释，得出结论。
补铁剂在运输、存放过程需要一定的保存条件，家庭买了补铁剂也要适当保存。	3.根据补铁剂有效成分，应如何保存补铁剂？	3.提出补铁剂保存方法，设计补铁剂药片及使用说明书。总结物质检验探究活动的一般思路。	水平2：微观分析简单体系成分及其是否干扰对目标物质的检验，提出排除干扰的方法；形成宏微结合的证据意识与推理能力；初步建构进行物质检验实验探究活动的思维模型。
网传人体缺铁，可以通过日常多吃菠菜补铁。多吃菠菜可以补铁，是真的吗？	1.菠菜能否补铁？怎么知道？	1.提出探究课题，单独设计、完成实验，收集证据，得出结论。分析现象与结论差异的原因。	水平3：能基于真实情境提出探究问题，设计实验探究菠菜中的铁元素，收集实验证据；能定性分析实验现象产生的可能原因，提出可能的假设，并进行探究、验证。
菠菜中各种营养成分的含量表；+2 价铁在菠菜中以 FeC_2O_4（难溶）形式存在。	2.如何检验 FeC_2O_4 中的铁元素？	2.设计实验检验 FeC_2O_4 中的铁元素，得出检验的可行方法。	
	3.如何检验菠菜中的铁？需要解决哪些问题？	3.根据以上活动得出的结论，提出检验菠菜中铁的实验方案，并完成实验得出结论。	水平4：能从定性、定量结合的方法检测菠菜中的铁及其含量，收集相关证据，基于现象和数据证据的分析，得出合理的结论；建构定性定量物质检测探究活动思维模型。
一个成年人每天需要铁元素20mg，铁元素吸收率为5%，菠菜补铁是真的？	4.菠菜中的铁能否满足人体补铁需要？	4.提出探究问题，定量检测菠菜中铁的含量，设计实验检测方案，进行检测，定量分析得出结论。	
人体缺铁需要补铁，一种常见的补铁口服液含乳酸亚铁，柠檬酸。	1.此口服液与硫酸亚铁补铁剂相比有何优点？	1.提出探究问题，设计实验检验铁元素，记录实验现象。	水平5：能基于文献等信息对复杂体系物质检验设计探究实验，评价和优化实验方案，得出结论；解释实验证据与结论之间的逻辑关系。
文献资料：补铁剂中成分含量，相关平衡及常数。	2.以上实验现象能否达到检验目的呢？	2.基于文献、现象定性定量分析、评价实验方案的可行性，提出改进意见。	
	3.改进方案是否可行？	3.控制变量进一步实验探究，综合现象、理论得出结论，总结复杂体系物质检验实验探究思路。	进阶终点：能综合利用化学反应原理定量分析复杂体系物质检验原理、现象，得出检验试剂选择原则；对"异常"进一步探究，得出结论，形成复杂体系物质检验（及试剂选择）探究活动思维模型。

图 12.2.1 "物质中铁元素的检验"教学流程图（闫银权，2023）

（3）化学学习进阶在评价中的应用

学习进阶最开始的功能主要体现在学习评价方面，无论是从课程层面的学业质量标准评价，还是从教学层面的课堂学习评价，化学学习进阶的研究成果都展现出较强的适用性。以学业质量标准为例，基于学习进阶理论，张晔等研究者（张晔 等，2023）在 3×3 化学学科能力模型（详见本书第 10.2 节）基础上构建了一个多维度的学业质量评价框架，并对学业水平考试试题进行编码评价（见图 12.2.2），为教师和教育研究者精确制定评估工具与反馈机制，以及改进教学设计和实施提供了实践指导。

题号	学业质量评价指标	研究对象与问题情境		学科能力活动要素	主要学习内容主题	学科认识方式	
		研究对象	应用场景			认识角度	认识方式类别
14	N1.能根据科学家建立的模型认识原子的结构	物质组成、性质及应用	简单变式	应用实践	物质的组成与结构	组成、类别	定性-定量
	N4.能从元素与分子视角辨识常见物质		简单变式	学习理解	物质的组成与结构	组成、类别	定性-定量 孤立-系统
	N12.从宏观、微观、符号相结合的视角说明物质变化的现象和本质	化学变化规律及应用	熟悉原型	学习理解	物质的化学变化	规律	定性-定量 宏观-微观 孤立-系统

图 12.2.2　使用学业质量评价框架对学业水平考试试题进行编码示例图

要点总结

🍃 学习进阶描述了学生在一段时间内，对特定学科领域中的核心概念与关键实践依次进阶、逐级深化的认知发展过程。它主要包括进阶起点（从哪儿进阶）、进阶终点（向哪儿进阶）、进阶变量（什么在进阶）、成就水平（如何进阶）与表现期望（怎样表现）5个要素。

🍃 学习进阶的开发过程包括确定关键内容、选择开发模式、创建进阶假设、选取测量模型、开发研究工具以及修正进阶假设6个步骤。

🍃 学习进阶能从宏观视角帮助化学教育研究者根据学生的认知发展阶段划分课程学习阶段，同时能从微观视角指导化学教师进行教学设计与教学实施，并且还能提供一套系统化的方法开展评价活动。

问题讨论

【基础类】

🚩 1. 请结合高中化学核心素养谈谈你对化学学习进阶的认识。

🚩 2. 请谈谈学习进阶理论对化学教学有何作用。

🚩 3. 请以"原子结构"主题为例，谈谈其学习进阶的具体要求。

【高阶类】

🚩 4. 任选某一化学主题，应用学习进阶理论进行单元化学教学设计。

🚩 5. 请与同伴运用学习进阶理论共同设计有关某化学主题的作业习题。

🚩 6. 查找有关"化学学科能力"学习进阶的文献，尝试自主命制体现不同进阶水平的试题。

拓展阅读

🔖 王磊，黄鸣春. 科学教育的新兴研究领域：学习进阶研究［J］. 课程·教材·教法，2014，34（1）：112-118.（学习进阶简介）

🔖 Jin H，Mikeska J N，Hokayem H et al. Toward coherence in curriculum，instruction，and assessment：A review of learning progression literature［J］. Science Education，2019，103（5）：1206-123.（学习进阶综述）

🔖 Jin H，Yan D，Krajcik J. Handbook of research on science learning progressions（1st ed.）［M］. New York：Routledge，2024.（学习进阶系统学习）

第13章

化学教学方法——侧重手段和过程

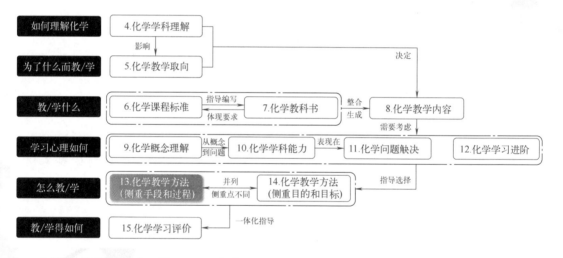

在核心素养导向下，第9～12章介绍了学生学习化学的学情知识，综合第6～8章的课程知识，我们能够初步回答素养为本的化学课堂教学"教什么""教到什么程度"的问题。下一步需要用策略知识来设计指向核心素养的教学过程，回答"怎么教"的问题。

在化学教学中，采用多样化的教学方法不仅能激发学生的学习兴趣，还能提高学生的科学探究能力，深化其对知识的理解。有效的教学方法多样，依据不同的侧重点可分为侧重手段或过程、侧重目的或目标两大类。

为了帮助读者更系统地认识化学教学方法，本章将探讨几种侧重手段和过程的化学教学方法，阐述其含义界定并给出具体的应用案例。每种方法都有其独特的侧重点和实施手段，从基于真实情境的教学，让学生在实际问题中学习化学知识，到基于科学探究的教学，培养学生的科学思维和实践能力，再到基于论证的教学，让学生在论证探究的过程中实现概念的转变。此外，基于项目和基于信息技术的教学方法，也将在本章节中逐一展开。通过这些教学方法的介绍和分析，希望能为读者的化学教学设计提供一些有益的参考和启示。

本章导读

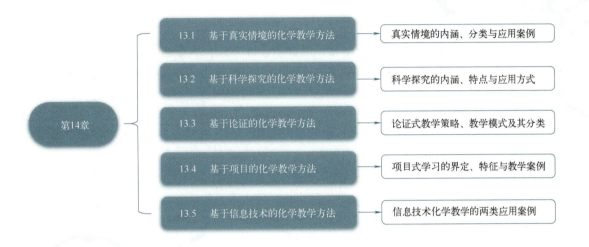

通过本章学习，你应该能够做到：

- 概括基于真实情境进行教学的要求，并设计相应的情境、问题、活动
- 描述科学探究的特点与应用方式
- 说明论证与建模、论证与实验探究的关系，并设计基于论证的教学环节
- 描述项目式学习与探究式学习的差异及项目式学习的实施关键
- 以中学化学教科书中某一处正文为例，说明其体现的化学教学方法
- 以具体案例说明如何在化学教学中融合多种教学方法

📖 13.1　基于真实情境的化学教学方法

高中化学课标凝练了化学学科核心素养，促进学生核心素养的发展成为当下教育改革的主旋律。经济合作与发展组织（organization for economic co-operation and development，OECD）在"素养界定与遴选"项目中明确指出要重视在知识学习过程中创设真实情境与培养学生将知识应用于真实情境的问题解决能力。

教学情境不同于教学系统外在的"环境"，它具有文化属性，是对教学的具体情景（situation）的认知逻辑、情感、行为、社会和发展历程等背景（context）的综合体（耿莉莉 等，2004）。创设的教学情境越真实，越容易发挥学生的主动性，学生由此建构的知识系统越可靠。化学是一门与社会发展、生活实践紧密相关的学科，基于真实情境进行化学教学有助于学生正确认识化学对人类社会的重要价值，辩证看待化学学科的作用（马圆 等，2019）。

（1）方法介绍

创设并运用情境是中学化学教学常见的课堂设计方式。尽管初高中化学课标中没有界定何为"真实情境"，但从课程标准的相关叙述中可以推断出"真实情境"指化学史实与真实的 STSE 问题，换言之，真实情境包括了真实的素材和问题。近十年来，教育工作者对基于真实情境的教学方法的认识历经 3 个阶段（沈旭东，2011）：

① "为情而境"——该阶段教师创设情境的目的主要是激发学生的兴趣，使学生集中注意力，多使用出乎意料的实验现象、化学史实等作为课堂教学素材。

② "由境生情、人在境外"——该阶段的情境教学旨在培养学生正确的化学观念与社会责任感，多使用 STSE 类素材，引导学生认识化学与生产、生活的密切关系；但该阶段在使用真实情境时大多是以做题、讨论的方式在教室内解决情境素材直接呈现的化学问题，缺乏动手实践与观察感受。

③ "由境生情、人在境内"——该阶段中，教师通过创设真实情境，引导学生在情境中自发产生指向特定学科知识的研究任务，并通过开展以化学实验为主的多种探究活动以解决真实问题，体现出具身认知的特点。

综上可知，真实情境的创设目的不只为学生提供新奇的刺激或直接呈现化学问题，更要产生需要学生思考、参与研究才能解决的任务或问题。

学界观点

学界强调了情境在化学学科核心素养培育中的重要性。部分学者在研究中指出化学学科的特质与真实情境教学高度契合（袁旭乐，2023），通过结构化、递进式和阶梯形的教学设计，促进学生对学科核心概念的理解和掌握，提升学生的思维水平和解决实际问题的能力，发展学生的学科核心素养。

（2）典例分析

真实情境源自真实生活，生活的素材丰富，哪些可以作为情境呢？科技进步为功能性物质研发、微观粒子可视化、有机合成路线智能设计等化学研究领域开辟了新天地，日常生活中各领域的真实情境，都是化学原生态的学科价值与社会贡献。具体而言，可依据情境素材所涉及的要素，将情境划分为 3 类：①"生活与应用"指生活中的化学品及应用原理与现象；②"资源与环境"指自然界存在的物质及其应用、环境变化与化学对环境保护的作用；③"科学与技术"指化学科研文献、化学史、新材料、新技术等（沈旭东，2019）。

下面介绍基于"生活与应用"情境的"溶液的形成"教学案例。

"溶液的形成"是初中化学学习混合物的代表性内容。该案例以"炼钢工人高温工作时喝盐汽水"为"生活与应用"类情境进行导入，使用"自制盐汽水""利用盐汽水配制鸡尾酒""提取鸡尾酒中的色素"等连续的情境任务，逐步建构溶液的知识结构，培养其辩证思想，该案例的教学逻辑如图 13.1.1 所示（商建波 等，2020）。值得注意的是，在该案例的最后一个任务中，教师通过引导学生对比柠檬酸与小苏打在有水与无水条件下混合的实验现象，从反应速率的角度揭示了溶液的研究价值，有助于学生高阶思维的发展。此外，该案例中融合了生物学科特点，巧妙迁移了"酒精脱色提取叶绿素"的实验，为后续引出屠呦呦提取青蒿素这一素材作铺垫，保证了教学叙事的完成性与结构性。

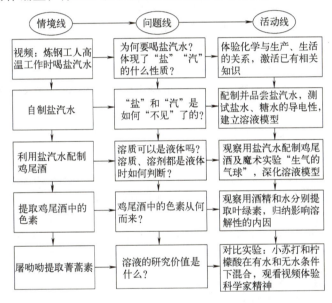

图 13.1.1 "溶液的形成"情境、问题、活动的一体化设计（商建波 等，2020）

任务 13.1

参考图 13.1.1，请以"氧化还原反应"为主题，选取恰当的真实情境，进行相应的情境、问题、活动的一体化设计，并思考各个环节的设计意图。

基于真实情境的化学教学方法案例

📖 13.2 基于科学探究的化学教学方法

科学探究一度被视为是科学学习的有效方式，对我国基础教育改革产生了深刻影响。教育部于 2001 年颁布《基础教育课程改革纲要（试行）》，开始实施新一轮基础教育课程改革，倡导要引导学生自主学习、实践探究。伴随着新课改的推进，《义务教育化学课程标准（2011 年版）》明确提出"科学探究是一种重要而有效的学习方式""科学探究是学生积极主动地获取化学知识、认识和解决化学问题的重要实践活动"。在最新发布的高中化学课标中同样强调了"科学探究"的重要地位，将"科学探究与创新意识"列为化学学科核心素养之一。面对日渐高涨的探究热潮，鲜少有人再质疑科学探究教学的适用性，但要成功开展基于科学探究的化学教学仍需要正确认识科学探究的特点与应用方式。

（1）方法介绍

科学探究是什么？要回答这个问题首先需要明确什么是科学。科学即基于证据的思想、解释与辩护（李雁冰，2008）。类似地，科学探究即产生并发展思想，辩护并修正解释。美国《国家科学教育标准》认为：科学探究指的是科学家们用以研究自然界并基于此种研究获得的证据提出种种解释的多种不同途径；科学探究也指学生用以获取知识、领悟科学的思想观念、领悟科学家们研究自然所用的方法而进行的各种活动（National Research Council，1996）。

由此可知，从过程上看，科学探究要用科学知识获得科学知识；从内容上说，要用科学探究让学生认识科学的研究范式，且这些范式是被科学共同体认可且被科学发展史证明是有效的。此外，该文件在"内容标准"一章将科学探究活动分为提出问题、设计并执行探究方案、搜集证据、建构解释、交流讨论等步骤（National Research Council，1996），认为在以学习知识为目的进行课堂探究时，可以开展完整的探究活动，也可以只抽取某个部分（唐小为 等，2012）。

随着"科学探究"一词被引入我国，国内教育工作者们对此开展各类研究，总结出科学探究的两个要点。第一，科学探究始于问题提出，科学问题是科学探究的第一要素；有探究价值的科学问题应当能增强学生对所学学科核心概念的理解能力、帮助学生理解科学家如何研究自然界、培养学生实施科学调查的能力、有助于学生形成科学思维习惯（周仕东，2003）。第二，解释是科学探究的核心，实质上是基于证据提出假设；对科学假设的检验过程，也是进一步收集证据，证实或证伪解释的过程。

基于科学探究的化学教学可以分成以下 3 个层次：

① 结构性探究——指教师提出问题并提供实验方案、材料，引导学生进行实验并根据所收集到的数据进行概括进而推理找到问题答案。

② 自主探究——指教师呈现真实情境，引导学生独立提出问题、提出猜想、收集证据并自主完成实验设计与验证。不难发现，结构式探究教学节省时间、探究性程度低、学生之间互动少，难以形成真正的学习共同体，但是与传统教学相比，该教学方法有助于让学生独立认识事物之间的联系。

③ 指导性探究——指教师启发学生，帮助其提出问题、设计实验方案、验证结论等。这是目前常态教学中较为常用的方式，该方法在建构知识与探究活动方面的开放程度比结构性探究高，有助于教师了解学生思维活动并对教学活动进行适当调整（周文红，2017）。

　　值得关注的是，2011 年美国国家研究理事会（National Research Council，NRC）在所发布的《K-12 年级科学教育框架：实践、跨学科概念和核心概念》一书中将首位关键词从"科学探究"变成了"科学实践"；与科学探究相比，科学实践不仅强调客观物质性的"动手"，更关注蕴含大量创造性思维和科学理性的"动脑"与"动嘴（笔）"。究其根本，该举措是为了避免因科学探究概念的不统一而导致教师在实施课堂探究教学实践时产生误解，避免将科学探究理解为单一的"做实验"。此外，该举措重点强调建构模型和科学解释、参与评论与评价（辩论）等在科学教育中很少受到足够重视的科学实践行为（National Research Council，2011）。

（2）典例分析

　　分析现行最新版高中化学教材可知，基于科学探究的化学教学一般可采取 4 种探究方法，分别为实验探究法、制表作图探究法、资料分析探究法、制作模型探究法。下面将以"酸和碱的中和反应"为例对常用的实验探究法进行介绍。

　　科学探究往往需要借助实验，但是并非所有做实验或观察实验现象的活动都是科学探究，关键要看过程中在提出问题后是否有围绕问题进行逐渐深入并以学科知识为基础的探究（任宝华 等，2014）。"酸和碱的中和反应"巧妙设置驱动性问题"如何探究氢氧化钠溶液和稀盐酸是否发生反应"，促使学生自主建构问题解决的一般思路，引导学生回忆酸类、碱类物质的化学性质，并据此寻找具有明显现象的特征反应作为实验设计的基础，搭建如图13.2.1 所示的教学逻辑。在具体教学实践中，该案例为学生提供了学习支架，譬如引导性追问、数字化实验技术等，让学生观察盐酸滴入氢氧化钠溶液的电导率变化曲线，结合实际证据"溶液 pH = 7 但是电导率不为 0"推导中和反应产物，让学生亲历深度的科学探究过程，并给予学生足够的机会进行讨论、评价等活动，充分发展学生的高阶思维。随后，该案例中为进一步引导学生验证猜想"酸与碱反应有水生成"，呈现了固体草酸和固体氢氧化钠反应的实验视频，据此排除酸、碱溶液含水对实验结果的干扰，培养学生的批判质疑精神。值得注意的是，该案例还设置了补充画出微观粒子模拟酸、碱反应过程的任务，帮助学生建立认识化学反应的微观视角，梳理形成"中和反应"的概念；此外，为促使学生思维由定性向定量转变，该案例在科学探究过程中设置多个交流与讨论让学生逐步厘清溶液之间的化学反应中"某反应物过量"的真正含义，发展依据反应物之间的质量关系进行计算的思维模型（李豪杰，2022）。

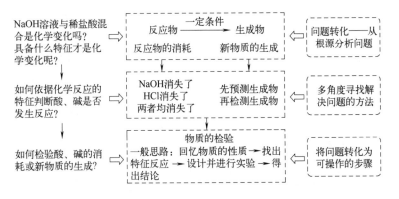

图 13.2.1　"酸和碱的中和反应"教学逻辑图（任宝华 等，2014）

任务 13.2

请你结合具体教学案例说明如何在化学教学中运用科学探究，并说说其中的关键点是什么。

基于科学探究的化学教学方法案例

📖 13.3 基于论证的化学教学方法

科学论证对科学素养的重要性已成为当代教育领域共识。国际科学教育领域从 20 世纪 80 年代末开始重视基于科学论证的教学干预。2013 年美国《新一代科学教育标准》(next generation science standard，NGSS)强调科学论证的作用，认为它在科学领域和科学课堂之间可以建立一个桥梁，并通过参与基于证据的科学论证构建某种解释，能够帮助学生理解证据与明确推理过程，据此证明科学应当是一个根植于证据的知识体(弭乐 等，2017)。

科学论证充分体现了科学思维的特征，逐渐得到我国科学教育领域的关注。高中化学课标要求发展学生的"证据推理"学科核心素养，并强调要在科学论证相关的教学活动设计中外显证据、推理、结论三要素之间的关系，充分发挥学生的主体性(陈潇潇 等，2024)。由此可见，基于论证进行化学教学逐渐成为化学教育教学领域的研究重点。

（1）方法介绍

论证最初是从逻辑学研究的基础上建立发展而来的。1958 年，著名的 Toulmin 论证模型被提出，具体包含 6 个成分：主张或声明(claim)、数据和资料(data)、理由或依据(warrant)、支持因素(backing)、反驳(rebuttal)、限定词(qualifier)(Toulmin，2003)。该模型描述了论证的基本组成，是最常用于分析学生论证的组成与复杂度的模型，不仅被用于支持学生开展有效的科学论证，也可以作为学生论证能力的评价工具(何嘉媛 等，2012)。然而该模型仅能用于分析论证的结构，不能评价论证的正确性，此外该模型是非情境化的，没有考虑对话过程中论证之间的相互作用(Driver et al，2000)。2010 年，论证探究式教学模型(argument driven inquiry，ADI)被正式提出，研究发现该模型能有效促进学生参与到论辩中，且学生的论证能力得到较大提高(Sampson，2009；Sampson et al，2010)。基于论证的教学有助于学生实现有意义学习，发展学生的交流技能，促进学生批判性思维的提升，加深学生对科学文化与实践的认识(Erduran et al，2007)。

目前，关于论证式教学策略主要可分为以下 3 类：

① 浸入式教学策略(immersion-oriented intervention)——强调将论证活动融入学生科学实践中；该类策略较常使用提示、小组合作、学生的迷思概念等作为"脚手架"来促进学生对论证的学习。

②　结构式教学策略（argument structure intervention）——强调在学生开始论证实践活动前先向学生讲授论证的结构；该类策略关注学生能够基于证据提出主张并进行论证，但较为忽视其他科学实践与知识构建的相关方面。

③　社会科学式教学策略（socio-scientific intervention）——强调要让学生在理解社会与科学之间相互作用的基础上学习科学论证，往往会使用社会性议题作为论证活动的背景，建立道德、伦理、政治等领域的观点与科学知识的关联，但在一定程度上会弱化科学的价值与作用（刘阳阳，2020；何嘉媛 等，2012）。

随着国际教育界对科学论证的重视程度逐渐增加，国内外开展了一系列有关基于论证的教学实践，依据不同的科学教学主题开发了诸多行之有效的科学论证教学模式，大体可分为 4 类，分别为：

①　基于科学史的论证教学模式——通过在课堂上引导学生针对某一特定科学现象，依据科学史料进行交流并设计完成实验，最终得出结论。可进一步划分为 IHV（interactive historical vignettes，互动历史小品）和 HPS（history and philosophy of science，科学史和科学哲学）2 种教学模式。

②　基于社会性议题（socio-scientific issues，SSI）的科学论证教学模式——大多采取角色扮演的方式，设置"两难"的情境或引入竞争理论解释组织辩论会，要求学生进行书面论证并在课堂上进行报告。

③　基于科学实验探究的论证教学模式——较常采用 SWH（science writing heuristic，科学写作启发式）教学模式和 5E 学习环模式。前者侧重"以写促学"，关注科学写作，后者则具体包括吸引（engage）、探究（explore）、解释（explain）、迁移（elaborate）、评价（evaluate）5 个步骤。

④　基于科学概念的论证教学模式——可分为 TAP（Toulmin argumentation pattern，图尔敏论证模式）、SNP（science negotiation pedagogy，科学谈判教学法）与 PCRR（present，critique，reflect，refine，呈现、批判、反思、提炼）教学模式，其中后两者均强调将建模要素融入论证过程中，并由此促进学生对科学概念的整合理解（刘阳阳，2020）。

（2）典例分析

下面将以凸显论证与建模融合的"原电池"为例进行介绍。

模型建构泛指人类在认识自然的过程中，对认识对象概念化进行模型创建，并进行检验与修改。科学建模本质上是一种论证，模型为论证提供了锚点，使得论证依附在锚点上得到支撑。已有研究表明论证能有效支撑并促进建模各个阶段的顺利展开，论证与建模是相互独立却又相辅相成的（Mendonça et al，2013；Passmore et al，2012）。在论证与建模结合的教学模式中，PCRR 教学模式尤为典型，而"原电池"这一案例在此基础上补充了"假设（hypothesis）"环节，提出 HPCRR，即假设 - 呈现 - 批判 - 反思 - 提炼教学模式，强调论证始于假设。学生需要基于已有认识和问题情境进行分析，据此提出自己的主张并建模。在具体实践中，该案例以 3 轮建模与论证活动循序渐进地完善学生对原电池的认识，教学流程如图 13.3.1 所示（刘月萍 等，2022）。每轮活动均包含完整的 5 个步骤，研究结果表明，学生在论证活动中更容易暴露出自己隐藏的迷思概念，并在批判与反思的过程中实现概念转变。

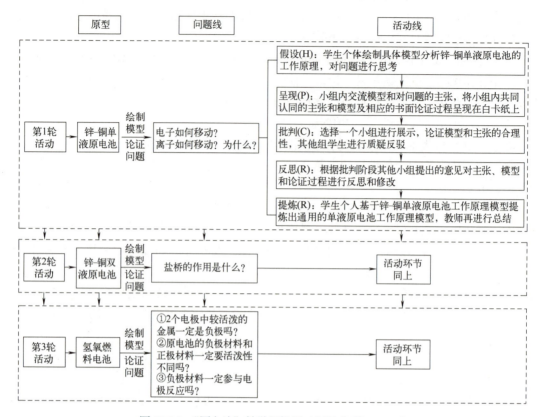

图 13.3.1 "原电池"教学逻辑图（刘月萍 等，2022）

任务 13.3

论证式教学与科学探究教学有什么异同点？它们之间有什么关系？请结合具体案例，谈谈你的理解。

基于论证的化学教学方法案例

📖 13.4　基于项目的化学教学方法

随着促进学生核心素养的发展成为时代主旋律，我国教育改革逐渐步入"深水区"。校本课程的开发与实施、人工智能等信息技术手段在教育领域的应用，项目式学习的研究与实践逐渐成为近几年我国教育领域的热点话题。基于项目的学习旨在增强学习任务的有意义性，让学生积极主动地建构知识。

（1）方法介绍

项目式学习源起于 1918 年美国教育家克伯屈提出的"设计教学法"，在不断改造中革除了手工操作与工业化色彩。在我国教育改革过程中被越来越多的教育研究者接纳并践行。

目前，国内外教育研究者对项目式学习的界定可大致分为 3 类：

① 项目式学习是一种学习方式，侧重于学生学习心理的视角。其旨在通过整合学生已有的知识经验来解决实际问题（孙成余，2019）。该观点主要基于三个建构主义原则：学习是在具体情境发生的、学生要积极参与学习的过程、通过社会互动与知识分享来实现学习目标（Kokotsaki et al，2016）。

② 项目式学习是一种教学模式，强调教学过程的设计。该观点认为学生需要从真实世界中的基本问题出发，并以小组合作的模式进行长周期开放性探究活动，最终产出作品并进行交流（柯清超，2016）。

③ 项目式学习是一种课程设计方式，是学生综合运用多学科学习经验进行自主学习的综合性、活动性的教育实践形态（郭华，2018）。

值得注意的是，项目式学习与探究式学习有较多相似之处，譬如都是以解决问题为核心、都强调在过程中进行小组合作交流等，但是探究式学习更强调引导学生像科学家一样思考，更注重学生的逻辑推理过程，而项目式学习则凸显学习的实践性，强调引导学生像工程师一样实践，且终结性学习评价大多以项目产品质量为依据（卢姗姗 等，2023）。

实施基于项目的学习一般包含设计项目、分组分工、制定计划、探究写作、制作作品、汇报演示与总结评价这 7 个基本步骤（高志军 等，2009）。值得注意的是，设计项目是核心步骤，其中制定项目目标并对项目进行拆解对项目整体设计起关键作用。此外，基于项目的教学关键问题也会因为课型不同而存在差异（王磊 等，2022），具体如表 13.4.1 所示。在具体的项目式学习活动方式方面，调查研究表明，学生更倾向于选择多学科交叉融合的学习方式（吴晗清 等，2019），近年来，跨学科项目式学习已然成为教育研究的热点。

表 13.4.1　项目式学习不同课型的教学关键问题

项目导引课	项目探究课	项目展示课
➤ 课前准备什么？ ➤ 如何设置问题情境？ ➤ 如何指导学生进行任务规划？ ➤ 如何进行问题转换和拆解？	➤ 如何指导学生学习新知识？ ➤ 如何处理具体问题、学习型任务与总问题任务的关系？ ➤ 如何指导学生完成项目作品？ ➤ 课下如何指导学生？	➤ 学生汇报什么？ ➤ 如何分工合作？ ➤ 听众做什么？ ➤ 追问、评价、总结提升什么？

项目式学习的效果在国内外引发不少研究者关注，对项目式学习实例进行元分析（一种文献综述的方法）发现，该教学方法的影响效果在不同学段之间存在差异，具体而言，在大学与小学阶段营销效果较大，但是在中学影响效果一般，这可能是由于中学阶段师生更关注学习成绩，故教师开展项目式学习的深入程度与投入程度相对较低。此外，该教学方法对于理化工程类学科影响效果十分显著，尤其是在学习与原理的应用、实践相关的知识时，更适宜使用基于项目的教学方法开展教学。值得注意的是，随着项目中所使用的技术类型数目增多，该教学方法对学生的学习效果影响增大，这说明使用多样化的技术工具，有助于扩展学生的学习广度，帮助学生对其所学知识进行深度加工，有助于提升学习成效（张文兰 等，2019）。

国际视野

　　评价指标体系是项目式学习评价的基础。项目式学习的教学评价正逐步形成一个多维度、多主体参与的综合性体系。研究者们认为评价不仅应该关注学生项目的最终成果，而且应全面覆盖学生在项目过程中的知识与技能掌握、问题解决能力、团队合作和创新思维的发展（Harmer et al，2016）。评价体系的构建越来越标准化和具体化，确保评价的公正性和准确性。

　　已有研究表明，项目化学习具有多种特征。①学习情境是真实而具体的；学生面对的问题大多取材于生活。②学习内容是综合而开放的；将理论知识与实践操作融合在一个项目之中，所涉及的问题是不断变化发展的，可从多个角度进行开放性分析。③学习途径是多样而协同的；教学时往往需要使用各种认知工具和信息资源来为学生提供学习支持。④学习手段是数字化与网络化的；学生需要利用多种数字化资源进行学习。⑤学习收获是全方位且个性化的；学生通过小组合作交流明确自己的优缺点，在主题丰富的项目活动中找到自己的兴趣爱好。⑥学习评价是连续且多样化的；对学生学习效果的评价强调过程性与表现性（高志军 等，2009）。针对项目式学习的评价方式，北京师范大学化学教育团队提出了学科能力核心素养导向的项目式学习评价系统（如图 13.4.1 所示），强调在项目式学习的评价中要实现课前 - 课中 - 课后整体化、活动 - 作品 - 作业 - 评价一体化（王磊，2022）。

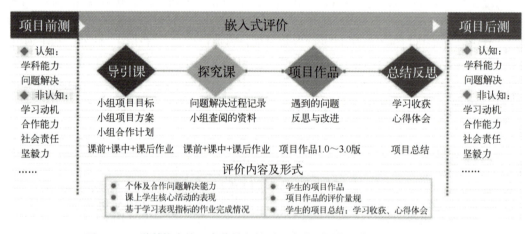

图 13.4.1　学科能力核心素养导向的项目式学习评价系统（王磊，2022）

（2）典例分析

　　项目式学习强调引导学生综合利用已学知识解决陌生、复杂问题，学生在项目实施过程中需对核心概念体系进行结构化，据此形成可以迁移应用的问题解决思路与模型。已有项目式学习案例大多利用科学、技术、社会、环境的热点议题作为真实情境。下面将以倡导跨学科学习的"我帮稻农选好种"为例对项目式学习的重点与难点进行介绍。

　　"我帮稻农选好种"项目以时政新闻"袁隆平先生获共和国勋章"为导入素材，围绕"如何选出好的稻种？"这一真实问题，通过"测量盐水密度""模拟盐水选种"与"测试种子发芽率"三个实验，引导学生将化学知识"一定溶质质量分数的氯化钠溶液的配制"作为认知对象，将生物知识"种子结构和种子萌发条件"与物理知识"密度和密度计的使用"进行统整，具体的项目学习流程如图 13.4.2 所示。在该项目中，学生需要设计模拟盐水选种的实验方案、测试稻种发芽率的实验方案，初步建立起解决真实问题的一般思维范式。此外，与传统教学不同，该项目的跨学科项目式学习课堂上有物理、化学、生物三科教师同台授课，确保项目各环节之间的有效衔接，实现对学生的精准指导。

任务 13.4

在课时紧凑、资源有限和考试压力的背景下，如何在化学教学中有效实施项目式学习？请结合具体案例谈一谈你的看法。

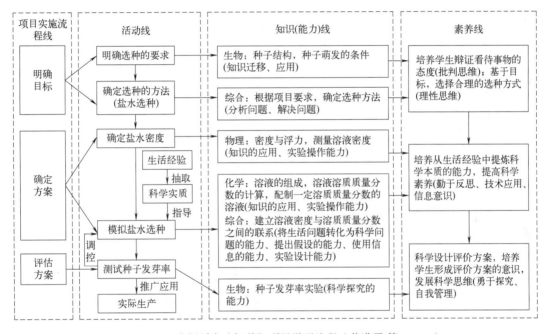

图 13.4.2　"我帮稻农选好种"项目学习流程（黄满霞 等，2020）

基于项目的化学教学方法案例

📖 13.5　基于信息技术的化学教学方法

当前，大数据、生成式人工智能等新技术逐步广泛应用，经济社会各行业信息化不断加快，信息技术对教育的革命性影响日趋明显。2023 年，全国教育工作会议提出要纵深推进教育数字化战略行动，并利用国家智慧教育平台将数字化融入新时代中小学学科领军教师示范性培训（2023—2024 年），推动数字化在拓展教学时空、共享优质资源、优化课程内容与教学过程、优化学生学习方式、精准开展教学评价等方面的广泛应用，这表明信息技术融入中小学教学是基础教育未来发展的重点关注方向。因此，新时代的化学教师有必要熟悉基于信息技术的化学教学方法，以促进教学更好地适应知识创新、素养形成发展等新要求，构建数字化背景下的新型教学模式，助力提高化学教学效率和教学质量。

（1）方法介绍

现代信息技术（information technology）是指借助微电子学为基础的计算机技术和电信技术的结合而形成的手段，对声音、图像、文字、数字和各种传感信号的信息进行获取、加工、处理、储存、传播和使用的能动技术。现代信息技术的飞速发展促使一系列新型教学技术被应用于化学教育领域，譬如手持数字化实验技术、显微成像技术、虚拟现实与增强现实技术等（张克强 等，2023）。

基于信息技术的化学教学源起于计算机辅助教学（computer aided instruction，CAI），CAI 指利用计算机以对话方式与学生讨论教学内容、安排教学进程、进行教学训练的方法与技术。该模式主要是让计算机扮演导师的角色，主要通过综合应用多媒体、超文本、网络通信、知识库为学生提供独立学习环境，从而帮助或代替教师执行部分教学任务（吴俊明，2015）。该模式受当时行为主义学习理论的影响，仅对传统教学方式进行简单替代，没有突破教师讲、学生听的传递式教学，缺乏网络支持、智能化与互动性。

随着信息技术的不断发展，基于认知学习理论的计算机辅助学习模式（computer-assisted learning，CAL）应运而生，计算机的教学应用从辅助"教"转为辅助"学"。该模式大多是基于 Web 形式的系统，主要有分层次教学模式、个性化学习模式、实验模拟模式、分析评价模式等，为学生提供了更自由的自主学习空间。此外，该模式中信息技术的拟人作用得到重视，计算机作为伙伴与学习者互帮互学开展平等讨论，还可作为教师助手帮助安排学习计划、代理通信、联络等。然而，CAL 的交互能力显得过于简单，缺乏适应能力与纠错能力，不能做到真正的因材施教。

在教育信息化得到重视且被视为国家发展战略之一后，基于建构主义学习理论的信息技术与课程整合模式（integrating IT into the curriculum，IITC）逐渐兴起。该模式的主要特征不仅将以计算机为核心的信息技术用于辅助教与学，而且强调要彻底改变传统的教学结构与教学模式，利用信息技术创建理想的学习环境、全新的学习方式。此外，该模式将人工智能技术引入 CAI 系统中，赋予机器以人类的高级智能，是当下信息技术与化学学科融合、实现教育信息化、数字化发展的核心技术手段（罗燕 等，2006）。

任务 13.5

请你查询资料，了解计算机辅助教学、计算机辅助学习、信息技术与课程融合这三个阶段的发展变迁，谈谈你的感受与体会。

（2）典例分析

鉴于信息技术在化学教学中的应用已有诸多成果，本书主要选择学科专属性较强且较为重要的手持技术数字化化学实验应用案例进行介绍。关于另一类信息技术在模型建构与可视化教学中的应用案例详见本节末的二维码。

手持技术数字化化学实验（简称手持技术实验）是信息技术在中学化学实验中的有效应用成果之一，能够通过传感器、数据采集器和配套软件，快捷又精确地采集各种物理量数据，更好地研究物质在化学反应中变化的事实（麦裕华 等，2020）。有研究者应用 citespace 技术对目前较受关注的手持技术数字化实验研究进行分析，发现该类研究侧重"四重表征"与"实验探究"（马善恒 等，2020）。一直以来，三重表征是化学学习的特点之一，其具体包含宏观表征（物质用途、实验现象）、微观表征（微粒运动、结构、相互作用）、符号表征（元素符号、化学式、方程式）。依托数字化实验曲线可视化的特征，曲线表征逐渐得到重视，并与原有的三重表征合称为四重表征模式。该模式引导学生从本质上理解化学概念与反应本质，促进学生深入认识实验原理（林建芬 等，2015）。此外，在实验探究方面，手持技术数字化实验有着难以比拟的优势。数字化实验测量的精确性、曲线表征的明确性都为探究性学习提供了充足依据，有利于培养学生的证据推理意识，开发学生的创造性思维。

手持技术环境下的概念认知过程一般包含 4 个步骤：

① 转化（transformation），将目标概念转化为可以通过手持技术的某一传感器直接测量的关联属性。

② 量化感知（quantitative perception），完成实验操作，利用手持技术实验实时且精确地测量关联属性。

③ 视觉感知（visual perception），使用手持技术配套软件得到关联属性曲线图像。

④ 比较（compare），通过解读曲线所负载的信息对多条曲线进行比较分析与推理（王立新 等，2018）。

以下将以"探究比较丁醇同分异构体的分子间作用力大小"作为案例介绍如何基于手持技术数字化实验开展抽象化学概念的教学，图 13.5.1 为该案例中 4 个步骤的逻辑关系图（林丹萍 等，2020）。

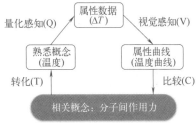

图 13.5.1　TQVC 概念认知模型实验案例逻辑

第一，在转化阶段，结合化学知识可知，分子间作用力是分子与分子之间的相互作用，克服相互作用需要消耗能量，据此可知，分子间作用力会影响物质的三态变化，譬如液体表面的分子在蒸发时需要克服分子间作用力，进而导致剩余液体的能量降低，具体表现为分子间作用力越大，液态物质的蒸发过程越困难，温度降低幅度越大。故应选择温度作为分子间作用力的关联属性，可以使用温度传感器来实时监测温度变化。第二，在量化感知阶段，结合实验主题为探究丁醇同分异构体的分子间作用力大小，故选用正丁醇、仲丁醇、异丁醇与叔丁醇作为实验试剂。控制量取相同体积的实验试剂，并准备 4 个温度传感器，在传感器的探头尖端部分包裹同等厚度白纱布，开启数据采集器；将 4 个温度传感器探头浸入实验试剂后，同时提起 4 个温度传感器，平行放在实验架上，观察传感器示数变化。第三，在视觉感知阶段，将数据采集器软件所得到的数据导出，使用 origin 软件绘图，可以得到 4 种丁醇同分异构体在蒸发时的时间 - 温度变化曲线，如图 13.5.2 所示。第四，在比较阶段，分析曲线

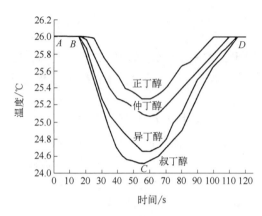

图 13.5.2 丁醇同分异构体蒸发时温度 - 时间变化曲线（林丹萍 等，2020）

变化可发现，在相同条件下，4 种丁醇同分异构体在蒸发过程中温度变化的速率不一致，具体顺序为：叔丁醇 > 异丁醇 > 仲丁醇 > 正丁醇，这表明分子空间结构会影响分子间作用力，具体而言，丁醇的支链越多，空间位阻越大，碳原子之间的相对间距增加，分子间作用力变小（林丹萍 等，2020）。

值得注意的是，大多数手持技术实验案例的开发均需经历 7 个环节。第一，确定实验目的，提出该实验主题值得进一步研究的问题组。第二，判断已有资源，明确该实验主题的现有研究成果倾向于定性实验设计还是定量实验设计。第三，确定传感器种类，根据实验主题相关物理量选择最适合的传感器类型。第四，确定传感器的使用，明确传感器在实验中的作用以及具体操作流程。第五，设计对照实验，根据研究问题组设计不同的对照实验。第六，确定测量方式，尽量进行 3 次重复实验。第七，完成结果分析，应用"宏观 - 微观 - 符号 - 曲线"四重表征系统解释数据曲线的特殊点与线段趋势及分别对应的化学意义（麦裕华 等，2020）。

任务 13.6

请结合具体教学案例，详细阐述如何将信息技术与其他化学教学方法有效融合，以提升化学教学的互动性、参与度和学习效果，并具体说明在教学设计、实施和评价过程中可能遇到的挑战及应对策略。

基于信息技术的化学教学方法案例

真实情境并非是指为学生提供新奇的刺激或直接呈现化学问题，而是要产生需要学生思考、学习、参与研究才能解决的任务或问题。情境依据所涉及的要素可划分为"生活与应用""资源与环境""科学与技术" 3 类。

科学探究的两大要点为：提出有探究价值的科学问题；基于证据提出假设，并对科学假设进行证实或证伪解释。

基于科学探究的化学教学可以分成 3 个层次，分别为结构性探究、指导性探究和自主探究；一般可采取四种探究方法，分别为实验探究法、制表作图探究法、资料分析探究法和制作模型探究法。

论证式教学策略主要可分为 3 类，分别为：①浸入式教学策略，如应用提示、小组合作等；②结构式教学策略，强调在论证实践活动前先向学生讲授论证的结构；③社会科学式教学策略，强调要让学生理解社会与科学之间的相互作用，如使用社会性议题作为论证活动的背景。

国内外教学者开发了诸多行之有效的科学论证教学模式，主要可分为 4 类，分别为基于科学史的论证教学模式、基于社会性议题的科学论证教学模式、基于科学实验探究的论证教学模式、基于科学概念的论证教学模式。

基于科学概念的论证教学模式较常采用 TAP（Toulmin argumentation pattern）教学模式、SNP（science negotiation pedagogy）教学模式、PCRR（present, critique, reflect, refine）教学模式，其中后两者均强调将建模要素融入论证过程中，并由此促进学生对科学概念的整合理解。

实施基于项目的学习一般包含设计项目、分组分工、制定计划、探究写作、制作作品、汇报演示与总结评价 7 个基本步骤，其中设计项目是核心步骤，制定项目目标并对项目进行拆解对项目整体设计起关键作用。

现代信息技术是利用计算机和电信技术，对各种信息（声音、图像、文字、数字和传感信号）进行高效处理和应用的综合技术手段，经历了计算机辅助教学、基于认知学习理论的计算机辅助学习模式、基于建构主义学习理论的信息技术与课程整合模式三个阶段的发展，并衍生出手持技术数字化化学实验、模型建构与可视化教学等典型教学案例。

【基础类】

🚩1. 在化学教学中如何利用真实情境来激发学生的学习兴趣?

🚩2. 现代信息技术（如虚拟现实、在线模拟实验等）在化学教学中有哪些创新应用?

【高阶类】

🚩3. 化学论证是科学思维的体现，要求学生运用逻辑和证据进行分析。请你描述如何通过论证方法在化学教学中培养学生对争议性话题（如纳米技术的环境风险或基因编辑的伦理争议）的批判性思维，并分析学生在构建化学论证时可能遇到的挑战，以及教师如何指导学生克服这些挑战。

🚩4. 化学史的里程碑事件，如元素周期表的发明和量子化学的突破，对现代科学教育具有深远影响。请探讨如何将历史事件的科学原理和思维模式融入教学，以及如何在教学中平衡化学史的学术性和教学的互动性，确保学生能够深入理解并应用化学知识。

◣ 孙敏. 基于真实情境开展化学学科核心素养为本的教学案例［J］. 化学教育（中英文），2019，40（11）：41-47.（基于真实情境的教学案例）

◣ 侯肖，胡久华. 在常规课堂教学中实施项目式学习——以化学教学为例［J］. 教育学报，2016，12（4）：39-44.（项目式学习的应用指导）

◣ 陈婷，罗秀玲. 论证式教学对高中生化学概念学习的影响——以原电池为例［J］. 化学教育（中英文），2018，39（7）：32-35.（论证式教学的效果测查）

◣ 刘月萍，罗秀玲，肖信. 基于模型建构的论证教学在化学概念学习中的应用——以"原电池"概念学习为例［J］. 化学教育（中英文），2022，43（3）：63-73.（基于模型建构的论证教学案例）

第14章

化学教学方法——侧重目的和目标

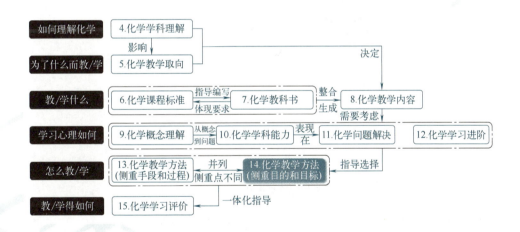

上一章介绍了侧重手段和过程的化学教学方法，我们了解到"基于真实情境的教学""基于科学探究的教学"与"基于论证的教学"等多种化学教学方法。本章将着重介绍多种侧重目的和目标的化学教学方法，深入探讨如何通过多元化的教学策略，实现化学教育的深层目标，培养学生的科学素养和创新能力。

其中，基于学科理解的教学方法，侧重如何将化学知识的内在逻辑与学生的认知发展相结合，激发学生对化学学科的深刻理解。促进概念转变的化学教学方法，侧重如何帮助学生突破思维定势，实现从迷思概念到科学概念的飞跃。促进观念建构的教学方法，侧重如何引导学生主动构建知识体系与化学基本观念，形成系统的认知结构；促进学科认识的化学教学方法，侧重引导学生系统地认识化学学科本质，发展其认识水平和解决复杂问题的能力。通过这些教学方法的介绍和分析，希望能为读者进行化学教学设计提供一些有益的参考和启示。

本章导读

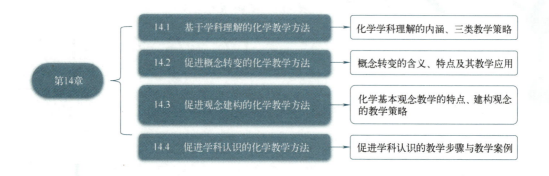

第14章	14.1 基于学科理解的化学教学方法	化学学科理解的内涵、三类教学策略
	14.2 促进概念转变的化学教学方法	概念转变的含义、特点及其教学应用
	14.3 促进观念建构的化学教学方法	化学基本观念教学的特点、建构观念的教学策略
	14.4 促进学科认识的化学教学方法	促进学科认识的教学步骤与教学案例

通过本章学习，你应该能够做到：

- 描述化学学科理解的内涵与价值，并概括对应的教学策略
- 概括概念转变的实质，明晰认知冲突的含义与教学应用
- 运用促进观念建构的教学策略设计某单元的教学思路
- 结合案例，描述促进学科认识的教学方法的实施步骤
- 以具体案例说明如何在化学教学中融合多种教学方法

📖 14.1 基于学科理解的化学教学方法

时代更迭重塑教学使命。当前人类社会进入急剧变化且具有高度不确定性的信息时代和智能时代，教育的使命是培养学生的核心素养，使其适应时代的发展。高中化学课标凝练了化学学科核心素养，明确指出要以发展学生化学学科核心素养为课程目标，这要求化学教师进一步增进化学学科理解，基于学科理解开展素养为本的化学课堂教学（中华人民共和国教育部，2020）。《义务教育化学课程标准（2022 年版）》再次强调"学科理解"，并指出学科理解的价值在于凝练学科本原性问题、建构概念的层级结构和抽提认识的视角，强调增进教师的化学学科理解，也强调教师教学的任务是为了增进学生的理解（中华人民共和国教育部，2022）。

（1）方法介绍

理解是认知的基础与前提。20 世纪末，"为理解而教（teaching for learning）"的理念得到教育界的关注（戴维，2015）。如果知识没有被学生整合运用于解决生活中的问题，学生就没有真正地理解知识。对学科的理解是对学科知识、事件和现象的本质或实质的把握。学科理解是人们运用学科思维解决真实问题、认识并创造世界的过程（张华，2019）。化学学科理解指教师对化学学科知识及其思维方式和方法的一种本原性、结构化的认识，包括理解什么（化学学科知识、化学思维方式和方法）与怎么理解（本原性、结构化）。

然而，研究者对于教师学科理解的阐释不尽相同，其中郑长龙与王伟所提出的观点较具代表性（杨桂榕 等，2024），对比发现，两位研究者提出教师学科理解的逻辑起点相同，均强调从"素养为本"的教学实际出发，但在教师学科理解的具体范畴方面的观点存在差异。其中，前者强调已有化学科学经验的"教师化"，关注的是教师从学科知识本身及其背后的学科思想方法等多角度进行结构化的理解；后者则将教师学科理解的范畴延伸至学科教学设计与实施等多个方面，值得注意的是，有研究者指出后者所强调的这类活动更像是教师学科理解呈现的载体，而非其本身。

研究者为探索基于学科理解的教学策略进行了诸多实践尝试，形成较为丰富的理论成果。已有研究表明，化学学科理解的贡献是为教师分析教学内容提供学科视角（郑长龙，2019），帮助教师基于学科本原认识教学主题的学科价值与知识的学科功能。基于学科理解的化学教学策略模型主要分为以下 3 类（张笑言 等，2023）：

① 基于本原性问题的学习任务设计策略。本原性问题是直接触及学科根本、知识产生的本原问题。凝练学科本原性问题，可以回答"认识什么"的问题。具体而言，教师可以通过反复对比主题内的不同概念，分析这些概念是在解决什么原始问题的学科背景下产生的（郑长龙，2021）。在教学实践中，教师需要基于课程的整体结构与学情，依据本原性问题对教学内容进行进阶设计，凝练不同素养发展水平的本原性问题。而在具体的教学实践中呈现本原性问题时，教师需要合理选择适切素材，素材不仅要能支撑学生综合运用化学知识，提出多种探究假设，更要体现真实性，让学生切实体会知识的价值（张笑言 等，2023）。

部分研究者将化学课堂教学中的本原性问题分为两大类：形式的本原性问题与实质的本原性问题（即本原性学科问题）。形式的本原性问题抽象且宏观，如"物质是运动的还是静止的"等，涉及全人类共通的难题；实质的本原性问题则包含具体学科内容。化学课堂中的本原性问题应反映了化学的核心观念、思想和方法，对构建学科视角有着重要意义（贾培东，2023）。

② 基于认识视角的思维方式建构策略。抽提认识视角与认识思路，可以回答"如何认识"的问题。其中，化学认识视角决定了认识思路的发展路径（孙佳林 等，2019），它可以按照以下 2 种方法进行确立与划分：一是根据知识的构成要素，划分为符号、逻辑和意义 3 个认识视角。这种方法既确保了认识的完整性，也蕴含了不同的认识要求。二是根据知识蕴含的化学思想、观念与方法进行提炼，因为这些内容是学科专家依据知识逻辑提炼出来的具有高度统摄性的认识规律（童文昭 等，2024）。化学认识思路是指对物质及其变化的特征与规律进行认识的程序、路径或框架（郑长龙，2021）。在教学实践中，教师应注重利用挑战性问题驱动学生建构认识视角，进而形成认识思路。教师需要对不同认识视角的先后顺序进行安排，并依据学科知识逻辑与期望学生形成的认识逻辑，合理组织每个视角的建构活动（童文昭 等，2024）。譬如，离子反应的微观视角的建构环节可见图 14.1.1。此外，教师应注重在课堂上外显认识视角与认识思路，尤其是给予学生充足的时间展现认识过程中的思维操作，譬如引导学生借助语言、符号、图示等方式描述离子反应的认识过程。

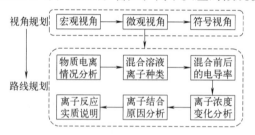

图 14.1.1 "离子反应"主题认识视角与认识思路示例

③ 基于概念层级结构的结构化策略。梳理主题概念的层级结构，可以回答"如何结构化地进行认识"的问题。概念层级结构依据概括程度可以分为主题大概念、主题核心概念和主题基础概念（单媛媛 等，2022）。其中，大概念是能够反映学科本质，具有抽象性、概括性与广泛迁移价值的学科思想和观念。核心概念是在概念层级结构中承上启下的一类概念，能向上对大概念形成支撑，也能向下统摄基本概念。基本概念则是对事实现象本质的反映，是整个学科知识的骨架。不同层级的概念是通过解答本原性问题而得的，建构概念层级结构的方式有"自上而下"或"自下而上"两种，详见本书第 3.2 节（张笑言 等，2023）。此外，在教学中应当如何呈现概念层级结构实现结构化的化学教学呢？主要有三个核心步骤：一是围绕大概念设计教学思路，有助于从宏观层面确定教学取向与教学目标；二是围绕核心概念设计关联型学习任务，教师可围绕核心概念设计挑战性问题链，激发学生积极性，开展综合、全面的学习任务活动；三是围绕基本概念开展过程性评价，教师需要以学生的实然表现为依据，从微观层面实现内容结构化，帮助学生夯实学科理解的基础（张笑言 等，2023）。

在教学实践中，上述三种基于学科理解的化学教学策略能否进行融合？请结合具体的教学案例，谈谈你的理解。

（2）典例分析

发展学科核心素养的教育在本质上是学科知识观由事实本位转化为理解取向（张华，2019）。随着核心素养导向的高中化学课程改革不断深化，基于学科理解的教学方法成为化学课程教学研究的新领域。下面将以突出单元教学和跨学科实践的"蜡烛的故事"对基于学科理解的初中化学教学进行介绍。高中的教学案例详见本节末的二维码。

"蜡烛的故事"定位于九年级化学学科内容的起始单元，在对教材内容的重构后，依据3个本原性问题"蜡烛从哪里来""蜡烛如何燃烧"与"蜡烛燃烧后去哪了"划分为3个教学环节，并以蜡烛为探究对象开展4项重要实践，具体包括蜡烛的来源及工业生产流程分析、蜡烛的燃烧试验及现象分析、从学科视角设计实验探究可燃物的燃烧与灭火、探究蜡烛燃烧时火焰的形状与原因。该案例以蜡烛燃烧为真实情境，引导学生初步形成对"物质变化与转化"的概念性把握与实践性理解，其概念层级结构与单元教学逻辑具体如图14.1.2所示。值得注意的是，该案例在引导学生寻找蜡烛燃烧的原因并总结现象特点时设置了非常细致且逻辑连贯的问题链，具体包括：蜡烛在什么条件下能够被点燃？蜡烛燃烧发光了吗？蜡烛燃烧有火焰吗？物质燃烧时都一定有火焰吗？为什么蜡烛燃烧时火焰形状呈水滴型？等等。并在教师指导阶段引入宇航舱实验来验证失重条件下火焰的形状，通过学科融合激发了学生强烈的好奇心，培养学生注重细节深挖本原的科学态度（胡先锦 等，2023）。此外，该案例注重依据学科理解设置多项表现性评价任务，并设计了对应的评价量规，是初中化学课堂中学科理解落地，有效支撑核心素养教学的典范。

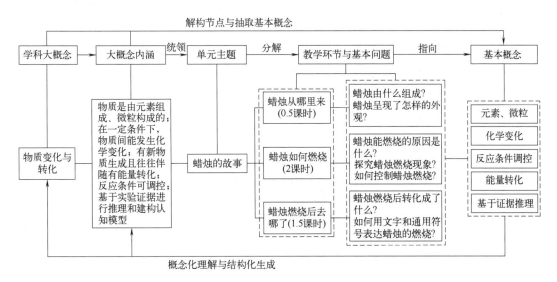

图 14.1.2 "蜡烛的故事"单元教学逻辑（胡先锦 等，2023）

基于学科理解的化学教学方法案例

📖 14.2 促进概念转变的化学教学方法

2023年5月，教育部等发布《关于加强新时代中小学科学教育工作的意见》，明确提出要培育具备科学家潜质、愿意献身科学研究事业的青少年群体。科学概念是科学知识的基础与核心，是开展科学教育与培养科学素养的重要载体（吕艳坤 等，2023）。科学概念教学是科学教育的关键与核心，使学生深度理解并灵活应用概念是科学概念教学的基本任务。半个世纪以来，国际上概念转变的研究实现了从认识论到本体论、从认知层面到元认知层面、从理性过程到非理性过程的飞跃（陈梦寒 等，2024），并由此衍生出许多促进概念转变的教学策略。

（1）方法介绍

科学教育研究者普遍认为，学生不是大脑一片空白地走进课堂的，在学习科学概念之前，学生已经对客观世界的各种事物形成了自己的看法，即存在"前概念"。前概念是个体从自身观察、自身经验，在即时环境、社会环境互动中形成的，具有一定的个人印记、环境印记和时代印记（李多 等，2023），会持续存在并影响人的行为意识（Lombrozo et al，2007）。因此，科学概念学习不再被认为是传统意义上的科学知识积累的过程，而是一种从学生的前概念向科学概念转变的过程（万志宏，2021），即概念转变。在学习科学概念之后，学生的前概念并未被彻底根除，而是与科学概念共存于学生的头脑之中，故学生可能会持有多个概念来解释同一个特定现象（Shtulman，2009），前概念与科学概念是在相互影响中维持动态平衡的（吕艳坤 等，2023）。因此，概念转变的本质应当是科学概念对于前概念的抑制，而非完全取代（Potvin，2017）。促进概念转变的教学首先要正视这种竞争的动态机制，基于前概念与科学概念的共存关系优化概念教学实践。

通过分析现有概念转变教学策略研究发现，研究者主要基于认知主义与建构主义提出诸多促进学生概念转变的教学方法。

首先，在认知主义层面，研究者大多以探查前概念、激发学生主动认知、促进概念顺应为目标，具体而言有4类教学方法（冯春艳 等，2021）：

① 激发逻辑思辨——教师利用论证、演绎的策略引导学生通过频繁的概念变化参与对话互动，努力进行有意识和深思熟虑的概念修正；并通过提供多个正例、反例帮助学生把握科学概念并将科学概念应用到具体的事例中，感受新概念的有效性。

② 激发主动认知——教师可以使用假设、探究等策略，引导学生对自己的先入之见质疑，再通过探究性试验、日常生活现象等引发学生的认知冲突，让学生意识到自身前概念的局限性和调整自身概念体系的必要性；此外，教师应使用合理恰当的问题组合帮助学生进行深度思考，促进学生主动建构自己的概念体系。

③ 激发动觉体验——教师应多组织具身参与的学科实践活动，在课堂中体现科学作为社会性活动的特质（唐小为 等，2012）；此外，教师还需要及时对学生在实践中所表达的观点进行概括并映射到正式的化学用语中，帮助学生关联切身体验与化学学科知识。

④ 促进概念顺应——教师可使用类比、概念图等引导学生基于自身熟悉的事物（经验）与目标科学概念之间相似性的比较、解释与说明关联旧知与新知。值得注意的是，教师在使用类比策略时，不仅要注意类比对象语义上的相似性，更要强调其在结构上的相似性与应用

上的关联性。

　　其次，在建构主义层面，研究者认为学习应该是一个交流和合作的互动过程，故侧重通过提供复杂的学习环境和真实任务帮助学生建构概念，具体而言分为 2 类教学方法（冯春艳 等，2021）：

　　① 侧重合作学习——知识具备社会性，科学概念的存在与转变过程都不是孤立的（Posner et al，1982；Strike，1992），社会性的合作学习能有效帮助学生对知识进行有意义建构。合作学习是一项系统化、结构化的教学策略，可与其他教学策略并用。学生在相互促进的团体中会变得更积极，研究结果也表明，在概念转变教学中，更高的学生学习成就是与更积极的合作同伴关系呈显著正相关的（Roseth et al，2008）。此外，由于个体对概念的理解不同，故合作学习更容易引发学生的认知冲突，在元认知层面激发学生的自主建构动机，且不同个体之间的多维理解也能起到相互补充的作用。

　　② 加强环境建构——学习环境是学习发生的场所，是促进学生主动建构知识的外部条件。人工智能背景下，人类各种活动逐渐以人类为主体向人机协同工作发展，教育教学亦是如此。将虚拟现实、全息投影辅以计算式视觉、自然语言处理等智能信息技术应用于教育领域，可以使学习环境趋于真实化、情境化。这不仅能为学生提供丰富的媒介素材以增强其体验，而且可以帮助学生在接触视频格式的信息后产生更精确的记忆，有效消除错误概念（杜华 等，2022）。

学界观点

　　促进概念转变是课堂教学的关键。研究者裴志平通过对概念转变原理和概念表征的嬗变分析，提出了一种具有普遍意义的概念教学结构，具体包括"激活前概念，修正完善概念，建立概念模型，厘清迷思概念，活化科学概念" 5 个教学过程，并指出在实际课堂中，这一概念转变链须与认知逻辑链有机结合，才能有效促进概念的转变（裴志平，2013）。

（2）典例分析

　　概念转变在化学教学中具有帮助学生掌握科学概念，形成科学思维的重要作用，自提出以来备受推崇，由此衍生出来的教学策略持续影响化学教学十余年。下面将基于使用驳斥型文本的"锂电池"为例进行介绍。

　　"锂电池"使用驳斥型文本帮助学生提高学习兴趣，引导其形成对锂电池的构造、原理的深入了解。驳斥型文本强调学生针对某个概念进行讨论，诱导学生暴露迷思概念，主要包括 3 个核心要素：对普遍存在的错误概念的陈述、对这一错误概念的明确驳斥（驳斥线索）和科学解释（董娜 等，2017）。与普通文本相比，驳斥型文本没有直接描述科学知识，而是引导学生通过阅读材料、讨论问题从而在驳斥过程中主动发现错误概念，这要求学生投入更多认知且需要花费更长的时间进行阅读理解，其设计框架如图 14.2.1 所示。

　　该案例设计了 4 则材料，材料内容围绕 3 个探究问题及其对应的化学史展开，其中 3 个探究问题分别为：水可以作为锂锰电池的电解质溶剂吗？锂电池放电时 Li^+ 如何移动？锂-空气电池充放电的电极反应式是什么？探究问题涵盖 5 个方面的错误概念：电解质溶液、微粒移动、电极、能量转化和电极反应式的书写。问题与错误概念的对应关系及其教学进程具

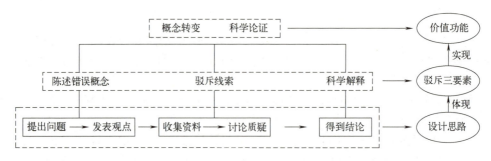

图 14.2.1　驳斥型文本的设计框架（沈天宇 等，2022）

体如图 14.2.2 所示。该案例在实践中发现，学生能从驳斥型文本中建构锂金属与水反应→不能使用水作为锂电池的电解质溶剂的逻辑，然而在讨论子问题"如何设计电池装置"的时候却难以将其落实到具体应用中。这表明驳斥性文本结合问题讨论能很好地暴露学生的错误概念（沈天宇 等，2022）。此外，锂枝晶问题的解决涉及金属锂不可逆沉积的相关知识，学生对该类知识较为陌生。可见，在使用驳斥型文本进行概念转变时，教师须及时关注学生需求与概念的发展，并及时指导干预（董娜 等，2017）。

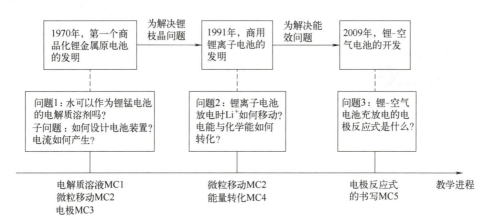

图 14.2.2　"锂电池"的教学进程（沈天宇 等，2022）

任务 14.2

结合具体案例，分析差异性事件与批判性事件在化学教学中的作用及其本质区别，并探讨如何将二者与驳斥型文本相结合，以有效促进学生对科学概念的深入理解与转变。

促进概念转化的化学教学方法案例

📖 14.3　促进观念建构的化学教学方法

中学化学教学应当让学生牢固地、准确地建立起化学基本观念。化学事实性知识的重要价值在于其能为化学观念提供载体（宋心琦 等，2001）。实施促进观念建构的化学教学有助于激发学生的高阶思维，促进学生形成对物质及其变化规律的深层次认识，发展学生化学学科核心素养。实施促进观念建构的化学教学不仅是精简教学内容的重要途径，更是促进学生理解与应用知识的有效方法（毕华林 等，2014），因此其教学实践研究一直以来是中学化学教育研究的热点。

（1）方法介绍

化学基本观念是指个体通过化学学习或教学活动，基于化学学科本体的特征，在以化学的视角认识事物的过程中所形成的对化学的统摄性认识（详见本书第 3.1 节），具体表现为个体主动运用化学思想方法认识事物和处理问题的自觉意识或思维习惯（毕华林 等，2011）。初中化学课标明确提出化学观念是化学学科核心素养之一，其反映了化学学科本质。化学观念作为核心素养之一，相比于化学基本观念，更重视在解决实际问题中定义的形成和发展（胡欣阳 等，2022）。促进观念建构的化学教学具有 2 个特点（毕华林，2022；马佩强 等，2023）：①超越具体知识提炼基本观念，使基本观念的建构具有可操作性；②将基本观念的生成过程情境化、问题化、活动化；以问题为主线贯穿始终。化学基本观念具有可教性，不是机械地让学生接受，而是引导学生通过对化学知识、核心概念的学习促进化学基本观念的形成（张乃达 等，2007）。教师可以结合具体教学内容和学生认知水平将基本观念的含义用概括性的语言表达出来，促使学生能够在学习活动中逐渐形成对具体事实与核心概念本质的深刻理解。

近年来，不少研究者指出可以基于大概念促进学生化学基本观念的建构。此处的"大概念"特指课程领域的化学主题大概念（胡欣阳 等，2022），它与其他类型大概念的关系见本书第 3.1 节。化学主题大概念在大概念体系中起着承上启下的作用，培养学生的化学基本观念需要以化学主题大概念统领的化学课程内容为载体开展教学。具体而言，教师可通过以下 3 种策略帮助学生建构化学基本观念（胡欣阳 等，2022）。

① 挖掘知识价值，转变学习方式——教师在备课时可挖掘化学知识的多方面价值，如信息价值、应用价值、探究价值、认识价值和情意价值等（亓英丽 等，2012），从而更深刻地理解化学教学内容中所蕴含的化学大概念内涵。若想进一步使学生理解化学知识的多重价值，并将其转化为化学基本观念，则需要转变学生的学习方式。这要求教师创设真实情境，让学生充分调用知识技能、思维方法和价值观念综合解决科学问题或进行科学实践活动。学生在做中学，方能从整体性、系统性的视角理解化学教学内容，从而促进化学基本观念的发展。

② 梳理整体视角，组织单元教学——大概念的"大"强调的是具有高度概括性、统摄性和广泛迁移价值，这要求教师结构化地梳理化学知识间的内在联系，以单元教学的方式组织化学教学内容。一方面，教师可依据"宏观性质→微观本质→变化与转化→应用"的化学学科逻辑设计教学过程，让学生感受到该逻辑几乎贯穿所有化学知识的建构过程。另一方面，教师可以化学主题大概念为统领，在教学中重整教材顺序，形成综合性和统摄性的教学

单元。例如在人教版 2019 选择性必修 1 第二章"化学反应速率与化学平衡"的单元教学中，教师可尝试把第三节"化学反应的方向"前置到第 1 节课。这样可以将"化学变化"这一大概念（胡欣阳 等，2022）按照反应的过程拆解为变化的方向（反应能否发生）、速率（反应的快慢）、历程（反应的过程）和平衡（反应的结果）4 个逻辑自洽的核心概念，有利于学生建构变化观。

③ 以思维统领教学，重视迁移和反思——学生的思维活动贯穿于化学基本观念建构始终，其中最关键的是具有学科专属性的化学思维，它涵盖了本书第 1、2 章提及的化学思维方式和化学思维方法。如果说化学大概念将化学知识编织成网络，那么引导网络形成的就是化学思维。教师应注意引导学生在面对真实的化学问题情境时，自觉地调用宏观与微观相联系等化学思维方式审视问题，利用模型法、系统法、证据推理等化学思维方法解决问题，从而引导学生像化学家一样思考，在解决问题的过程中发展化学基本观念。

（2）典例分析

下面将以"氨"为例介绍如何运用上述第①和②点策略建构化学基本观念，第③点策略的教学案例详见本节末的二维码。

"氨"是当前高中化学教学中较为重要的元素化合物，教师一般重点关注其性质，而很少挖掘"氨"的知识背后承载的价值和观念建构的功能。该案例转变传统的讲授教学法，以真实问题驱动学生活动，从而发展化学基本观念。

该教学设计思路如图 14.3.1 所示。首先，教师从本节课所述的"氮及其化合物"单元教

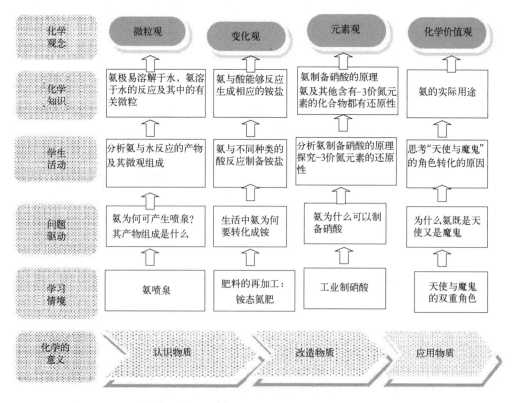

图 14.3.1　基于化学基本观念建构的"氨"教学设计思路（姜言霞 等，2015）

学内容中抽提出"认识物质→改造物质→应用物质"的整体视角,将其作为"氨"这节课的教学主线,使得知识结构化。其次,用 3 个真实问题"氨为何可产生喷泉、产物组成是什么""生活中氨为何要转化为铵盐"和"氨为什么可以制备硝酸"驱动学生进行课堂活动。其一,学生通过观察喷泉实验的"炫酷"现象,激发探究氨水组成的兴趣,小组讨论分析氨水的微粒种类,从中发展微粒观;其二,教师提问引发认知冲突:为何不直接用氨水作化肥?怎样改造氨水方便施肥?学生迁移本单元的物质类别视角分析氨和铵盐的转化,并书写方程式,发展变化观;其三,教师展示工业制硝酸的原理,学生迁移本单元的元素价态视角分析氨和铵盐的还原性,发展元素观,并分组设计实验进行验证。最后,小结氨的各类性质及对应用途,让学生评述氨的功与过,从辩论中发展化学价值观。该教学设计深挖"氨"知识背后的应用价值(如制备氮肥和硝酸)和情意价值(如讨论氨的功与过),在真实情境中用问题驱动学生进行分组实验、分析讨论等活动,从活动中发展化学基本观念。

任务 14.3

使用任一种促进观念建构的教学策略,结合本书第 2 章提及的化学基本观念教学设计模式图,尝试绘制"电解质的电离"教学过程的简要示意图。

促进观念建构的化学教学方法案例

📖 14.4 促进学科认识的化学教学方法

前三节依次介绍的学科理解、概念转变和观念建构方法各异、教学目标不尽相同,但教学目的均为促进学生对化学学科的认识,从而发展学生的化学学科核心素养。化学学科素养与学生对化学学科的认识紧密关联——学生在认识化学的过程中形成关键能力、锤炼必备品格,最终形成化学的必备知识和基本观念(或大概念)。因此,促进学生的学科认识是发展其素养的关键一环。

(1)方法介绍

提起"学科认识",读者可能会回想起本书的诸多形似概念:"认识对象""认识方式""认识视角""认识思路"和"认识结果"等。这些概念出现在本书第 1 章提及的化学认识架构中,见图 14.4.1。把它们放在认识化学知识的教学过程中,从而提炼出促进学生学科认识的教学方法。读者可回顾前文,重温化学认识价值、认识对象等概念的内涵。

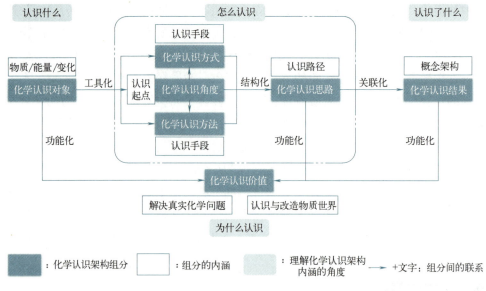

图 14.4.1　化学认识架构

为了促进学生的学科认识，教师实施教学的过程同样能遵循化学认识架构中的认识过程，让学生始于且终于认识价值。本书将促进学科认识的教学方法归纳为 5 个步骤 "Why-What-How- 图 - 价值"，见图 14.4.2。该教学方法可以用于整节课，也能用于课堂上某个新知识的教学片段中。

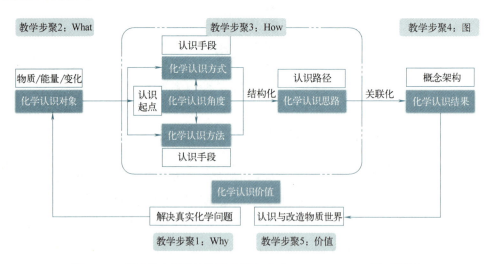

图 14.4.2　促进学生学科认识的教学方法 "Why-What-How- 图 - 价值"

① Why——该教学方法的第一步为立足真实情境，一开始提出一个或数个真实的化学问题，驱动学生思考或参与探究。目的是明确本节课教学内容的认识价值（尤其是"知识 - 技能类"类教学内容，内涵见本书第 8.1 节）。该问题最好能让学生的原有知识无法全然解决。学生为了解决问题，进而学习新的知识。譬如，对于选择性必修 2 的"溶解性"知识，教师可以从生活中的现象提问学生：为什么水是一种常见的溶剂？ H_2O 分子有何独特之处？

② What——第二步通常是明晰认识对象，快速确认解决问题需要认识哪些物质，还要

认识物质的变化或能量变化。这一步实则对应化学认识架构的认识什么，而认识什么和怎么认识无法截然分开，因此"What"与第三步"How"通常交替出现，没有严格的先后顺序。例如上述例子中，教师可让学生快速定位认识对象为 H_2O 分子后，便开始认识 H_2O 分子与溶解性的关系。

③ How——第三步开始认识。教师引导学生基于一定的化学认识方式（此处可理解为化学思维方式），从一定的认识视角出发，调用化学认识方法（即化学思维方法），对未知的新知识进行认识活动（如预测现象）和实践活动（如分组实验）。在此过程中，教师可以逐步显化认识思路（如口头总结或板书归纳）。

比如上述例子中，教师可引导学生从宏观的物质性质视角出发，用分类的化学思维方法思考：问题中的溶剂对应水的溶解性，属于物理性质，故应当从微观分子间作用力的角度解释溶解性。进而让学生切换至微观的物质结构视角，尝试解释 H_2O 的结构如何影响分子间作用力的大小，进而能分散多种溶质分子（即溶解）。学生得出"分子极性能影响溶解度大小"的解释后，教师可总结"相似相溶"的规律（新知识），并在板书中提炼认识思路"对性质分类→推理微粒间相互作用类型→用结构解释"。

④ 图——第四步是把所得知识与认识视角、方式、方法、思路等关联起来，在课堂小结环节或课后形成可视化的概念图。根据化学认识架构理论，化学认识结果应为学生头脑中的概念架构（包括知识架构和观念架构两部分）。然而在课堂教学中，学生或许难以理解抽象的观念架构。因此教学实践中，教师可主要呈现知识架构，即内容架构图（其内涵见本书第8.3 节），使新知识与旧知识形成结构化的关联。譬如，对于溶解性的知识，教师可用多媒体课件或板书展示如图 14.4.3 所示的内容架构图。此外，形成的内容架构图还可以用于解题。

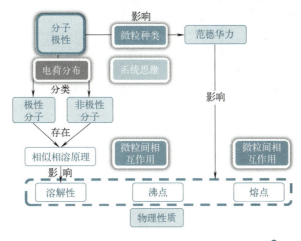

图 14.4.3　与"溶解性"相关概念的内容架构图❶

⑤ 价值——第五步通常可以让学生解释或解决一开始提出的真实问题，教师可提供生产生活案例或迁移至陌生情境，让学生体会新知识的价值，尤其凸显新知识在解决问题、拓宽视角等方面的学科价值。例如，对于溶解性的知识，教师可请学生重新解释为何水常作为溶剂，且迁移"相似相溶"的原理来解释肥皂为何能去除油污，学生从中体会"相似相溶"原理的应用价值。

---

❶ 节选自华南师范大学 2022 级学科教学（化学）专业陈丽冰、石子欣和梁正誉设计的小组作业。

（2）典例分析

促进学科认识的教学方法由本书提出，已发表的教学案例期刊论文较少。故此处展示笔者在中学一线教学的课堂片段"如何引导学生从化合价的角度认识氧化还原反应"。

初中阶段，学生是从元素视角（得失氧）认识氧化还原反应，高中阶段则转变视角重新认识氧化还原反应，包括宏观的化合价视角和微观的得失电子视角。对于化合价视角的提出，已有文献似乎倾向直接给出，而非引导学生发现。人教版、鲁科版和苏教版3个版本教材均直接提示从化合价变化来分析反应实例；期刊论文中也鲜有人提及如何逐步引导学生发现反应中化合价的变化。

然而，化学的认识发展必然有一定的过程，化学家是怎么想到从化合价角度来判断氧化还原反应的？"怎么想到"的认识过程深入学科本原，这才是发展学生化学学科核心素养的抓手。学生学习时往往只关注专家结论（比如关注反应是否属于氧化还原的判断方法），容易忽视专家思维（认识过程）。

为了促进学生对氧化还原反应视角转变的认识，笔者用"Why-What-How-图-价值"5步教学法，逐步引导学生"发现"化合价视角，体验专家的认识过程。见图14.4.4。

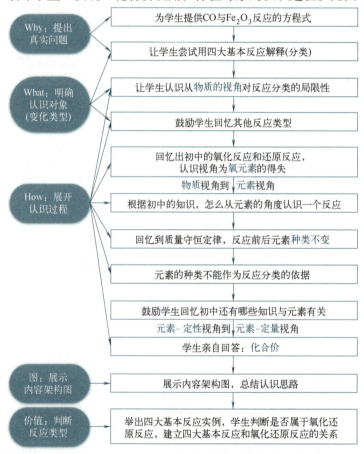

图 14.4.4　促进学生认识氧化还原反应的视角转变（物质视角→化合价视角）教学流程

首先，提出真实问题（Why）——教师举出 Fe_2O_3 与 CO 反应的例子，让学生判断其属于四大基本化学反应类型的哪一种。然后，明确认识对象（What）——学生调用初中四大基本反应"反应类型"的知识（属于变化），会发现无法将其归类于任意一种，产生思维冲突。

据此，进入认识过程（How）——教师可引导学生意识并分析四大基本化学反应类型的局限性，即它们均从物质类别或种类的数目视角来认识化学反应类型，因此仅从物质视角分类并不全面。然后，可继续引导学生回忆初中学过的其他反应类型，比如氧化反应和还原反应。在 Fe_2O_3 与 CO 的反应中，学生可以发现 Fe_2O_3 失氧元素、CO 得氧元素，可以分别归类于还原反应和氧化反应。此时教师可以外显认识视角的变化，即从物质视角转向了元素（得失）视角。

如何进一步从元素视角来认识化学反应？不少学生会想到初中学习的质量守恒定律中包含的"元素守恒"观念。然而，"元素种类"的定性视角无法作为分类标准，因为所有化学反应都符合元素种类不变的规律。因此，教师可引导学生思考其他有关元素的知识，从而引向"化合价"这一关于元素性质的定量视角，让学生标出上述反应的化合价，观察化合价的变化。

最后，总结认识过程（图）——教师用多媒体课件展示上述认识思路，见图 14.4.5。紧接着迁移应用（价值）——列举其他反应实例，引导学生判断其是否属于氧化还原反应，引导学生自主建构认识化学反应的"元素化合价"视角，从而自然引出氧化还原反应的定义和特征。同时要引导学生认识到"元素化合价升降"的视角优于"元素得失"的视角：其不仅适用于除氧元素以外的其他元素，还可以实现氧化反应和还原反应的辩证统一（即"氧化还原反应"）。

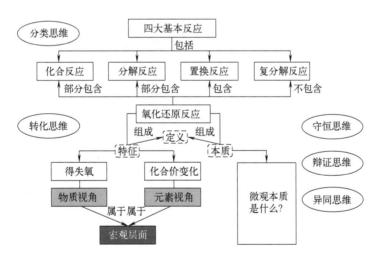

图 14.4.5 从物质角度转变为化合价角度的氧化还原反应认识思路（即第 4 步的"图"）

任务 14.4

参照图 14.4.2 中"Why-What-How-图-价值"5 个步骤，以"离子反应"为主题进行内容架构分析，并简要说说其教学流程及设计意图。

🍃 化学学科理解能为教师分析教学内容提供学科视角，帮助教师基于学科本原认识教学主题的学科价值与知识的学科功能。

🍃 根据化学学科理解的过程，可以将指向化学学科理解的教学策略分为3类：①基于本原性问题的学习任务设计策略（对应"认识什么"）；②建构认识视角的思维方式建构策略（对应"怎么认识"）；③基于概念层级结构的结构化策略（对应"如何结构化地认识"）。

🍃 科学概念的学习并非传统意义上的科学知识积累，而是一种从学生的前概念向科学概念转变的过程。概念转变的本质是科学概念对于前概念的抑制，而非完全取代。因此学生常常以多种概念解释同一种现象。

🍃 概念转变的教学方法可分为认知主义与建构主义两大派别。基于认识主义的教学方法可分为4种：①激发逻辑思辨；②激发主动认知；③激发动觉体验；④促进概念顺应。基于建构主义的教学方法可分为2种：①侧重合作学习；②加强环境建构。

🍃 促进观念建构的化学教学具有2个特点：①超越具体知识提炼基本观念，使基本观念的建构具有可操作性；②将基本观念的生成过程情境化、问题化、活动化，以问题为主线贯穿始终。

🍃 培养学生的化学基本观念需要以化学主题大概念统领的化学课程内容为载体开展教学。具体而言，促进观念建构的化学教学策略可分为3方面：①挖掘知识价值，转变学习方式；②梳理整体视角，组织单元教学；③以思维统领教学，重视迁移和反思。

🍃 促进学生的学科认识是发展学生化学学科核心素养的关键一环。化学的认识发展有一定过程，"化学家是怎么想到新知识的"的过程反映了专家的思维，深入学科本原。因此促进学科认识是发展学生化学学科核心素养的抓手。

🍃 促进学科认识的教学方法源自本书第1.2节提出的"化学认识架构"理论，分为"Why-What-How-图-价值"5个步骤。既适用于整节课教学，也适用于认识某个新知识的教学片段。其中，"图"在教学中指内容架构图。

【基础类】

🚩1. 促进观念建构的化学教学方法具体包括哪些?

🚩2. 如何在化学教学中有效促进学生的学科认识?

【高阶类】

🚩3. 在化学教学中,本原性问题被视作触发深层次学科理解的关键。请探讨在教学中如何识别和凝练出触及化学学科根本的本原性问题,并阐述这些问题如何帮助学生深入理解化学概念的核心。

🚩4. 请综合考虑化学教学的多维目标,任选一个主题,融合多种教学策略进行教学案例的设计,并结合案例说说如何利用化学概念、实验实践和科学探究活动,促进学生从基础记忆向批判性、辩证性和创新性思维转变。

🔖 郑长龙. 核心素养导向的化学教学设计［M］. 北京:人民教育出版社,2021.(基于学科理解的化学教学方法)

🔖 雷宇. 基于模型方法的高中生化学概念转变的实证研究［D］. 重庆:重庆师范大学,2017.(基于模型方法的教学干预与效果测查)

🔖 叶静怡. "化学平衡"迷思概念的转变教学研究［J］. 化学教学,2010(06):28-31.(迷思概念转变的综述)

🔖 胡欣阳,毕华林. 基于大概念促进学生化学观念的建构［J］. 中学化学教学参考,2022(13):1-4.(促进观念建构的化学教学策略)

第 **15** 章

化学学习评价

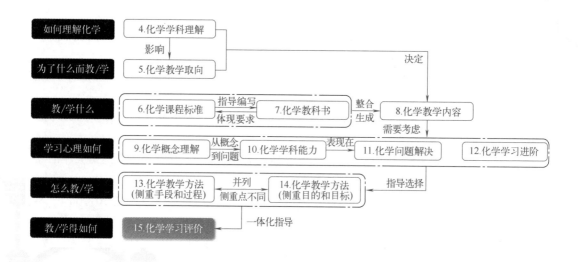

如果说，第13、14章从过程和目的两个角度系统介绍了化学教学的方法，本章就是在前述内容基础上，对学生的学习表现进行评价、反馈。化学学习评价不仅能帮助教师了解学生的学习情况，调整教学策略，更是激励学生自我反思和持续进步的动力。

化学学习评价是一个全面、系统的体系，本章首先介绍化学学习评价的三种理念，帮助读者认识不同背景下的理念发展。接着通过评价任务和评价量规的设计，为教学提供可操作的评价工具。最后从评价目标的提炼中，带领读者再次感受评价的目的是促进学生的自我发展，培养学生的终身学习能力与适应社会的能力，紧紧回扣"评价即学习"的评价理念。

本章导读

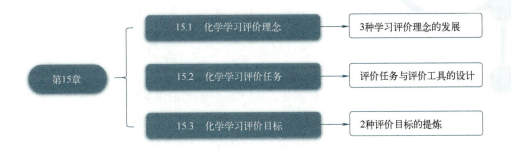

通过本章学习，你应该能够做到：

- 描述化学学习评价理念的发展
- 分析三种化学学习评价理念的异同
- 设计某一中学化学课时的评价任务
- 根据化学学习评价任务设计相应的评价工具
- 根据化学教学目标和评价任务提炼评价目标

📖 15.1 化学学习评价理念

随着教学的改革与发展，与之对应的学习评价理念也随之更新与完善。在学习评价理念中，"对学习的评价（assessment of learning）""为了学习的评价（assessment for learning）"与"评价即学习（assessment as learning）"的评价理念或是已经广为传播，或是发展势头方兴未艾，下面将进行逐一介绍。

（1）对学习的评价

学生在标准化考试中获得的成绩是关于其学习成果的评价，可称为"对学习的评价（assessment of learning）"（韩宁，2009）。标准化考试带有客观、精确和易操作的优点，是对学生学习进行评价的一种重要方式。该方式最重要的标准是"公平"，因为这种评价的目的是根据阶段性的学习成果对学生进行评定、分类和筛选。根据收集到的信息和证据对学生在一段特定时间内的学习情况进行总结，公平、公正地评定，并向学生、家长、教师和社会等传达结果，起着"甄别"和"选拔"学生的功能，化学"中考"和"高考"就是这种评价方式的代表。

在众多与评价相关的概念中，"终结性评价"也往往被称作"对学习的评价"的同义词（韩宁，2009）。"终结性评价"，顾名思义，是教师或考试组织/机构在学习结束时以某一测试来对学生的学习成果进行评价，最终以成绩这一量化方式体现评价的结果。然而，学习的过程是复杂的，仅以考试成绩对学生的学习进行评价不仅是片面的，而且往往给学生带来心理压力。而一个量化的分数既不利于学困生发掘问题进行改进，也会使部分学优生过分重视考试成绩而忽视全面发展。

（2）为了学习的评价

2020年，中共中央、国务院印发的《深化新时代教育评价改革总体方案》指出，"充分发挥评价的导向、鉴定、诊断、调控和改进作用"，并指明了新时期我国教育评价应当注重对教与学的发展性促进作用，以评促学，以评促教（中国政府网，2020）。在国际上，与之相关的研究追溯到布莱克与威廉（Black et al，1998）提出的"为了学习的评价（assessment for learning）"。显然，"为了学习的评价"是相对于"对学习的评价"而言的，其主要目的是通过评价来促进和改善学生的学习。随后，英国教育学会下属的评价改革小组（Assessment Reform Group，2002）做出界定："为了学习的评价"是寻求和阐释证据的过程，这些证据被学习者和教师用来确定学习者们当前在哪里（where），应该向哪里（where）走去以及如何（how）更有效地到达那里。

与"对学习的评价"中的"甄别"与"选拔"的评价观相比，"为了学习的评价"是一种发展性的评价观。就评价对象和评价功能而言，该评价并非对学生的学业成就进行评价，而侧重在教学活动中将学生的学习过程作为评价对象，充分注意每个学生不同的出发点，寻找效率最高的个性化学习道路，突出对学习的促进作用。就评价过程来说，"对学习的评价"是静态的、阶段式或终点式的评价，而"为了学习的评价"是动态的，从学习起点到学习终点的过程性与结果性整合的评价，贯穿整个学习过程，对学生在学习中不断调整计划、逐步实现分步目标，最终实现学习目标，起着激励和促进作用（韩宁，2009）。

　　然而，"为了学习的评价"并非完全等同于"形成性评价"，前者的内涵比后者的更为丰富。"形成性评价"通常指经常性的、和教学设计一起的考评，这种考评并非具备促进学习的所有特征（有可能某些评价只是在教学过程中起着诊断的作用）。而"为了学习的评价"对所有促进学生学习的情景都是适切的，即收集学生实际情况的信息用于提供学习如何深入地反馈（冯翠典 等，2010）。下面进一步以图 15.1.1 来说明"为了学习的评价"的典型应用场景。

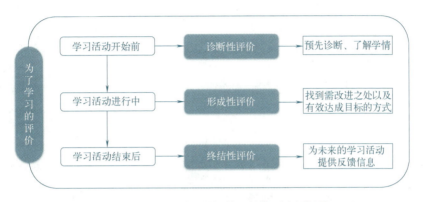

图 15.1.1　"为了学习的评价"的典型应用场景

　　此外，还有的研究者认为"形成性评价"频繁地在学习过程中评价学生是否掌握了标准，而"为了学习的评价"的目的在于学生在教师的指导下达到目标的过程中每天所取得的进步，且向评价使用者告知学生们是否以及何时可以掌握标准中包含的知识与能力（Stiggins，2002）。"为了学习的评价"更强调学生在评价中的作用，目的是帮助学生了解自己的学习，使其根据评价信息来决策以后的学习（高满满 等，2018）。

（3）评价即学习

　　进入 21 世纪，教育面临着理念创新和技术创新的双重机遇和挑战。在人工智能、大数据及互联网等前沿技术飞速进步的今天，教育必然从知识技能的培养转向学生核心素养的养成，教育评价也必然转向以促进学生核心素养发展为核心。与之相呼应的评价理念——评价即学习（assessment as learning），也日渐受到重视。

　　"评价即学习"将评价视为学习过程的一部分，强调学生的"自省"。这种评价旨在让学生在学习中学会评价（刘徽，2022），聚焦学生的元认知能力和素养发展，鼓励学生积极参与评价过程，同时参考既定的学习目标，通过自我评估、自我监控和自我调节缩小自身的学习差距并确定下一步的学习计划与学习目标（张生 等，2021）。在"评价即学习"中，学生间几乎不存在比较，它要求教师从知识的传授者转变为学生学习的引领者，让学生体会并理解自我的"认知过程"，帮助学生在学习中学会监控与调整（Earl，2003），最终将评价内化为一种习惯。

　　"为了学习的评价"具有公共性、交互性和教学性的特点，而"评价即学习"相对私密、个人和更具反思性，体现了自我调节学习的特征（Allal，2019；Lam，2018）。前者侧重外部反馈，而后者更强调内部反馈。为了使评价结果同时传递出显性信息和隐性信息，促进学生更主动地参与评价，有研究者提出了"学评融合"的观点（张生 等，2021），以推动评价活动科学、大规模、常态化地开展，促进学生的核心素养发展。

学评融合是基于数字世界的教育，统筹评价的学习性和诊断性为一体，强调以多种方式促进学生主动发展的一种评价新理念，强调人人展示分享成果，人人参与系列评价活动，通过学习过程数据与评价过程数据，建立模型来模拟学生认知、社会性、心理等多方面的发展，最终以可理解的方式呈现出来，具体如图 15.1.2 所示。

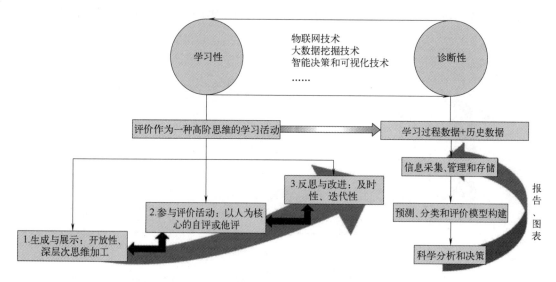

图 15.1.2　学评融合的评价模型（张生 等，2021）

学评融合的 5 个核心特征分别如下：①强调评价的学习性与诊断性的融合，具体实施过程如图 15.1.3 所示；②强调评价过程是一种高阶思维学习活动，即学生在他评中关注他人的思维模式、总结他人的优势与不足，是"知彼"的思维过程，在此基础上进一步改进自己的作品，再次认识自身，实现"知己"，这一过程达到"知己知彼"的目的，发展学生元认知能力与核心素养；③强调基于学习过程的诊断评价，即利用信息化环境使教育评价可评、可测、可视，做到实时性、动态性、发展性和可理解性；④强调对数字世界的运用；⑤强调保持学生的好奇心。

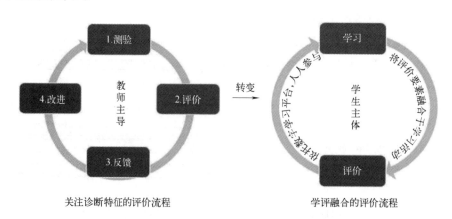

图 15.1.3　"评价即学习"理念下的评价流程转变

目前，大规模线上与线下融合教育为评测提供了多元化、异构化和高维化的多模态数据，使在线学习和个性化学习成为常态，是"以学习者为中心"的教学转型。因此，"评价即学习"不仅是对传统教育评价体系的一次深刻变革，更是对"全面发展的人才"培养模式和"终身学习"生活方式的促进，为构建一个更加开放、包容、可持续发展的教育体系奠定了理论与实践的双重基础。

（4）3 种评价理念之间的关系

如前所述，3 种评价理念在评价功能、评价参与者、评价方式等维度存在差异，具体如表 15.1.1 所示。"对学习的评价"到"为了学习的评价"再到"评价即学习"理念的更迭，反映了教育评价从单一到多元、由静态到动态、从结果导向到过程与结果并重的转变趋势。

表 15.1.1　3 种评价理念之间的区别（杨丽萍 等，2022）

维度	对学习的评价 （assessment of learning）	为了学习的评价 （assessment for learning）	评价即学习 （assessment as learning）
评价功能	评价学习成就	改进学习或教学	发展学生能力与素养
评价参与者	教师主导	学生参与度更高	以学生为中心
评价方式	纸笔测试	课堂评价	交互式、虚拟式评价
数据类型	作答结果数据	作答数据、行为数据	多模态数据
评测模型	经典测量模型（CTT） 项目反应理论（IRT）	经典测量模型（CTT） 项目反应理论（IRT） 认知诊断模型（CDM）	计算心理测量
应用场景	标准化测验	课堂评价	自适应学习

📖 15.2　化学学习评价任务

在教学中，评价学生是否达成教学目标关键是要设计学习评价任务。而学生完成评价任务后，需要有量化的评价工具来辅助反馈。

（1）化学学习评价任务的设计

在素养导向的化学学习评价中，评价任务是落实教学目标的重要载体。对于评价任务的设计，主要包含评价内容（内容要素）和评价方式（方法要素）两个方面，如图 15.2.1 所示。

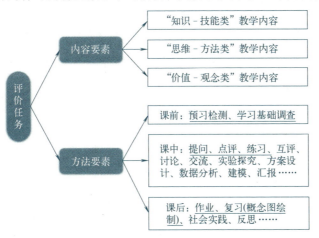

图 15.2.1　化学学习评价任务的设计（邓峰 等，2022）

图中下划线部分属于教师主导的评价方法，其余则为学生主导

在评价内容的提炼中，可根据课标中的"内容要求""学习活动建议""情境素材建议""学业要求"等对课程内容进行整理与提炼，紧接着参考教材中的目录、章节引言、栏目与正文等内容进一步完善，最后结合前两部分内容归纳出该课时的三类教学内容。

在评价方法方面，可以按课程进行的阶段将评价方法划分为课前评价方法、课中评价方法和课后评价方法，具体如图 15.2.1 所示。除此之外，还有研究者（杜剑，2019）从评价维度将评价方法分为考分评价（即终结性评价，用于客观评价学生）、档案袋评价（全面评价学生）、过程性评价（全程评价学生）和差异性评价（分类评价学生）。

在素养导向的化学教学中，评价学生的素养是否得到发展要通过学生在真实情境问题解决中的行为表现。因而，在设计评价任务时，可优先考虑包含真实性问题情境的表现性任务，防止学生在问题解决中进行低通路迁移（刘徽，2022）。譬如，若要考查学生氧化还原反应方程式的书写，可以选择在化工流程题的真实情境下进行考查，要求学生根据题给信息挖掘反应物、生成物与反应条件，再进行配平。因此，在设计评价任务时要充分考虑考查方式，避免高阶评价任务变为低阶评价任务。

与此同时，由于评价最终指向考查学生能否在一个真实情境中解决问题，且素养目标的复杂性导致评价呈现连续体的形态。评价连续体指的是评价类型一体化（即"对学习的评价""为了学习的评价"和"评价即学习"三者要相互配合），同时也指评价方法的一体化，包含封闭式题目和大量的学生设计、观点和表现的评价，分别用于测量低阶和高阶水平的学科能力（刘徽，2022）。

案例 15.1

➤ 提炼三类教学内容（共价晶体 第一课时）

类别	教学内容
"知识 - 技能类"	共价晶体的微粒种类、微粒相互作用、微粒空间排布、共价晶体的微观结构对于晶体物理性质及其变化规律的影响、应用价值
"思维 - 方法类"	结构决定性质、宏微结合
"价值 - 观念类"	微粒观、结构观、模型观、化学价值观

➤ 设计评价任务（共价晶体 第一课时）

板块	评价任务
板块一 基于微粒种类及微粒间作用力认识共价晶体	通过提问与点评，诊断并发展学生基于微粒、微粒相互作用力视角认识共价晶体的思维水平
板块二 基于微粒的聚集程度分析共价晶体的结构	通过提问与点评，诊断并发展学生基于原子成键方式认识共价晶体的聚集程度的思维水平
板块三 基于微观结构解释共价晶体的物理性质	通过小组讨论与评价，诊断并发展学生基于"结构决定性质"的认识思路解释同种或不同类型晶体性质差异的思维水平
板块四 感受共价晶体的应用价值	通过小组讨论与评价，诊断并发展学生基于结构、性质视角认识共价晶体价值的建模水平

（2）化学学习评价工具

操作性强的评价工具不仅有利于教师对学生的学习任务达标情况进行评价，也有利于学生明确努力的方向（杨梓生 等，2017）。在评价时，既包含必要的主观判断，更需要开发评价工具指导评价，以确保评价的合理可靠性（孔凡哲，2016）。按照评价对象，评价工具主要分为导学案评价工具、提问与点评评价工具和作业与练习评价工具等。

评价工具的设计思路如图 15.2.2 所示。其中，在提炼评价维度时，要做到以下三点。①满足互斥原则。各维度之间不能交叉重叠，因此在编制评价维度时要按照同一标准进行分类。②维度要有多层次和多方面，但同时不建议划分过多维度，避免给实际的操作带来困难。③对维度可以赋予权重。若各维度之间的重要程度不一致时，可以用权重加以表示，或者直接给每个维度赋分（刘徽，2022）。

图 15.2.2　学习评价工具的设计思路（胡久华 等，2024）

在完成初版评价工具的设计后，有必要进一步对其进行多轮次的修订与完善，以增强其可靠性与可操作性。"理论研讨"与"实践应用"是修订过程中的两个关键阶段。在理论研讨中，可以邀请专家或一线教师重点对评价量规的框架、结构和内容进行探讨并提供修改建议，以增强评价量规的效度。而在实践应用阶段，则需通过课堂观察记录学生的行为表现，结合访谈获得学生与老师对量规内容与使用方法的反馈，以提高评价量规的可操作性。

案例 15.2

> **➤ 提问与点评评价工具（节选）**

评价项目	评价标准	评分
依据杂化轨道理论从原子成键角度，用语言阐释金刚石的结构	能完全回答正确，逻辑清晰，包含以下要素： 1. 金刚石晶体的碳原子周围连接 4 个碳原子，根据杂化轨道理论，可判断 C 的原子成键方式为 sp^3。 2. 从碳原子成键的方向性和饱和性上可推断金刚石呈现空间网状结构	3
	能答到关键点，但不能概括关联： 1. 碳原子周围连接 4 个碳原子，根据杂化轨道理论，可判断 C 的原子成键方式为 sp^3。 2. 能描述金刚石为空间网状结构，但难以关联原子成键方式解释金刚石的结构	2
	只能答到少数关键点，不能概括关联： 1. 碳原子周围连接 4 个碳原子，根据杂化轨道理论，可判断 C 的原子成键方式为 sp^3。 2. 难以关联原子成键方式解释金刚石的结构	1
	无法理解问题：不合逻辑；胡乱猜想和重复；空白	0

> **任务 15.1**
>
> 请你与同伴以人教版教材中的某一课时为例，对其进行评价任务与评价工具 / 量规设计。

📖 15.3 化学学习评价目标

在不同时代背景下，化学学习目标有不同的内涵与形式。相应地，所编制的化学学习评价目标也有所差异，下面将对其进行介绍。

（1）化学学习评价目标的内涵与发展

核心素养为本的评价观关注化学教学目标的达成程度与学业质量水平。评价目标与教学目标紧密联系，教学目标指导评价目标的撰写，而评价目标又能对教学目标予以适当的反馈。以鉴定、引导、促进学生化学核心素养的发展为目的，化学学习评价任务为构成因素，化学评价目标主要由反映学生实际化学学习能力、指向真实问题解决的若干个具体的化学评价任务构成（赵铭燕，2024）。新课程改革明确提出了立德树人这一育人目标，确定了学科教学从学科本位逐渐转向学生本位，从学生的卷面成绩到学生的综合素养发展，我国化学学习评价目标以此为依据，变革的发展路径可分为改革纸笔测试、推进表现评价、开拓过程评价，体现了我国化学教育深化学习评价改革，落实立德树人的理念，不断提高教学质量水平（崔允漷，2022）。

① 改革纸笔测试。

历年来，考试评价的主要方式是纸笔测试，评价目标往往只停留于所学内容的回忆及熟悉程度。然而，在指向核心素养的变革下，所命制的试题整合了不同的考查维度，要求学生能够在不同的情境下，提取所学的内容知识、程序性知识和认识论知识，解决相应问题。与此同时，试题的情境更加新颖、真实且贴近生活，与学业质量水平更适配，教师也能根据学生作答的情况，推断出其核心素养发展水平。

② 推进表现评价。

表现评价目标是素养导向的评价改革的着力点，主要通过设定评判标准考查学生在特定情境中运用所学知识去解决实际问题的能力，进而根据学生在解决问题中的过程与结果表现，推断其学业水平达成程度，得出核心素养发展情况。在此基础上，需要构建出一个合理的评价体系，能够超越只注重"双基"的纸笔测试。从表现评价上看，不仅需要关注到学生"知道什么"，更要评价学生"能做什么"；不仅关注表现结果，更要注重学生在过程当中的表现；不仅对某个学习领域及方面进行评价，更加注重综合运用知识的表现能力。可见，表现评价目标将对学生有更加全面系统的认识，避免出现"高分低能"问题。

③ 开拓过程评价。

随着科学技术的不断发展，推动人工智能、大数据等现代技术与评价方式相结合，可对评价对象有全方位的检测了解。且在评价过程中可实时采集数据，得到相应的反馈。传统教育理念中，有许多的问题可能无法有清晰的评判标准，但是通过引入新兴科技，将产生可量化的标杆，使传统上"不可评"的品格和观念成为可评判的对象，评价也逐渐拓展到

"难以测量的素养"（马小妹，2023）。过程评价能够形成阶段性评价结果，根据评价结果可具体分析每个学生的情况，设定个性化的方案，优化评价目标，对学生形成差异性评价，促进人才培养。

（2）化学学习评价目标的编制与案例

化学学习评价目标的编制同样可遵循"ABCD"原则（邓峰 等，2022），主要依据"教学目标"和"学习任务"，基于不同的教学内容提炼学习评价目标。

根据评价侧重点的不同，化学学习评价目标通常分为表现型评价目标与内容型评价目标。前者侧重化学核心素养的能力要求（行为表现），后者则侧重于核心素养的内容要求（内涵表达），二者相辅相成。接下来，本文将通过具体案例，深入剖析并展示这两类学习评价目标的设计与实施方法。以"氯及其化合物"评价目标的撰写为例，分别对表现型、内容型评价目标的提炼进行说明。其中，所依据的教学目标、学习任务以及两种评价任务如下所示，据此可分别对两种类型的评价目标进行提炼。

素材

【氯及其化合物】
· 教学目标：通过对含氯物质及其转化关系的认识过程，建立物质性质与物质用途的关联
· 学习任务：讨论、汇报对含氯物质转化关系的梳理情况
· 表示型评价任务：诊断或发展学生认识物质及其转化的思路水平
· 内容型评价任务：通过交流与点评，诊断或发展学生认识物质及其转化的思路水平

① 表现型评价目标。

表述思路

【表现型评价目标】能从<u>物质类别与元素价态视角</u>（Ⅱ类内容要素），用语言和文字表达<u>含氯物质之间的转化关系</u>（Ⅰ类内容要素）。

如上例子中，在表现型评价目标的表述上，往往先以"能"开头，下划横线的第一段文字为"Ⅱ类"内容要素，表示内容架构分析中的"思维 - 方法"教学内容，然后加上行为表现动词，表达"Ⅰ类"内容要素，即为内容架构分析中的"知识 - 技能"教学内容。具体的表述方式为："能"＋内容要素（Ⅱ类）＋行为表现动词＋内容要素（Ⅰ类）。

以下将结合上述"ABCD"原则对表现性评价目标进行分析。

首先，表现型评价目标的"Audience"为学生，即教学目标的主语，在此处省略。其次，表现型评价目标中的"评价什么"中包含的具体行为和能力属于"Behavior"。譬如，上述"用语言文字表述含氯物质之间的转化关系"属于"Behavior"。"Condition"对应表现型评价目标中的"如何评价"部分，即评价对应教学内容所需的条件或情境。譬如，"从物质类别和元素价态视角"即为实现其教学内容的"Condition"。"能"一词即表示其评价的程

度，属于"Degree"。

> ## 任务 15.2
>
> 请你参考上述分析过程，以人教版高中化学必修第一册中的"物质的量"为例，根据"教学目标""学习任务"，提炼出内容型评价任务，并撰写表现型评价目标。

② 内容型评价目标。

> ## 表述思路
>
> 【内容型评价目标】通过对含氯物质转化关系（Ⅰ类内容要素）的交流与点评（方法要素），诊断并发展学生对物质及其转化思路的认识水平（Ⅱ类内容要素）。

如上例子中，内容型评价目标表述上，往往先以"通过"开头，下划横线的第一段文字为"Ⅰ类"内容要素，表示内容架构分析中的"知识 - 技能"教学内容，然后加上方法要素，并表达"Ⅱ类"内容要素，即为内容架构分析中的"思维 - 方法"教学内容。具体的表达方式为："通过" + 方法要素 + 内容要素（Ⅰ类），"诊断或发展" + 内容要素（Ⅱ类）。

首先，内容型评价目标的"Audience"为学生，即教学目标的主语，在此处省略。其次，内容性评价目标中的"评价什么"中包含的具体行为和能力属于"Behavior"。上述例子中，"对物质及其转化思路的认识水平"属于"Behavior"。其中，"诊断并发展"表示其评价的程度，属于"Degree"。再者，"Condition"对应内容型评价目标中的"如何评价"部分，即评价对应教学内容所需的条件或情境。"通过对含氯物质转化关系的交流与点评"即为实现其教学内容的"Condition"。

> ## 任务 15.3
>
> 请你参考上述分析过程，以人教版高中化学必修第一册中的"铁及其化合物"为例，根据"教学目标""学习任务"，提炼出内容型评价任务，并撰写内容型评价目标。

综上所述，化学学习评价目标的编制并不是凭空而来，需要先对章节的"教学目标"和"教学内容"进行提炼，并用于指导表现型评价任务及内容型评价任务的设计，再结合内容生成最终的化学学习评价目标。需要注意的是，无论在表现型还是内容型评价目标中，都需要量化其行为的程度或标准。基于在实际编写中容易忽略的问题，从案例分析中，可见在写评价目标时，应当以核心素养为导向，结合但不局限于知识 - 技能类、思维 - 方法类教学内容，编制出更加完善的评价目标，不断丰富化学学习评价目标的内涵。

> ## 任务 15.4
>
> 请你在现有的一篇教学设计的基础上，撰写清晰、具体且具有可操作性的化学学习评价目标。

　　🟢 学生在标准化考试中获得的成绩是关于其学习成果的评价，可称为"对学习的评价"。该方式最重要的标准是"公平"，因为这种评价的目的是根据阶段性的学习成果对学生进行评定、分类和筛选，起着"甄别"和"选拔"学生的功能。

　　🟢 "为了学习的评价"的主要目的是通过评价来促进和改善学生的学习，该方式的评价过程是寻求和阐释证据的过程，这些证据被学习者和教师用来确定学习者们当前在哪里（where），应该向哪里（where）走去以及如何（how）更有效地到达那里。

　　🟢 "评价即学习"将评价视为学习过程的一部分，强调学生的"自省"。这种评价旨在让学生在学习中学会评价，聚焦学生的元认知能力和素养发展。

　　🟢 评价任务是落实教学目标的重要载体。评价任务的设计主要包含评价内容（内容要素）和评价方式（方法要素）两个方面。化学评价任务由多个指向真实问题解决的具体任务组成，这些任务能真实反映学生的化学学习成效。

　　🟢 按照评价对象，评价工具主要分为导学案评价工具、提问与点评评价工具和作业与练习评价工具等。评价工具的设计思路首先是明确素养要求、提炼评价维度，其次是定位关键维度和设计评价指标，接着是制定评价标准和划分水平级差。其中，在提炼评价维度时，要做到：①满足互斥原则；②维度要有多层次和多方面；③对维度可以赋予权重。

　　🟢 评价目标与教学目标是相辅相成的，教学目标为评价目标的制定提供指导，而评价目标则能对教学目标实施效果进行有效反馈。评价目标的核心旨在鉴定、引导和促进学生化学核心素养的发展，通过具体、实际的化学评价任务来反映学生的化学学习能力及解决实际问题的能力。初高中化学课标以核心素养为导向，形成"目标一族"，为化学学习评价目标的制定提供框架和依据。

　　🟢 化学学习评价目标通常分为表现型评价目标与内容型评价目标。前者侧重化学核心素养的能力要求（行为表现），后者则侧重于核心素养的内容要求（内涵表达），二者相辅相成。

【基础类】

⚑1.化学学习评价任务与学习活动之间有何异同？

⚑2.表现型评价目标和内容性评价目标有何异同？

【高阶类】

⚑3.随着教育技术的发展，评价量规可以与哪些技术工具整合，以提高评价的效率和准确性？请提出一种整合方案，并讨论其潜在的优势和挑战。

拓展阅读

◀ 韩宁.从关于学习的评价到为了学习的评价［J］.中国考试（研究版），2009（8）：17-21.（学习评价理念的转变）

◀ 刘徽.大概念教学：素养导向的单元整体设计［M］.北京：教育科学出版社，2022.（学习评价理念；学习评价任务）

◀ 胡久华，张瑞林，王东宁.化学项目式学习评价量规的设计与使用——以初中化学"合理使用金属制品"项目为例［J］.化学教学，2024（4）：21-25，70.（评价工具/量规的设计）

第 3 篇

化学学科教学知识的整合应用

第 16 章

化学教学设计

在第 4 ～ 15 章，我们逐步了解一位职前化学教师所需要掌握的学科教学知识。其中，化学学科理解（第 4 章）是设计教学的起点，素养导向的教学目的和教学目标（第 5 章）是设计教学的终点。完成一份优质的化学教学设计需要具备化学课程知识（第 6 ～ 8 章）、学情知识（第 9 ～ 12 章）、策略知识（第 13、14 章）和评价知识（第 15 章）的支撑。如何运用上述知识，完成一份系统、自洽的化学教学设计？或者说，化学教学设计有哪些步骤？本章将基于化学教学理解理论（CPU），介绍化学教学设计的三大步骤。

本章导读

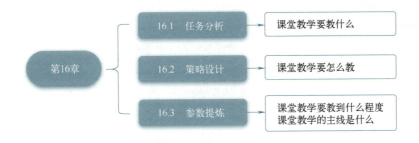

通过本章学习，你应该能够做到：

- 以架构图形式呈现某课时的化学教学内容
- 从发展需求、已有基础、困难障碍三个方面对学生的学习特征进行分析
- 设计某课时每个教学板块对应的化学学习任务、活动
- 结合某一课时具体内容设计评价任务
- 从不同角度提炼化学教学主线

化学教学设计是一个系统化规划教学系统的过程，也是教师在实施化学教学前所需的备课工作之一。本书介绍的化学教学设计模式是基于化学学科理解理论（chemistry pedagogical understanding，CPU）提出的 CPU 系统设计模式（邓峰 等，2022）。CPU 指的是教师在理解化学课程与具体学情的基础上，结合具体教学情境设计并运用有助于学生理解特定化学主题的各种教学与评价，以达到特定取向教学目的的一种具有建构性、动态性与系统性的知识，上述组分间的内涵关系见图 16.0.1。CPU 系统设计模式如图 16.0.2 所示，主要包括任务分析（A）、策略设计（B）与参数提炼（C）三个子系统，其中 A 为 B 的基础，同时 A 与 B 为 C 提供依据。

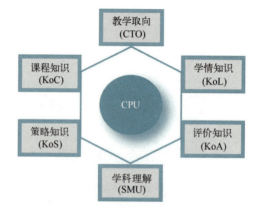

图 16.0.1　CPU 理论的 6 种组分

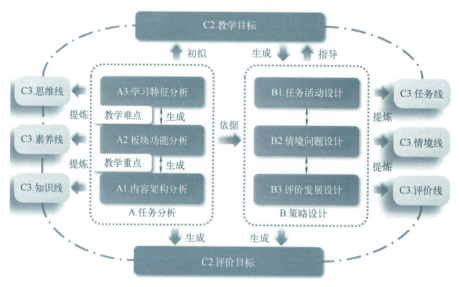

图 16.0.2　CPU 系统设计模式

📖 16.1　任务分析

"任务分析（A）"子系统包括（对某一节化学课）教学内容架构分析（A1）、课堂教学板块功能分析（A2）以及化学学习特征分析（A3）三个要素。下面将对这三个组分分别进行介绍。

（1）内容架构分析

"内容架构分析"指的是基于化学课程内容与化学教科书内容进行解读与重组以确定某一化学课时的教学内容，并按照其性质进一步划分为"知识 - 技能类""思维 - 方法类"与"价值 - 观念类"内容，然后对三类内容及其之间的联系进行较全面与系统梳理的过程。化学课程内容（如"内容要求"）与化学教材（教科书）内容（如章引言、章节标题等）是进行内容架构分析的主要依据（见图 16.1.1）。

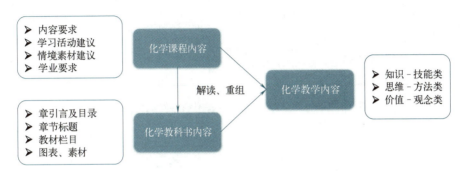

图 16.1.1　化学教学内容分析的依据

下面以选择性必修 3 "有机合成"为例，呈现内容架构分析过程。

① 首先，根据课程标准分析化学课程内容并使用表格（如表 16.1.1 所示）整理，对其进行整合与提炼。

表 16.1.1　课程内容分析实例

项目	课程内容
内容要求	认识有机合成的关键是碳骨架的构建和官能团的转化，了解设计有机合成路线的一般方法。体会"绿色化学"思想在有机合成中的重要意义
学习活动建议	引导学生从反应物和生成物的官能团转化与断键成键的角度概括反应特征与规律。活动类型要兼顾正向合成和逆向合成任务，引导学生关注结构对比、官能团转化和碳骨架构建；通过合成路线的评价活动使学生体会官能团保护、绿色设计等思想
情境素材建议	有机合成的案例，例如，季戊四醇、长效缓释阿司匹林、肉桂酸乙酯、有机玻璃的单体（甲基丙烯酸甲酯）、苯甲酸苯甲酯、医用胶的合成路线
学业要求	能综合应用有关知识完成推断有机化合物、检验官能团、设计有机合成路线等任务

② 然后分析化学教科书中的目录、章引言、节引言、栏目与正文（见表 16.1.2）等部分的内容。

表 16.1.2　教科书内容分析实例

位置	教科书内容	分析
目录	第三章　烃的衍生物　53 　第一节　卤代烃　54 　第二节　醇　酚　59 　第三节　醛　酮　68 　第四节　羧酸　羧酸衍生物　73 　第五节　有机合成　84	通过学习烃和烃的衍生物的性质，进一步认识各种有机反应类型以及官能团的转化，为有机合成的系统学习打下基础

续表

位置	教科书内容	分析
章引言	能团决定。基于官能团和化学键的特点及有机反应规律，可以推测有机化合物的化学性质，并利用其性质实现相互转化，进行有机合成。有机合成在创造新物质、提高人类生活质量和促进社会发展方面发挥着重要作用。	章引言提到"有机合成在创造新物质、提高人类生活质量和促进社会发展方面发挥着重要作用"，说明在本章学习中应关注有机合成的社会价值，发展学生"社会责任"的化学学科核心素养
正文	1. 构建碳骨架 碳骨架是有机化合物分子的结构基础，进行有机合成时需要考虑碳骨架的形成，包括碳链的增长和缩短、成环等过程。 2. 引入官能团 有选择地通过取代、加成、消去、氧化、还原等有机化学反应，可以实现有机化合物类别的转化，并引入目标官能团	教材介绍了有机合成的两个主要思路：构建碳骨架和引入官能团。后面资料卡片中还涉及简单的成环反应。同时，在合成路线中应使学生体会官能团保护的思想

③ 结合课程内容与教科书内容归纳该课时三类化学教学内容（见表 16.1.3）。

表 16.1.3　教学内容实例

知识 - 技能类	思维 - 方法类	价值 - 观念类
碳骨架的增长、缩短、成环	结构决定性质 模型认知	分类观 变化观
官能团的转化与保护		
有机合成方法的基本思维模型		
正合成分析法	证据推理 模型认知	社会观 绿色观 能量观 安全观
逆合成分析法		
有机合成路线的选择		

在内容分析的基础上，以图形（如概念图）的形式呈现三类化学教学内容之间的关系。例如，可以"知识 - 技能类"内容为载体，分析其所承载的另外两类教学内容，最终形成某课时的内容架构图，见图 16.1.2。

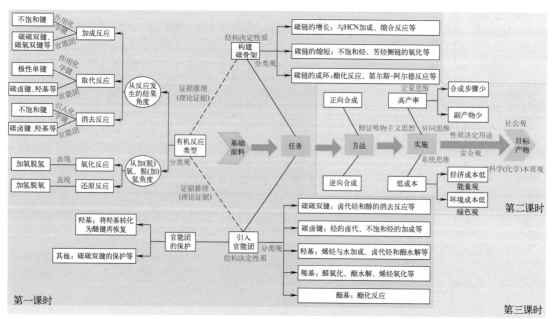

图 16.1.2　"有机合成"单元教学内容架构图

任务 16.1

请你梳理"硫及其化合物"的教学内容，并绘制内容架构图。

（2）板块功能分析

"板块功能分析"指的是按照一定的逻辑（可以是学科逻辑、认知逻辑、内容逻辑等），将一节课的化学教学内容划分为数个"小的整体"（简称"板块"）（郑长龙，2010），并分析每个板块能发展学生哪些化学学科核心素养以及素养的发展水平。板块功能分析包括三大步骤，一是基于逻辑对板块进行划分命名，二是对板块衔接进行分析，三是对每个板块承载的素养功能进行设计与分析。板块划分的依据为上述内容架构分析以及概念逻辑（如并列、递进、从属）、学科逻辑、教学逻辑与认知逻辑等衔接关系；板块功能分析的主要依据主要包括内容架构分析（A1）、课程标准中的化学核心素养及其水平划分，具体如图 16.1.3 所示。

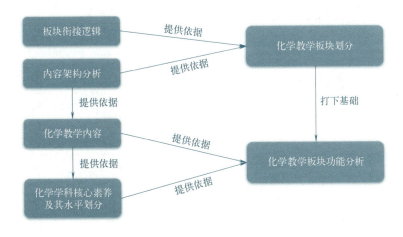

图 16.1.3　板块功能分析的依据

下面以人教版选择性必修 1 "弱电解质的电离平衡"为例，介绍板块功能分析的过程。

① 首先，根据内容架构分析及概念之间的逻辑，将该节课划分为三个板块，见图 16.1.4。

② 同样，根据内容架构分析的结果以及概念之间的学科逻辑，梳理板块之间的逻辑关系，见图 16.1.5。

③ 最后结合内容架构分析与课程标准中的化学核心素养及其水平划分来分析板块的功能，如表 16.1.4 所示。

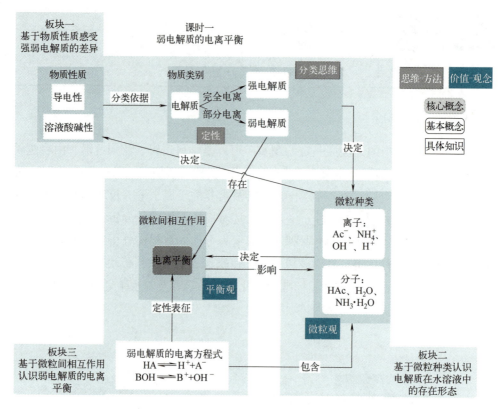

图 16.1.4　板块划分实例

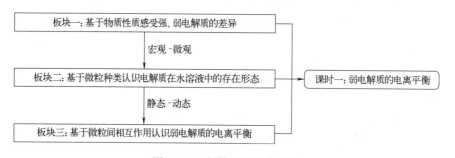

图 16.1.5　板块逻辑划分实例

表 16.1.4　板块素养功能实例

板块划分	板块素养功能
板块一 基于物质性质感受强、弱电解质的差异	1-1 能从电解质的导电能力、pH 等性质入手，形成对强、弱电解质差异的初步表征
板块二 基于微粒种类认识电解质在水溶液中的存在形态	1-2 能根据微粒图示描述电解质在水溶液中的存在形态并对电解质进行分类
板块三 基于微粒间相互作用认识弱电解质的电离平衡	1-3 能运用电离方程式说明弱电解质在水溶液中的电离过程； 2-2 能从微粒间相互作用的角度，运用动态平衡的观点看待和分析弱电解质在水溶液中电离所达到的电离平衡状态； 3-3 能依据弱电解质在稀释过程中电导率的变化，通过定性分析和定量计算推出水溶液中存在电离平衡

注：1-1 代表素养一"宏观辨识与微观探析"的水平一，后同。

（3）学习特征分析

"学习特征分析"指的是对学生关于某一化学课时内容学习的已有基础、发展需求与困难障碍进行分析的过程，见图16.1.6。分别对应学生学习的认识起点、学习本节课后的认识终点和学习过程的难点。

图16.1.6 化学学习特征分析过程

下面以选择性必修2"原子核外电子的运动状态"为例介绍学习特征的分析过程。

① 根据教科书内容、文献查阅或自身教学经验，分析得到学生已有的知识、技能、思维和观念，见表16.1.5。

表16.1.5 已有基础提炼实例

已有基础	提炼依据
能说出原子的构成以及构成微粒的特征	人教版必修第一册教材正文P86→认识原子结构 **一、原子结构** 我们知道，原子由原子核和核外电子构成，原子核由质子和中子构成。原子的质量主要集中在原子核上，质子和中子的相对质量①都近似为1，如果忽略电子的质量，将核内所有质子和中子的相对质量取近似整数值相加，所得的数值叫做质量数。 质量数(A) = 质子数(Z) + 中子数(N) 在含有多个电子的原子里，电子分别在能量不同的区域内运动。我们把不同的区域简化为不连续的壳层，也称 图4-1 电子层模型示意图
能绘制给定原子序数的原子结构示意图（核外电子分层排布示意图）	人教版必修第一册教材正文P86→原子结构示意图 图4-1)，分别用$n=1$，2，3，4，5，6，7或K、L、M、N、O、P、Q来表示从内到外的电子层。 在多电子原子中，电子的能量是不相同的。在离核较近的区域内运动的电子能量较低，在离核较远的区域内运动的电子能量较高。由于原子中的电子是处在原子核的引力场中（类似于地球上的万物处于地心引力场中），电子一般总是先从内层排起，当一层充满后再填充下一层。那么，每个电子层最多可以排布多少个电子呢？ Na (+11) 281 KLM 图4-2 钠原子的核外电子排布
能基于原子视角认识物质的构成	人教版必修第一册教材正文P21→从原子结构视角分析氧化还原反应本质 进行分析。 从原子结构来看，钠原子的最外电子层上有1个电子，氯原子的最外电子层上有7个电子。当Na与Cl_2反应时，钠原子失去1个电子，带1个单位正电荷，成为钠离子（Na^+）；氯原子得到1个电子，带1个单位负电荷，成为氯离子（Cl^-），这样双方最外电子层都达到了8个电子的稳定结构（如图1-13）。反应中钠元素的化合价从0价升高到+1价，Na被氧化；氯元素的化合价从0价降低到−1价，Cl_2被还原。在这个反应中，发生了电子的得失，Na发生了氧化反应，Cl_2发生了还原反应。 图1-13 NaCl的形成示意图

② 根据课程标准的内容要求、学业要求，以及该课时的教学内容，分析得到学生的发展需求，见表16.1.6。

表 16.1.6　发展需求提炼实例

发展需求	提炼依据
能举例说明原子结构模型发展演变的历程	【内容要求】 1.1　原子核外电子的运动状态 了解有关核外电子运动模型的历史发展过程，认识核外电子的教学内容"原子结构模型发展演变的历史" 如何认识核外电子的运动状态？→化学史视角 阴极射线实验 —提出→ 葡萄干布丁模型 —无法解释→ α粒子散射实验 —提出→ 核式/行星模型 —无法解释→ 氢原子线状光谱 —提出→ 玻尔原子结构模型 —无法解释→ 多电子原子光谱 —提出→ 量子力学模型
能说明原子光谱在原子结构研究中的作用	【学业要求】 1.　能举例说明人类对物质结构的认识是不断发展的，并简单说明促进这些发展的原因。 2.　能说明原子光谱、分子光谱、X射线衍射等实验手段在物质结构研究中的作用。
能使用对比的方法分析原子结构模型，认识不同模型的异同点	课程标准的学业要求 分区、周期和族的划分。能列举元素周期律（表）的应用。 5.　能说明建构思维模型在人类认识原子结构过程中的重要作用，能论证证据与模型建立及其发展之间的关系。能简要说明原子核外电子运动规律的理论探究对研究元素性质及其变化规律的意义。

③ 根据文献研究、教学经验以及课前调查或诊断等方式探查学生关于某课时的化学学习困难障碍及其背后的原因，见表 16.1.7。

表 16.1.7　困难障碍提炼实例

困难障碍	提炼依据
困难障碍：难以理解核外电子运动状态的概率性。 原因：受宏观世界中"轨迹确定"认识的影响。 具体表现：产生"电子有具体运动轨迹"的观点，这本质上体现的是学生对微观粒子本质特征"波粒二象性"的认识缺失和"尺度思维"的缺失——缺少能结合观测尺度的差异（从宏观和微观相结合的视角）认识物质运动状态区别的思路	(2)学生对电子运动持有较强的轨道观念 约70%的学生认为电子沿一定轨道运动，但他们对轨道形状的描述却各不相同，这在访谈和问卷调查中得到了一致的结果。大多数学生认为电子按照圆形轨道在核外运动，描述氢原子核外电子绕核运动的轨迹时，54.3%的学生认为2个电子在同一轨道，朝同一方向运动，这显然是由原子结构示意图联想到；部分学生认为电子的绕核运动是受原子内部万有引力的作用，像行星一样形成椭圆轨道；甚至有的学生画出了不同电子在交叉的轨道上运动，形状就像中央电视台的台标，学生可能把台标动画当 (2)用宏观原理解释微观现象 微观物质的不可视性使学生缺少感性认识。他们自觉或不自觉地把对宏观事物和现象的知识和认识方法套用于微观世界。如：学生用万有引力解释电子的绕核运动；用行星或卫星的运转解释电子 <p style="text-align:right">（王磊 等，2002）</p>

📖 16.2　策略设计

前一小节"任务分析（A）"是"策略设计（B）"的基础。"策略设计（B）"子系统包括化学学习任务活动的设计（B1）、化学教学情境或问题的设计（B2）以及化学学习评价的设计三个要素（B3）。

（1）任务活动设计

任务活动设计主要包括任务设计与活动设计，是为了实现一定的教学目标以及落实某些内容而对师生共同完成学习课题及其步骤、行为的设计。基于 CPU 系统设计理论，化学学习任务或活动可基于前述教学内容架构分析、各板块对应的教学内容及其素养功能分析、学生的困难障碍与发展需求分析等进行设计。同时，课程标准中的"教学策略"或"学习活动建议"等栏目也对学习任务或活动的设计具有借鉴作用。

下面以人教版选择性必修 1 "电离平衡常数"课时中的板块一"基于微粒数量认识弱电解质的电离平衡"为例，介绍如何整合"内容架构分析""板块功能分析"与"学习特征分析"等成果综合设计化学学习任务活动，见表 16.2.1。

表 16.2.1　任务活动设计实例

活动	依据
活动 1.1.1：教师根据教材表格填写不同浓度的 CH_3COOH 达到电离平衡时 H^+、CH_3COO^-、CH_3COOH 分子的浓度。 活动 1.1.2：教师引导学生回忆化学平衡常数相关知识，并结合表格中各微粒浓度之间的关系，引导学生迁移思考 CH_3COOH 电离平衡的微粒数量是否存在定量关系。 活动 1.1.3：教师引导学生书写 CH_3COOH 电离平衡常数表达式，类比化学平衡常数的含义，尝试对电离平衡常数下定义	【素养功能】 　能运用弱电解质的电离方程式和电离平衡常数及其表达式进行定量计算，从微粒数量出发说明弱电解质的电离平衡。 【发展需求】 　能说出电离平衡常数的含义，书写出电离平衡常数的表达式，并进行简单计算。 【已有基础】 　已了解化学平衡常数的含义，能书写化学平衡常数的表达式并进行简单计算；了解醋酸是一种常见的弱酸。 【困难障碍】 　平衡常数不再变化时，弱电解质就达到电离平衡

在此案例中，主要基于内容架构分析（如"知识 - 技能"类内容包括电离平衡常数的定义，"思维 - 方法"类内容包括定性 - 定量），结合化学必修教科书内容的编排顺序（选择性必修 1 第三章第一节第三部分）与课程标准中的"内容要求"（如"了解电离平衡常数的含义"）以及文献指出的困难障碍（如"学生常混淆电离达到平衡的标志"）设计三个学习任务。

> ### 任务 16.2
>
> 以"原子结构"为例，请你设计该课时的任务活动，尝试说明设计依据，并讨论教学任务、活动之间的关系。

（2）情境问题设计

"情境问题"是"任务活动"的载体。情境设计的依据主要是任务活动与课程标准中"情境素材建议"或素材资源搜索；同时，板块对应的教学内容（A2）、板块的素养功能（A2）、发展需求（A3）以及学习困难障碍（A3）亦可作为情境设计的依据。教师可以通过浏览相关的新闻媒体的出版物或其网站，寻找与化学学习内容相匹配的社会热点素材，也可以查找学科相应的前沿热点内容以及学科交叉类型的素材，同时，知识类内容也可以作为情境素材。

在如图 16.2.1 所示的人教版必修第一册"化学键"的教学设计案例中，首先以课程标准中建议的"化学键存在的证据"为素材创设情境，并提出问题"为什么水的分解所消耗的能量远大于水的蒸发"，并且设计三个板块以解决情境问题，落实相应的素养功能，再设计对应的教学活动开展教学。

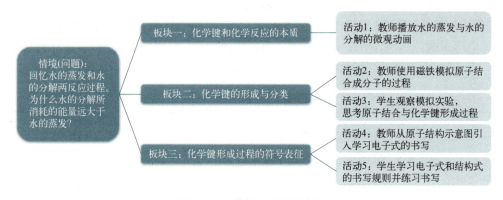

图 16.2.1　情境问题设计实例

（3）评价发展设计

化学评价发展设计指的是设计某一化学课时"评价任务"的过程，其包含两个方面：评价内容与评价方式。详细内容请见本书第 15 章。如图 16.2.2 所示，评价内容是内容要素，主要指化学教学目标所对应的三类化学教学内容；评价方式是方法要素，主要指具体的评价方法，可按课前、课中及课后进行分类。

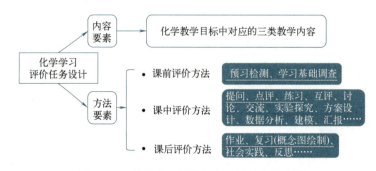

图 16.2.2　化学学习评价任务设计的实施步骤

以人教版选择性必修 1 "溶液的酸碱性及 pH" 课时中板块二的评价任务生成为例，基于课程标准内容要求与学业要求（A1）、内容架构分析（A1）、板块功能分析（A2）、发展需求（A3）、教学任务与活动（B1）和教学目标（B2），可提炼出"酸碱性测定""pH 的计算"等关键内容，整合后可得出评价内容（内容要素）为"学生对溶液酸碱性测定与计算的水平"。基于以学生实验、学生计算为主的教学活动（B1）可提炼出评价方法（方法要素）为"练习"与"实验探究"。整合评价内容和评价方法即可生成评价任务，具体生成过程如表 16.2.2 所示。

表 16.2.2　"溶液的酸碱性及 pH"评价任务生成过程

评价任务	依据
	板块二：溶液酸碱性的测定与计算
通过学生实验与计算，诊断并发展学生对溶液酸碱性测定与计算的水平	基于内容要求、学业要求（A1）：认识溶液的酸碱性及 pH，掌握检测溶液 pH 的方法。 基于学业要求（A1）：能进行溶液 pH 的简单计算，能正确测定溶液 pH 基于内容架构分析（A1） 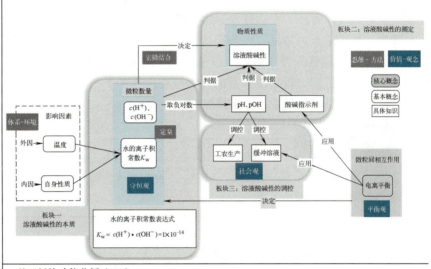 基于板块功能分析（A2） "证据推理与模型认知"水平 2：能从 pH 试纸、pH 计上收集证据，推出溶液 pH 的大小 基于发展需求（A3）：能从变量控制的角度认识 pH 的含义；学会 pH 的计算方法；能正确测定溶液 pH 基于教学任务和活动（B1）

任务	活动
任务2.1 测定溶液 酸碱性	活动2.1.1：教师介绍pH的含义及其表达式。 活动2.1.2：教师简单介绍pH试纸的制作方法，pH计及pH传感器。然后提供石蕊溶液、酚酞溶液，pH试纸与pH计请学生测定： 0.001 mol/L 0.005 mol/L NaOH、0.01 mol/L NaOH溶液酸碱性，感受几种溶液酸碱性判断和测定方法的特点
任务2.2 计算溶液的 酸碱性	活动2.2.1：教师请学生计算室温下，0.001 mol/L HCl溶液的pH。 活动2.2.2：教师提供数据，100℃时，K_w=5.6×10⁻¹³，提问在100°C 时，纯水的pH为？此时溶液呈酸性还是中性？说明判断依据，并讨论两种表征方法的优缺点

📖 16.3 参数提炼

"参数提炼（C）"子系统包括教学重难点的提炼（C1）、教学与评价目标的提炼（C2）与教学主线的提炼（C3）——它们主要以"任务分析（A）"与"策略设计（B）"两个子系统为基础。基于内容架构分析、板块功能分析与学习特征分析综合"生成"或提炼教学重难点，基于任务分析与策略设计两个子系统"生成"或提炼教学与评价目标以及课堂教学主线（如知识线、素养线、思维线、任务/活动线、情境/问题线、评价线）。

（1）教学重难点的提炼

教学重难点的提炼指的是基于某一课时各板块的教学内容及其素养功能，以及对学习特征（学情）的分析，提炼出该课时较为核心或重要的内容（教学重点）与大多学生可能存在的认识困难或障碍点（教学难点）的过程。

其中，教学重点可依据"内容架构图的中心内容及知识结构网络中的联结点""起核心作用的板块及其涵盖的教学内容"以及"较为侧重的核心素养所对应的教学内容"等来提炼。教学难点可依据"板块所涉及的化学核心素养水平""文献在探查学生迷思概念方面的成果"以及"自身教学经验"等来提炼。

> **任务 16.3**
>
> 以"氧化还原反应"为例，请你结合上述方法，尝试提炼该课时的教学重点与教学难点，并说明依据。

（2）教学与评价目标的提炼

有关教学目标与评价目标编制或提炼的具体方法详见本书第 5 章与第 15 章。

（3）教学主线的提炼

作为 CPU 系统设计模式中的最后一个环节，教学主线提炼不仅能综合反映该模式中任务分析、策略设计与参数提炼三个子系统之间的紧密联系，还充分体现了 CPU 六个核心组分的高度系统整合性。教学主线包括知识线、素养线、思维线、任务线、情境线与评价线等。因此，可依据 CPU 系统设计模式的前 5 个环节共同决定。下面将分别介绍不同类别主线的提炼方法。

① 基于内容架构分析的知识线提炼。概念类知识主线的提炼依据主要有内容架构图、板块划分与教学目标等。观念类知识主要包括"化学学科基本观念""科学（化学）本质观"以及"辩证唯物观"。与概念类知识主线的提炼类似，观念类知识线的提炼依据也主要包括上述三种。

② 基于板块功能分析的素养线提炼。核心素养类素养线的提炼依据主要有板块素养功能、发展需求与教学目标等。关键能力类素养主要包括"符号表征""实验探究""证据推理""模型建构""定量化"等化学学科能力。与核心素养类素养线的提炼类似，观念类知识线的提炼依据也主要包括上述三种。

③ 基于学习特征分析的思维线提炼。学科专属型思维主要包括"宏观 - 微观""状态 - 过程""定性 - 定量""符号表征"等化学思维方式，以及"证据推理""模型认知""实验系统思维"等化学思维方法，其提炼依据包括内容架构、发展需求以及教学目标等。学科通用型思维主要包括"概括关联类 - 解释说明类 - 推断预测类 - 设计验证类 - 分析评价类"这五类依次"进阶"的思维，其提炼依据与学科专属性思维类似。

④ 基于任务 / 活动设计的任务线提炼。学习活动任务线的提炼依据主要包括任务活动设计和建构性教学目标。教学策略包括学科通用型策略与学科专属型策略。教学策略任务线除了可参考常见的学科通用或专属型教学策略、建构性教学目标之外，还可以依据化学课程标准"教学提示"中的"教学策略"来进行。

⑤ 基于情境问题设计的情境线提炼。化学教学情境素材主要包括八类：社会新闻类、生活生产类、科学技术类、知识基础类、学科交叉类、化学史实类、实验探究类、科学研究类。素材情境线的提炼依据主要是"策略设计"中的"情境问题设计"，与问题情境线的提炼依据相同。

⑥ 基于评价发展设计的评价线提炼。评价任务线的提炼依据主要有评价发展设计、发展需求、迁移性教学目标与评价目标，与评价作用线的提炼依据相同。

需要注意，对于上述六种主线的提炼，都需论证每条主线内部的逻辑关系。在教学实施过程中，可选择下列主线的其中 1 条作为教学的主要线索。图 16.3.1 为人教版选择性必修 2"构造原理"这一课时的教学主线。

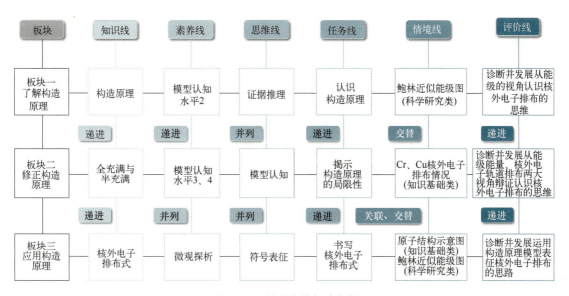

图 16.3.1　教学主线提炼实例

🖊 "CPU"系统设计模式是教师基于化学教学理解系统地生成化学教学设计的模式。其主要包括3个子系统，分别为"任务分析""策略设计"与"参数提炼"。每个子系统中又分别包括3个要素。

🖊 "内容架构分析"指的是基于化学课程内容与化学教科书内容进行解读与重组以确定某一化学课时的教学内容，并按照其性质进一步划分为"知识-技能类""思维-方法类"与"价值-观念类"内容，然后对三类内容及其之间的联系进行较全面与系统梳理的过程。

🖊 在内容分析的基础上，以图形的形式呈现三类化学教学内容之间的关系，可以将"知识-技能类"内容作为载体，分析其所承载的另外两类教学内容，最终形成某课时的内容架构图。

🖊 "板块功能分析"指的是按照一定的逻辑，将一节课的化学教学内容划分为数个"小的整体"（简称"板块"），并分析每个板块能发展学生哪些化学学科核心素养以及素养的发展水平。

🖊 "学习特征分析"指的是对学生关于某一化学课时内容学习的已有基础、发展需求与困难障碍进行分析的过程。

🖊 "任务活动设计"主要包括任务设计与活动设计，是为了实现一定的教学目标以及落实某些内容而对师生共同完成学习课题及其步骤、行为的设计。

🖊 "情境问题设计"指任务、活动中心的情境素材与问题的设计。

🖊 "评价发展设计"指某一化学课时的评价任务的生成过程。生成的方法详见本书第15章。

🖊 "参数提炼"子系统主要以任务分析与策略设计两个子系统为基础基于内容架构分析、板块功能分析与学习特征分析综合"生成"或提炼教学重难点，基于任务分析与策略设计两个子系统"生成"或提炼教学与评价目标以及课堂教学主线。

🖊 "教学主线提炼"不仅能反映该模式中任务分析、策略设计与参数提炼三个子系统之间的紧密联系，还充分体现了 CPU 六个核心组分的高度系统整合性。

【基础类】

🚩1. CPU 系统设计模式中任务分析，策略设计，参数提炼三个子系统之间有何关联性？

🚩2. 化学教学板块划分的依据是什么？

🚩3. 如何提炼化学教学主线与亮线？

【高阶类】

🚩4. 以某一单元主题为例，基于 CPU 系统设计模式中的 A1~B1，完成情境、问题设计环节，并着重论证情境、问题的设计过程。

◀ 邓峰，钱扬义. 化学教学设计［M］. 北京：化学工业出版社，2022.（化学教学设计的系统介绍）

◀ 郑长龙，孙佳林."素养为本"的化学课堂教学的设计与实施［J］. 课程·教材·教法，2018，38（4）：71-78（"素养为本"课堂的详解）

◀ 胡久华. 以深度学习促核心素养发展的化学教学［J］. 基础教育课程，2019（Z1）：70-78.（教学设计的前沿理论）

◀ 王爱富. 基于发展学生核心素养的单元教学设计实践探索［J］. 化学教学，2017（9）：55-59.（单元教学设计的介绍）

◀ 卢天宇，艾进达. 逆向教学设计促成化学概念的深度学习——以"中和反应"的概念教学为例［J］. 化学教学，2020（3）：34-40.（教学设计的前沿理论）

第 17 章

化学教学研究

第 16 章的内容指导读者如何备好一节化学课，然而我们的目标不止于站稳讲台，更要成为一名研究型化学教师——这要求我们了解化学教学研究的基本内容和方法。

作为教育科学领域中的一个重要分支，化学教学研究侧重于化学学科的教学方法、化学学习过程以及教师发展等领域。本章重点介绍文献综述类、文本分析类、学习心理类、课堂教学类与教师发展类研究，并结合具体案例，清晰呈现每类研究的基本范式。

本章导读

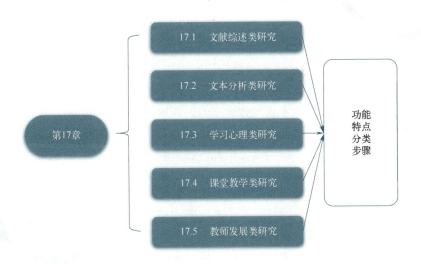

通过本章学习，你应该能够做到：

- 举例说明 5 类化学教学研究的内容与方法
- 说出不同类型化学教学研究论文的写作思路
- 初步形成化学教学研究意识，并主动思考如何通过研究促进教学

📖 17.1 文献综述类研究

文献综述聚焦于系统地回顾和整合相关的学术文献以建构知识框架并识别研究趋势和缺口。文献综述使研究者能够批判性地评价现有研究，并在此基础上提出新的研究问题或假设，进而推动化学教育领域的理论与实践发展。在化学教育领域，文献综述尤其重要，因为它汇集了大量关于教育实践、教学方法、学习理论及其在化学教育中应用的研究。这种综述能够帮助教育工作者和研究者理解当前的教育趋势，评价特定教育介入的有效性，并为设计新的教学策略和研究提供理论支持。

化学教学研究中的文献综述通常分为描述性综述、批判性综述和整合性综述 3 种类型（邓峰，2020）。描述性综述主要概述研究领域的历史和发展，而批判性综述则评估和比较不同研究的质量和结果，识别研究中的不足与潜在的研究方向。整合性综述则通过深入分析和合成现有研究数据，提供更全面的理解和见解，通常包括元分析，以量化的方式测量和解释研究结果的差异和一致性。另外，也可按照文献综述本身的性质，将其分为理论研究类综述与实证研究类综述两种。

化学教学研究的文献综述在学术领域扮演着关键的角色，主要是提供 1 个全面且系统的理论和实践知识框架。通过批判性地分析和评估现有的研究，文献综述帮助学者识别研究中的重要趋势、潜在的问题以及未被充分探索的新领域，从而推动学科的理论发展和实践改进。此外，文献综述还助力于建立或验证理论模型，为化学教育的教学策略和政策制定提供科学依据。通过这种方式，它不仅增进了研究者和实践者对化学教育复杂现象的理解，也促进了教育实践中有效策略的应用和优化。总之，化学教学研究中的文献综述是连接理论、实践和创新的桥梁，对推动学科前进及培养教育工作者具有不可替代的重要性。

在化学教学研究中进行文献综述是一个系统而详尽的过程，图 17.1.1 是进行化学教学研究文献综述的步骤模型，将以《国内外近 30 年"电化学"主题概念测查研究进展》（林颖等，2022）文献为案例，对进行文献综述研究的过程进行阐述。

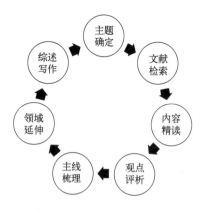

图 17.1.1　文献综述步骤模型

① 主题确定：首先，研究者需要明确文献综述的主题和目的。这包括定义研究的关键问题和目标，以及要解决的具体教育问题，如化学教学方法、学生理解化学概念的困难、教学策略的有效性等。如案例文献从"电化学"主题内容的重要性和"电化学"教学研究的现状与不足两方面出发，确定研究主题为"30 年'电化学'主题概念测查的实证研究"。

案例 17.1 研究主题确定

"电化学"是普通高中最重要的化学主题之一，是化学反应原理板块中的重要组成部分，与氧化还原反应、离子反应、化学反应与能量等学科知识密切相关。近年来，我国课程对"电化学"的重视日益增加，并在普通高中新化学课程标准口中显化"科学探究与创新意识"和"科学态度与社会责任"核心素养，明确要求学生深化对电化学本质的认识，建立对电化学过程的系统分析思路。然而，由于"电化学"主题概念多而集中，原理抽象且复杂，各年级和层次的学生在学习过程中仍面临许多困难，难以准确理解与判断其变化规律。为了攻克"电化学"主题的教学难关，国内外许多研究者都进行了深入的教学研究。目前已有 2 篇文献分别对部分国外文献和部分国内硕士论文进行有关梳理，但在文献的全面性、实效性及系统性方面似乎稍显不足，尤其在概念框架、测评方法及其与教学实践的关系等方面的探讨相对不多。

② 文献检索：确认研究主题后，需要检索收集与研究主题相关的文献资源。使用数据库如 ERIC、Web of Science 等英文数据库和中国知网、万方等中文数据库，以关键词搜索相关文献，包括期刊文章、会议论文、教育报告和书籍章节等。如案例文献使用关键词法并限定年份进行文献检索，并通过溯源法补充，最终筛选出 43 篇文献。

案例 17.2 文献检索过程

基于研究主题，笔者首先运用关键词法，以"电化学"作为关键词，并规定年限为 1990—2020 年，在中国知网、Web of Science 及 ERIC 等数据库上进行文献搜索，再采用溯源法，在阅读文献过程中补充二次文献，而后从内容相关性角度进行人工筛选，最终确定与"电化学"主题实证研究相关的文献共 43 篇。

③ 内容精读：对搜集到的文献进行精读，以期对所选文献形成综合、全面的认识。

④ 观点评析：对文献的特定部分（如研究方法、研究结果、研究对象等）进行评析，批判性分析旨在识别文献中的共性和差异，探讨不同研究结果之间的关系以及研究方法的优势和局限。通过综合分析，形成对化学教学研究的深入理解和全面见解。

⑤ 主线梳理：对综述文献进行梳理、归纳、总结，并按照既定的分类标准（如研究类型、教育水平、化学主题等）进行组织。如案例文献，对 43 篇文献的测查主题进行统计，并用表格呈现。根据总结归纳的表格提取论文撰写的主线。

案例 17.3 测查主题统计

表 1 "电化学"主题核心概念测查的主题

类别		金属的腐蚀	电极	原电池	电极反应	电解池	氧化还原反应	金属的防护	化学电源
国内	频次	24	21	18	18	17	15	13	12
	频率	0.73	0.64	0.55	0.55	0.52	0.45	0.39	0.36
国外	频次	3	3	4	0	2	0	1	0
	频率	0.09	0.09	0.12	0	0.06	0	0.03	0

⑥ 领域延伸：基于上述分析结果，挖掘现有研究的各自空缺，拓展不同观点，并借鉴相关领域的理论框架或研究方法来确定撰写文献综述的框架。

⑦ 综述写作：统整写作资料，开始撰写"前言""主体内容""结论及启示"等核心部分。此外，还要注意学术语言的规范性和参考文献的正确使用。最后，研究者应反思文献综述的过程和结果，考虑综述的局限性和可能的偏见，并根据同行的反馈进行修正。

这一流程不仅加深了研究者对化学教育领域的理解，也为未来的教学实践和政策制定提供了科学依据。通过这样系统的文献综述，研究者能够为化学教育实践提供更为精确和有效的建议，从而提升教学质量和学生的学习成效。

17.2 文本分析类研究

文本分析类研究是教育研究中的一种方法，通过分析教育文本内容来洞察知识传递和教育实践的内在机制。在化学教育领域，文本分析关注于各版本教材、课程标准和其他教学资源的内容，以理解这些文本如何影响学生的学习过程、知识理解和科学思维的发展。该类研究采用定量和定性方法，如内容分析和主题分析，从而揭示文本在构建学科知识和塑造学习体验中的角色。

化学教育的文本分析研究具有几个显著特点。首先，由于化学是一门实验科学，教材中不仅包含理论知识，还广泛涉及实验操作和安全指导，这使得文本分析必须同时处理理论与实践的交织内容。其次，化学教育文本常用的符号和术语具有高度的专业性，研究者需要具备相应的学科专业知识来准确解读这些内容。此外，化学教育的文本分析还要考虑到学生的预备知识和认知发展阶段，分析文本内容如何适应不同学习者的需求。

文本分析在化学教学研究中占据重要地位，因为教材和课程标准等教学资源是化学教育传递知识的主要媒介。通过分析这些文本，研究者可以评估教材的内容质量、教育价值和适宜性，发现可能误导学生的内容或展示方法，并提出改进教材的具体建议。同时，对课程标准的内容分析研究，可以检验教育内容与教学目标一致性及适宜性，以提升教学质量和促进课程体系的持续创新与改进。此研究为教育政策制定提供科学依据，助力教育改革和学生关键能力的培养。此外，文本分析有助于理解如何通过教学提升学生的学习成果，特别是在理解复杂的化学概念和发展科学思维能力方面。

以下将以《基于微粒观的人教版初、高中化学教材分析》（陈泳蓉 等，2024）文献为案例，介绍化学教育中的文本分析研究的一般步骤：

① 确定研究对象：依据研究主题选择分析的教材或课程标准等文本资源，明确研究的范围和目标。如案例文献选取人教版初、高中教材为研究对象，基于微粒观对该 7 本教材进行系统分析，目的是总结微粒观在教材中的分布特点，构建微粒观在教材中的发展层级。

案例 17.4 确定研究对象

选取人民教育出版社 2012 年版《义务教育教科书·化学》2 本教科书和 2019、2020 年版《普通高中教科书·化学》5 本教科书为研究对象，将其划分为义务教育教材（包括九年级上册、九年级下册）、高中必修教材（包括必修第一册、必修第二册）和高中选择性必修教材（包括选择性必修 1、选择性必修 2、选择性必修 3）。

② 制定分析框架：根据研究问题，发展适用的分析工具和指标，如内容覆盖度、概念呈现的清晰度、信息的准确性等。案例文献中，分析框架的确定经历了 5 个步骤，首先是确定内容分析的样本范围和分析单元；而后根据文献综述和数据分析对框架进行拟定和完善，并请专家确定其内容效度。

案例 17.5　微粒观分析框架

微粒观类型	微粒观组分	组分内涵
知识型微粒观	微粒本体观	• 微观粒子很小，在不停地运动，微粒间有一定间隔 • 物质都是由原子、分子、离子等基本微粒构成的；微粒构成物质时是按比例的，这个比例可用化学式表示；在物质构成活动中具体的微观粒子能够直接影响物体的性质与特点；可以根据微粒的种类对物质进行分类 • 在一般条件下物质发生化学变化时，分子、离子会发生变化，而原子保持不变；化学变化是微粒按一定的数目关系进行的 • 微粒本身具有能量
	微粒作用观	• 微粒间存在相互作用；微粒间的相互作用具有多种类型；微粒会影响微粒间作用力 • 微粒靠相互作用（静电作用）聚集为宏观物质；微粒在空间的排列结构是微粒之间相互作用平衡的结果；微粒间作用力会影响物质的性质；根据微粒间的作用力对物质进行分类 • 在一定条件下，微粒间的相互作用会发生改变，这种改变造成了物质间的相互反应
	微粒结构观	• 不同层次的微粒本身是有结构的；微粒与微粒间作用力都会影响微粒的结构 • 微粒构成物质时是按一定的空间取向排列的；微粒的结构决定物质的性质；根据微粒的结构对物质进行分类 • 微粒在空间排列时有尽可能占据最小空间和具有最低能量的趋势
方法型微粒观	微粒符号观	可以用化学符号或图示表征微粒、微粒间作用力及微粒的结构
	微粒分析观	通过化学实验或仪器分析方法可以对物质的构成微粒、微粒间作用力、微粒结构进行定性或定量的分析
价值型微粒观	微粒价值观	微粒、微粒间作用力及微粒的结构在人体健康、社会生产生活、科学研究等领域中具有重要的价值

③ 数据分析及整理：从选定的文本中提取相关数据，可能包括文本内容、图像、表格等，应用定量和定性分析方法，依据分析框架评估文本的内容和结构，并对编码数据进行统计。案例文献采用内容分析法，首先识别、提取并编码各学段教材中涉及微粒观的片段，而后对编码数据进行归纳统计，计算各微粒观类型与其组分出现频次与总百分比，并以表格的形式呈现。

案例 17.6　数据整理结果

微粒观类型	微粒观组分	义务教育阶段频次	必修阶段频次	选择性必修阶段频次	合计	百分比
知识型微粒观	微粒本体观	79	72	131	282	14.9%
	微粒作用观	6	65	167	238	12.6%
	微粒结构观	21	89	159	269	14.3%
合计		106	226	457	789	41.8%
方法型微粒观	微粒符号观	120	304	493	917	48.6%
	微粒分析观	7	12	62	81	4.3%
合计		127	316	555	998	52.9%
价值型微粒观	微粒价值观	12	21	67	100	5.3%
合计		12	21	67	100	5.3%
总计		245	563	1079	1887	100.0%

④ 数据解读与讨论：对数据分析结果进行分析与讨论，并结合相关研究对结果的影响因素或原因进行解释或推断，并基于此对相关研究或教学实践提出改善建议。如案例文献对"不同阶段教材中微粒观各组分频次与总百分比统计表"进行解读，并从初、高中两个学段教学内容的差异来分析数据结果。

案例 17.7　数据解读与讨论

具体而言，义务教育教材侧重微粒符号观和微粒本体观，这与教材特定的知识内容紧密相关。微粒符号因其本体作用和特定的表征思维，在各阶段教材中均有广泛体现。高中必修教材侧重微粒符号观、微粒结构观、微粒本体观和微粒作用观，相较于义务教育阶段有所提升。一方面是因为高中教材内容不断丰富，另一方面教材在文字表述和符号表征上显化对微粒、微粒间作用力和物质结构的描述。选择性必修教材侧重微粒符号观、微粒作用观、微粒结构观、微粒本体观，虽然与高中必修教材一致，但是承载这些观念内涵的知识、概念的广度和深度显著提升。

⑤ 报告结果：撰写研究报告或学术论文，分享研究发现，将研究成果转化为实际的教学改进措施。

通过上述流程，文本分析类研究不仅增强了教育者对课程标准、教材的掌握和批判性思考，也为化学教育实践提供了科学的改进依据和方向，促进了教育质量的持续提升。

📖 17.3　学习心理类研究

学习心理学研究探讨如何通过心理学的原理和理论来增进学习过程和效果。在化学教育中，这类研究关注学生如何接收、处理以及理解化学知识，包括认知、情感和行为三个层面。其核心目的是通过理解学生的学习心理特点和需求，来优化教学方法和环境，以提高学习效率和质量。

在化学教育领域，学习心理学研究特别关注识别和解决学生在学习化学时可能遇到的心理障碍，如迷思概念、学习动机缺乏、认知过载等。这些障碍可能由于化学学科的抽象性和复杂性加剧。通过研究，教育者可以更有效地设计教学策略，使之与学生的心理发展阶段和学习需求相适应，从而促进更深层次的理解和应用。

学习心理类研究对化学教育尤为重要，因为它帮助教师了解和应对学生在学习化学过程中的具体心理状态和变化，从而有效地指导学生超越传统的记忆和重复练习，达到真正的理解和创新思维，进而发展学生的核心素养。此外，它也支持教育者在课程设计和教学实践中实施更为个性化和差异化的教学策略，应对不同学生的独特需求。

以下将通过《日常生活概念"平均"对科学概念"8 电子稳定结构"学习的影响——关于高一学生"8 电子稳定结构"化学概念相异构想的研究》（钱扬义 等，2006）这一文献，介绍化学教育领域学习心理类研究的基本流程：

① 文献回顾：审视当前学习心理理论及其在化学教育中的应用研究，以确定研究的理论框架和研究空白。如案例文献，首先回顾总结现有研究对"学生微观概念"这一主题的讨论与观点，并提出缺乏针对性的教学模式，进而提出研究目标。

案例 17.8　研究背景及目标

近十几年来，国内外化学教育工作者对学生的化学微观概念进行了比较深入的研究。而这些研究大体上都基于这样一种假设，中学生对化学概念的相异构想是客观存在的；学生的前科学概念在相当程度上影响他们的学习。Novick（Novick et al, 1978）、Osbone（Osbone et al, 1983）、Anderson（Anderson et al, 1986）、Krajcik（Krajcik et al, 1989）的研究共同表明，学生由于受日常生活物质连续性模型的影响，在开始接受物质粒子模型后，也仍保留着物质（包括固体、液体和气体）连续模型；Ben-Zvi 等（Ben-Zvi et al, 1982）的研究显示，15 岁的学生即使经过历时 7 个月的初级化学学习，但对化学反应的结构和相互作用性质的理解和认识仍持有相异构想；国内王磊、黄燕宁（王磊 等，2002）在一项要求高一学生写出 P_4 与 O_2 反应的化学方程式并做出微观解释的研究中，尽管所有的学生都能成功地写出化学方程式，但大多数学生（91%）把化学反应看作是物质加和的模式，习惯性地将方程式的配平当作代数习题来做，很少考虑化学反应过程。然而关于化学微观概念应构建何种教学模式这一问题的理论探讨甚少，本文试图结合高一学生对微观世界概念理解的研究测试提出一套相应的化学微观概念教学模式。

② 设计研究方法：选择适合的研究设计，如实验研究、案例研究或混合方法研究，以探索特定的心理变量对化学学习的影响。譬如案例文献设计了游戏化教学并结合访谈，对高一学生"8 电子稳定结构"化学概念学习的"相异构想"进行研究。

案例 17.9　被试的选取与游戏设计

随机抽取广州市天河区某中学高一年级 22 个学生，每 2 人为 1 组，设计化学小游戏，一位学生扮演钠原子，另一位扮演氯原子，用红色的圆纸片代表"电子"。首先由学生分别取出代表他们各自的最外层电子数的纸片，然后要他们表演各自达到稳定结构时电子重新分配的过程。游戏由 2 位主试负责，主试 A 向学生进行游戏规则的指导说明，或在游戏过程中做适当的引导，主试 B 则对游戏的过程进行仔细的观察和记录。

③ 数据收集和分析：通过问卷、观察、访谈等方式收集数据，运用定量和定性分析方法分析数据，以识别关键的心理因素及其作用。如案例文献，对学生的测试结果进行统计，并对其中错误认识的错因进行分类探讨。

案例 17.10　数据统计分析

由表 2 看到，约有 9% 的学生主要根据原子的原子量以确定其最外层电子数。例如在第 4 组被试中，"钠原子"取了 5 个"电子"，"氯原子"取了"2"个电子，被试的解释是：记得纳是 23，电子层的排列是 2、8、8、5，因此最外层为 5 个电子，而氯是 35.5，电子层的排列是 2、8、8、8、8、1.5，最外层是 1.5，四舍五入，因此是 2 个。

表 2　学生微观世界稳定概念错误原因及比重

错误原因	组别	占总组数的比重/%
根据原子量确定最外层电子数	4	9
认为任何原子的最外层电子数都为 8	11	9
根据化合价"正负"确定电子"得失"	2、6、7	27
根据化合价确定最外层电子数	2、6、7	27
认为最外层电子数之和为 8 可达稳定	4、11	18
认为平均分配电子数可达稳定	3、4、10	27

④ 提出建议或策略：基于研究发现，提出或开发针对化学学习的心理干预措施或教学策略、模式等，论证或评估这些措施的有效性。如案例文献基于数据分析结果，针对高中生对微观概念的认识水平和日常生活经验，提出了针对化学微观概念的"6C"教学模式，结合相关理论，介绍该模式的步骤并论证其合理性。

案例 17.11 提出 "6C" 教学模式

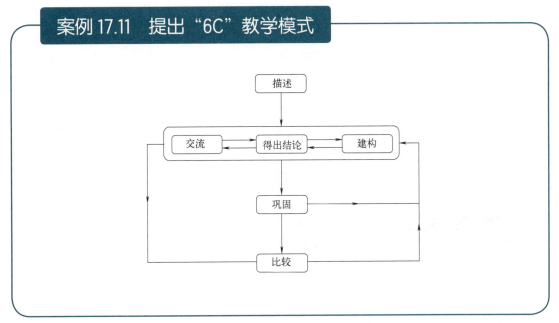

⑤ 结果推广和实践应用：撰写研究报告或学术论文，分享研究发现，将研究成果转化为实践指导，为化学教育界提供策略和工具，以改进教学实践和学生学习成效。

这一研究过程不仅增强了化学教育的理论基础，也为教育实践提供了切实可行的改进方案，最终旨在促进学生在化学领域的学习兴趣和学术成就。

17.4 课堂教学类研究

课堂教学研究专注于分析和改善教师在课堂上的教学方法和策略，以提高学生的学习效率和参与度。这类研究深入探讨如何通过教师的教学行为、互动模式及教学内容的优化来促进学生的认知、情感和行为发展。在化学教育中，这类研究关键在于将复杂的化学概念通过有效的教学策略转化为学生可接受和理解的知识。

化学课堂教学研究专注于实际教学行为与学生学习之间的直接互动。这类研究旨在评估不同于教学方法如探究式学习、合作学习（徐志锴，2023）等在化学教育中的应用效果，并探讨如何通过教师的引导、课堂讨论和实验操作等策略提高学生的动手能力和批判性思维（程鸿梅 等，2024）。此外，考虑到化学学科的抽象性，这类研究还着重于如何利用视觉教学工具（如模型、图表、动画等）（张学宇 等，2023）来帮助学生更好地理解化学概念。

课堂教学研究对化学教育至关重要，因为它直接关系到教学质量和学生学习成效的提升。有效的课堂教学方法不仅可以提高学生对化学的兴趣和理解，还能促进学生科学思维和问题解决能力的发展。此外，这类研究通过提供基于证据的教学改进建议，支持教师专业发展和教学实践的创新，从而影响学生的学术成就和长期的科学素养。

以下将结合《化学科学研究类情境在化学教学中的应用——以"电极反应方程式"教学为例》（李美贵 等，2020）案例文献，对进行课堂教学类研究步骤进行介绍：

① 文献回顾：系统整理和评估现有关于化学课堂教学的研究文献，确定选题的研究背景和需要填补的研究空白。如案例文献首先对在教学中创设情境的意义和作用进行论述，进而以高考题为例，强调化学科学研究类情境的价值；并基于对"电化学"教学现状的分析，提出在电化学主题教学中创设的化学科研情境的研究目标。

② 进行教学设计：基于研究目的选择适当的研究设计，如实验设计、案例研究或探究式学习，对教学的情境、活动、任务等进行拟定。如案例文献通过对"电极反应方程式"教学内容的分析确定了教学目标，并基于此针对授课对象的已有基础，选取"电池在社会应用、科研成果等方面"的素材为情境，设计了如案例17.12所示的教学框架。

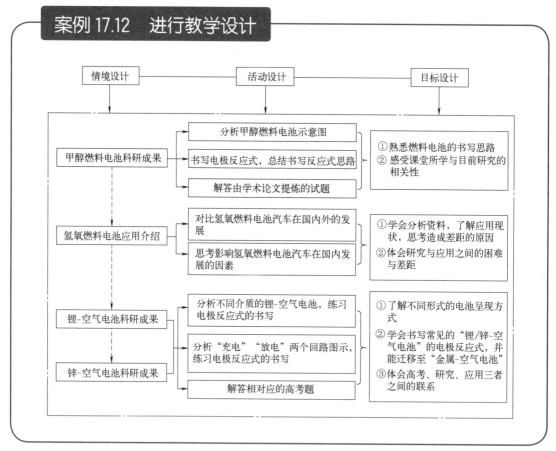

案例17.12　进行教学设计

③ 教学实践：依据教学设计框架进行教学实践，并记录课堂教学的过程。同时，可通过课堂观察、教师和学生访谈、问卷调查等方式收集数据，应用定量和定性分析方法进一步评估教学策略的有效性。如案例文献对整个教学流程进行叙述，详细地呈现三个情境模块中的师生活动和设计意图。

④ 实践反思与改进：对授课进行分析和评估，同时可参考相关课例，对课例进行进一步的完善，也可总结经验，提出对现行教学策略的改进建议。

⑤ 实践应用与推广：将研究成果撰写成论文、报告等，与教育实践者共享，以促进教学方法与策略的迭代改进和教师的专业成长。将研究成果转化为具体的教学策略和工具，推

广至更广泛的教育实践中，以支持全面的教育改革和提高教育质量。

这种综合性研究不仅加深了我们对化学教学有效性的理解，还为实际的教学实践提供了科学的指导和支持。

📖 17.5　教师发展类研究

教师发展类研究致力于探索和提升教师的专业成长与教学效能，特别是在化学教育领域内。这种研究涵盖教师的初期培训、持续专业发展、教学策略的优化，以及职业生涯路径的规划。通过深入研究教师的培训需求和教学实践，旨在提高教师的教学质量，进而影响学生的学习成果和科学素养。

在化学教育中，教师发展研究特别关注如何将化学的复杂理论与实验知识转化为有效的教学实践。研究着重于化学教师如何通过专业发展活动（如研讨会、工作坊、同行评议等）（陈为建，2022）提高其教学策略和内容知识。此外，鉴于化学实验的特殊性，教师发展还包括安全教育和实验技能（赵铭 等，2016）的提升，确保教师能够在课堂上有效地管理实验操作，并激发学生的探究兴趣。

教师发展类研究可以通过多种维度进行分类，这有助于系统地审视和理解该领域的广泛研究和应用。以下是对教师发展类研究的几种主要分类方法的描述。

首先，根据研究方法分类，可将其分为定性研究与定量研究。定性研究通常涉及详细的案例研究、访谈或观察，如采用开放式问卷和观察法对化学教师的教学观进行探究（杨剑 等，2016），旨在深入了解教师的经验、态度、感受和行为模式。而定量研究侧重于通过问卷、标准化测试或其他形式的数据收集手段，来量化教师的表现、效能以及职业发展的各种影响因素，如设计量表式问卷，对化学职前教师的 TPACK 模型及发展路径进行调查（蓝宛榕 等，2024）。这类研究侧重于统计分析，以推断教师发展的普遍规律。

其次，依据研究内容分类，可分为理论研究和实证研究。其中理论研究聚焦于探讨教师发展的理论框架，如行动学习理论（马文，2018）、成人学习理论（耿娟娟，2017）以及教师职业生涯发展理论（张微 等，2015）。这类研究旨在构建和完善教师发展的理论基础。而实证研究侧重于通过实际数据支持理论假设，可以进一步分为测查研究和干预研究。其中测查研究是通过对教师的教学技能、知识和态度进行评估，来确定教师发展的现状和需求。干预研究则是评估特定的教师发展程序或干预措施（如专业发展研讨会、教师培训课程等）（邓峰 等，2023）对教师行为和教学效果的影响。

此外，依据研究对象的不同，也可将研究分为职前教师研究与在职教师研究。

教师是教育质量提升的关键因素，化学教师的专业发展对于学生的科学成就具有直接和深远的影响。通过系统的教师发展研究，可以识别和解决教师在教学化学时面临的挑战，如概念误解的纠正、有效教学方法的应用等。此外，这些研究为教师提供了持续学习的机会，帮助他们保持在快速变化的教育领域中的竞争力和教学质量。

以下将结合案例文献《化学职前教师 PCK 的结构与水平研究》（钟媚 等，2019）对进行教师发展类研究的一般步骤进行介绍。

① 文献回顾：系统回顾研究主题相关领域的研究文献，定义研究主题涉及的核心概念，并基于文献梳理现有的研究趋势与空缺，进而明确自身研究的研究目标。如案例文

献确定研究主题为测查化学职前教师 PCK 的结构与水平，因此对国内外化学教师 PCK 水平测查的研究进行梳理，发现该部分研究集中于测查 PCK 各组分水平及其间的整合情况，而较少使用定量研究方式对 PCK 的结构与水平进行探究，因而确定了研究目的与研究问题。

② 研究设计：依据研究目标和研究问题进行研究设计，首先确定研究对象、工具，并基于此确定数据分析方法。在此过程中要注意检验研究工具的信度与效度。如案例文献针对化学职前教师，基于 Magnusson 的 PCK 模型，开发了"PCK 结构与水平问卷"的量表工具。此外，该文献使用专家效度和因子分析来检验该工具的信度与效度。

③ 数据收集与分析：依据研究计划实施研究，开展测查、干预等操作，在此过程中收集数据并使用定量和定性研究方法对数据进行分析，评估教师的专业能力以及专业发展活动的有效性。如案例文献收集量表问卷数据，分别用 SPSS 和 AMOS 软件对数据进行因子分析、相关性分析和独立样本 t 检验等操作，并对分析结果进行解读，进而呈现化学职前教师 PCK 的结构与各组分水平。

案例 17.13 题项与因子分析

题项	探索性因子负荷	验证性因子负荷	克隆巴赫 α
我会用熟悉或真实的例子来类比解释化学概念或原理（KoS_3）	0.84	0.84	
我会使用不同的学习活动来提高学生的化学学习兴趣（KoS_2）	0.83	0.84	
应对不同的化学模块我会使用不同的化学教学方法（KoS_1）	0.81	0.86	0.89
我会用演示的方法来讲解或解释化学概念原理（KoS_4）	0.79	0.76	
我懂得如何评价学生的化学态度与价值观（KoA_2）	0.84	0.76	
我懂得如何测评学生的化学核心素养水平（KoA_3）	0.82	0.92	
我懂得如何评价学生的化学本质观或化学本原观念（KoA_4）	0.76	0.88	0.89
我懂得如何评价学生对所学化学知识的理解与应用（KoA_1）	0.63	0.71	
我了解学生可能存在的化学学习困难或能力不足（KoL_2）	0.89	0.87	
我知道学生已有的化学知识或学习经验（KoL_1）	0.76	0.75	
我了解学生可能存在的化学迷思观念或错误理解（KoL_3）	0.75	0.85	0.90
我了解学生的已有化学核心素养水平（KoL_4）	0.68	0.84	
我熟悉化学教材中的模块分布（KoC_2）	0.84	0.61	
我熟悉化学教材内容的衔接与联系（KoC_3）	0.68	0.83	
我熟悉化学课程标准中所要求的内容标准（KoC_1）	0.68	0.79	0.86
我熟悉化学课程中的重点与难点（KoC_4）	0.64	0.85	

④ 研究报告建议：编写研究报告，总结研究发现，提出相应的结论，如改进化学教师专业发展的策略和政策建议。如案例文献总结研究发现，并基于研究结论对未来化学职前教师的培养提出相应的建议与措施。

通过这些研究步骤，教师发展类研究不仅刻画了教师某项能力的水平结构，加深了对化学教师成长路径的理解，还为教育实践者和政策制定者提供了基于证据的决策支持，推动化学教师教育的高效发展。.

🍃 在化学教学领域，文献综述可分为描述性、批判性和整合性三种类型，通过系统回顾研究历史、比较评估不同研究的质量以及综合分析现有研究数据，帮助学者识别研究趋势、空缺以及不足，从而推动化学学科的理论发展和实践改进。在化学教学研究中开展文献综述的一般步骤为主题确定、文献检索、内容精读、观点评析、主线梳理、领域延伸和综述写作。

🍃 在化学教学领域，文本分析关注教材和课程标准等教学资源，通过内容分析和主题分析等定量及定性手段，揭示教育文本如何影响学生学习，从而促进教材和课程标准等的优化，提升教学质量。在化学教学研究中开展文本分析研究的一般步骤为确定研究对象、制定分析框架、数据分析及整理、数据解读与讨论、报告结果。

🍃 化学教育的学习心理研究着重于理解学生的认知、情感和行为，识别和解决学习障碍，设计适应学生心理发展的教学策略，从而提高学习效率和质量。在化学教学研究中开展学习心理研究的一般步骤为文献回顾、制定分析框架、设计研究方法、数据收集和分析、提出建议或策略、结果推广和实践应用。

🍃 化学课堂教学研究集中于分析和改进教师的教学方法和互动模式，通过评估不同教学策略的效果以及利用视觉教学工具辅助理解等手段，以促进学生认知、情感和行为的发展。在化学教学研究中开展课堂教学研究的一般步骤为文献回顾、进行教学设计、教学实践、实践反思与改进、实践应用与推广。

🍃 化学教师发展研究可从多种视角进行分类，包括定性研究与定量研究、理论研究和实证研究等，旨在提升教师的专业成长和教学效能。通过研究教师培训需求、教学策略优化和职业生涯规划，支持教师在化学教育中的持续学习和专业提升。在化学教学研究中开展教师发展研究的一般步骤为文献回顾、研究设计、数据收集与分析、研究报告建议。

问题讨论

【基础类】

⚑1.如何科学系统地开展化学教学研究文献综述?

⚑2.教师应如何识别学生在化学学习过程中可能面临的心理障碍,可以采用哪些方法或策略来应对这些障碍?

⚑3.如何有效地对化学教材进行文本分析?

【高阶类】

⚑4.进行化学教学领域的文本分析类研究时,如何降低研究人员的主观性造成的结果偏差?

⚑5.教师发展类研究对化学教学具有哪些方面的影响?

拓展阅读

⚓ 邓峰.化学教育文献综述方法指南[M].北京:科学出版社,2020.(方法详解)

⚓ 邓峰.化学教育研究方法[M].北京:化学工业出版社,2023.(方法详解)

⚓ 邓峰,邱惠芬.化学教育实证研究方法[M].长春:东北师范大学出版社,2023.(方法详解)

英文参考文献

Allal L. Assessment and the co-regulation of learning in the classroom ［J］. Assessment in Education: Principles, Policy & Practice, 2019, 27（4）: 1-18.

Amin T G, Smith C L, Wiser M. Student conceptions and conceptual change: Three overlapping phases of research ［M］. London: Routledge, 2014.

Anderson C W, Smith E L.Children's conceptions of light and color: Understanding the role of unseen rays ［J］.Research in Science Education, 1986, 16(1): 97-116.

ARG. Assessment for learning: 10 principles ［EB/OL］.（2002-03-01）［2024-07-31］. University of Cambridge: Assessment Reform Group. http://www.qca.org.uk/qca4336.aspx.

Atkins P. Chemistry: the great ideas ［J］. Pure and Applied Chemistry, 1999, 71（6）: 927-929.

Atkins P. Chemistry's core ideas ［J］. Chemistry Education in New Zealand, 2010, 2（3）: 8-12.

Bensaude-Vincent B. The chemists' style of thinking［J］. Berichte Zur Wissenschaftsgeschichte,2009,32(4): 365-378.

Ben-Zvi R, Eylon B S, Silberstein J.Is an atom of copper malleable? ［J］.Journal of Chemical Education, 1982, 59(9): 755-756.

Black P, Willam D. Assessment and classroom learning. education: principles ［J］. Policy and Practice, 1998, 5（1）: 7-74.

Bowen C W. Representational systems used by graduate students while problem solving in organic synthesis ［J］. Journal of Research in Science Teaching, 1990, 27（4）: 351-370.

Broman K, Bernholt S, Parchmann I. Using model-based scaffolds to support students solving context-based chemistry problems ［J］. International Journal of Science Education, 2018, 40（10）: 1176-1197.

Brown P, Friedrichsen P, Abell S. The development of prospective secondary biology teachers' PCK ［J］. Journal of Science Teacher Education, 2013, 24（1）: 133-155.

Çalýk M,Ayas A,Ebenezer J V. A review of solution chemistry studies:Insights into students' conceptions［J］. Journal of Science Education and Technology, 2005, 14（1）: 29-50.

Charles R I. Big ideas and understandings as foundation for early and middle school Mathematics ［J］. NCSM Journal of Educational Leadership, 2005, 7（3）: 9-24.

Chen H T, Wang H H, Lu Y Y, et al. Using a modified argument-driven inquiry to promote elementary school students' engagement in learning science and argumentation ［J］. International Journal of Science Education, 2016, 38（2）: 170-191.

Chi M. Conceptual change within and across ontological categories: Examples from learning and discovery in science ［M］. Twin Cities: University of Minnesota Press, 1992.

Claesgens J, Scalise K, Wilson M, et al. Mapping student understanding in chemistry: The perspectives of chemists ［J］. Science Education, 2009, 93（1）: 56-85.

Clark E. Designing and implementing an integrated curriculum: A student-centered approach ［M］. Brandon: Holistic Education Press, 1997.

Cooper M M, Posey L A, Underwood S M. Core ideas and topics: Building up or drilling down? [J]. Journal of Chemical Education, 2017, 94 (5): 541-548.

Costu B. Comparison of students' performance on algorithmic, conceptual and graphical chemistry gas problems [J]. Journal of Science Education and Technology, 2007, 16 (5): 379-386.

Dewey J. Logic, the theory of inquiry [M].New York: Henry Holt, 1938.

Disessa A A. Toward an epistemology of physics [J]. Cognition and Instruction, 1993, 10 (2-3): 105-225.

Driver R, Newton P, Osborne J. Establishing the norms of scientific argumentation in classrooms [J]. Science education, 2000, 84 (3): 287-312.

Earl L. Assessment as learning: Using classroom assessment to maximize student learning [M]. Thousand Oaks: Corwin, 2003.

Erduran S, Jiménez-Aleixandre M P. Argumentation in science education: Perspectives from classroom-based research [M]. New York: Springer Science and Business Media, 2007.

Erickson H L. Stirring the head, heart, and soul: redefining curriculum and instruction [M]. Thousands Oaks: Corwin Press, 2000.

Flynn, Alison B. Developing problem-solving skills through retrosynthetic analysis and clickers in organic chemistry [J]. Journal of Chemical Education, 2011, 88 (11): 1496-1500.

Friedrichsen P M, Dana T M. Substantive-level theory of highly regarded secondary biology teachers' science teaching orientations [J]. Journal of Research in Science Teaching, 2005, 42 (2): 218-244.

George K D. A comparison of the critical thinking abilities of science and nonscience majors [J]. Science and Education, 1967, 51 (1), 11-18.

Gilbert J K, Treagust D F. Multiple representations in chemical education [M]. New York: Springer, 2009.

Harmer N, Stokes A. "Choice may not necessarily be a good thing": Student attitudes to autonomy in interdisciplinary project-based learning in GEES disciplines [J]. Journal of Geography in Higher Education, 2016, 40(4): 1-14.

Hatano G, Inagaki K. Sharing cognition through collective comprehension activity [M]. Washington: American Psychological Association, 1991.

Herrenkohl L R, Palincsar A S, Dewater L S, et al. Developing scientific communities in classrooms: A sociocognitive approach [J]. Journal of the Learning Sciences. 1999, 8 (3-4): 451-493.

Hofer B K, Pintrich P R. The development of epistemological theories: Beliefs about knowledge and knowing and their relation to learning [J]. Review of Educational Research, 1997, 67 (1): 88-140.

Howe C, Tolmie A, Rodgers C. The acquisition of conceptual knowledge in science by primary school children: Group interaction and the understanding of motion down an incline [J]. British Journal of Developmental Psychology. 1992, 10 (2): 113-130.

Irzik G, Nola R. A family resemblance approach to the nature of science for science education [J]. Science & Education, 2011, 20: 591-607.

Jin H, Mikeska J N, Hokayem H, et al. Toward coherence in curriculum, instruction, and assessment: A review of learning progression literature [J]. Science Education, 2019, 103 (5): 1206-1234.

Kaya E, Erduran S. From FRA to RFN, or how the family resemblance approach can be transformed for science curriculum analysis on nature of science [J]. Science & Education, 2016, 25: 1115-1133.

Kokotsaki D, Menzies V, Wiggins A. Project-based learning: A review of the literature [J]. Improving schools, 2016, 19（3）: 267-277.

Krajcik J S, Layman J W. Middle school students' conceptions of matter and molecules [J]. Journal of Research in Science Teaching, 1989, 26(5): 387-409

Kuhn D. Teaching and learning science as argument [J]. Science and Education, 2010, 94（5）: 810-824.

Lam R. Understanding assessment as learning in writing classrooms: The case of portfolio assessment [J]. Journal of Language Teaching Research, 2018, 6（3）: 19-36.

Lederman N G. Students' and teachers' conceptions of the nature of science: A review of the research [J]. Journal of Research in Science Teaching, 1992, 29（4）: 331-359.

Lombrozo T, Kelemen D, Zaitchik D. Inferring design: Evidence of a preference for teleological explanations in patients with Alzheimer' s disease [J]. Psychological Science, 2007, 18（11）: 999-1006.

Lopez E J, Shavelson R J, Nandagopal K, et al. Factors contributing to problem-solving performance in first-semester organic chemistry [J]. Journal of Chemical Education, 2014, 91(7): 976-981.

Mendonça P C C, Justi R. The relationships between modelling and argumentation from the perspective of the model of modelling diagram [J]. International Journal of Science Education, 2013, 35（14）: 2407-2434.

Nargund J V, Rogers M A P, Akerson V L. Exploring Indian secondary teachers' orientations and practice for teaching science in an era of reform [J]. Journal of Research in Science Teaching, 2011, 48（6）: 624-647.

National Research Council. National science education standards [M]. Washington: National Academies Press, 1996.

National Research Council, Division of Behavioral, Social Sciences, et al. A framework for K-12 science education: Practices, crosscutting concepts, and core ideas [M]. Washington: National Academies Press, 2011.

National Research Council. Taking Science to School: Learning and Teaching Science in Grades K-8 [M]. Washington: The National Academies Press, 2007.

Newell A. Heuristic programming: Ill-structured problems [C]. Progress in operations research, 1969: 361-414.

NGSS Lead States. Next generation science standards: For states, by states [S]. Washington: National Academics Press, 2013.

Novak J D. An approach to the interpretation and measurement of problem solving ability [J]. Science and Education, 1961, 45（2）: 122-131.

Novick S, Nussbaum J. Junior high school pupils' understanding of the particulate nature of matter: An interview study [J]. Science Education, 1978, 62(3): 273-281.

Orgill M K, York S, MacKellar J. Introduction to systems thinking for the chemistry education community [J]. Journal of Chemical Education, 2019, 96（12）: 2720-2729.

Osborne R, Cosgrove M. Children' s conceptions of the changes of state of water [J]. Journal of Research in Science Teaching, 1983, 20(9): 825-838.

Overton T, Potter N. Solving open-ended problems, and the influence of cognitive factors on student success [J]. Chemistry Education Research and Practice, 2008, 9（11）: 65-69.

Özmen H. Determination of students' alternative conceptions about chemical equilibrium: A review of research and the case of Turkey [J]. Chemistry Education Research and Practice, 2008, 9（3）: 225-233.

Parchmann I, Herzog S, Terada M. Formation of basic concepts of chemistry education in Germany [J].

Journal of Science Education in Japan, 2018, 42（2）: 65-72.

Passmore C M, Svoboda J. Exploring opportunities for argumentation in modelling classrooms［J］. International Journal of Science Education, 2012, 34（10）: 1535-1554.

Posner G J, Strike K A, Hewson P W, et al. Accommodation of a scientific conception: Toward a theory of conceptual change［J］. Science education, 1982, 66（2）: 211-227.

Potvin P. The coexistence claim and its possible implications for success in teaching for conceptual "change"［J］. European Journal of Science and Mathematics Education, 2017, 5（1）: 55-66.

Roehrig G H, Kruse R A. The role of teachers' beliefs and knowledge in the adoption of a reform-based curriculum［J］. School Science and Mathematics, 2005, 105（8）: 412-422.

Roschelle J. Learning by collaborating: Convergent conceptual change［J］. The Journal of the Learning Sciences. 1992, 2（3）: 235-276.

Roseth C J, Johnson D W, Johnson R T. Promoting early adolescents' achievement and peer relationships: the effects of cooperative, competitive, and individualistic goal structures［J］. Psychological Bulletin, 2008, 134（2）: 223-246.

Sampson V, Walker J, Dial K, et al. Learning to write in undergraduate chemistry: The impact of Argument-Driven Inquiry［C］. Annual International Conference of the National Association of Research in Science Teaching（NARST）, 2010.

Sampson V. The impact of Argument-Driven Inquiry on three scientific practices［C］. Annual International Conference of the National Association of Research in Science Teaching（NARST）, 2009.

Sandoval W A. Understanding students' practical epistemologies and their influence on learning through inquiry［J］. Science Education, 2005, 89（4）: 634-656.

Sevian H, Talanquer V. Rethinking chemistry: A learning progression on chemical thinking［J］. Chemistry Education Research and Practice, 2014, 15（1）: 10-23.

Shadreck M, Enunuwe O C. Problem solving instruction for overcoming students' difficulties in stoichiometric problems［J］. Acta Didactica Napocensia, 2017, 10（4）: 69-78.

Shtulman A. Rethinking the role of resubsumption in conceptual change［J］. Educational Psychologist, 2009, 44（1）: 41-47.

Slotta J D, Chi M T, Joram E. Assessing students' misclassifications of physics concepts: An ontological basis for conceptual change［J］. Cognition and instruction, 1995, 13（3）: 373-400.

Smith E L, Anderson C W. The planning and teaching intermediate science study: final report.［J］. Biological Sciences, 1984（147）: 43.

Stieff M, Wilensky U. Connected chemistry-incorporating interactive simulations into the chemistry classroom［J］. Journal of Science Education and technology, 2003, 12（3）: 285-302.

Stiggins R J. Assessment crisis: The absence of assessment for learning［J］. Phi Delta Kappan, 2002, 83（10）: 758 -765.

Strike K. A revisionist theory of conceptual change［M］. New York: State University of New York Press, 1992.

Stuessy C L. Path analysis: A model for the development of scientific reasoning abilities in adolescents［J］. Journal of Research in Science Teaching, 1989, 26（1）: 41-53.

Surif J, Ibrahim N H, Dalim S F. Problem solving: Algorithms and conceptual and open-ended problems in chemistry［J］. Procedia-Social and Behavioral Sciences，2014，116（10）：4955-4963.

Talanquer V. On cognitive constraints and learning progressions：The case of "structure of matter"［J］. International Journal of Science Education，2009，31(15)：2123-2136.

Talanquer V. Chemical rationales：another triplet for chemical thinking［J］. International Journal of Science Education，2018，40（15）：1874-1890.

Talanquer V. Macro，submicro and symbolic：the many faces of the chemistry "triplet"［J］. International Journal of Science Education，2011，33（2）：179-195.

Toulmin S E. The uses of argument［M］. Cambridge：Cambridge University Press，2003.

Tsai C C. Enhancing science instruction：the use of 'conflict maps'［J］. International Journal of Science Education，2000，22（3）：285-302.

Wertheimer M A. Gestalt perspective on computer simulations of cognitive processes［J］. Computers in Human Behavior，1985（1）：19-33.

Wetsch J V. Voices of the mind：Asociocul tural approach tomediatedaction［M］. Cambridge：Harvard University Press．1991.

White R T，Gunstone R F. Metalearning and conceptual change［J］. International Journal of Science Education，1989，11（5）：577-586.

Zhang J. The nature of external representation in problem solving［J］. Cognitive Scienee. 1997（2）：179-217.

Zhao R，Chu Q，Chen D. Exploring chemical reactions in virtual reality［J］. Journal of Chemical Education，2022，99（4）：1635-1641.

中文参考文献

毕华林，卢巍．化学基本观念的内涵及其教学价值［J］．中学化学教学参考，2011（6）：3-6.

毕华林，亓英丽．化学教学论［M］．北京：北京师范大学出版社，2022.

毕华林，亓英丽．化学教学设计：任务、策略与实践［M］．北京：北京师范大学出版社，2013.

毕华林，万延岚．化学基本观念：内涵分析与教学建构［J］．课程·教材·教法，2014，34（04）：76-83.

毕华林．对高中化学学科核心素养的认识和理解［J］．化学教学，2021（1）：3-9.

蔡铁权，姜旭英，胡玫．概念转变的科学教学［M］．北京：教育科学出版社，2009.

陈炽豪．化学基本观念对高中生问题解决的影响研究——以高三学生化学方程式问题解决为例［D］．广州：华南师范大学，2021.

陈坤，唐小为．国外迷思概念研究进展的探析及启示［J］．教育学术月刊，2019（6）：8.

陈梦寒，尹迪，于洋，等．科学教育中的概念转变：理论观点、代表模型与实施路径——以物理学科为例［J］．首都师范大学学报（自然科学版），2024，39（1）：1-10.

陈世江，邱大佐．基于3D打印的化学结构建模［J］．化学教与学，2023（19）：95-97.

陈为建．县域初中化学教师发展共同体的构建［J］．化学教育（中英文），2022，43（19）：88-92.

陈潇潇，王磊．论证驱动探究教学模式研究综述［J］．化学教学，2024（05）：10-16.

陈泳蓉，邓峰，吴来泳．基于微粒观的人教版初、高中化学教材分析［J］．化学教学，2024（06）：10-17.

陈圳，邓峰，梁正誉，等．国外"溶液化学"主题教学研究进展与启示［J］．化学教学，2024.

程鸿梅，郭诗文，顾佳丽．基于论证探式教学模式的高中化学教学——用化学沉淀法去除粗盐中的杂质离子［J］．化学教育（中英文），2024，45（05）：100-108.

崔允漷．试论新课标对学习评价目标与路径的建构［J］．中国教育学刊，2022（07）：65-70，78.

戴维·珀金斯．为未知而教，为未来而学［M］．杭州：浙江人民出版社，2015.

单旭峰．高考化学学科关键能力的建构思路、基本内涵与考查实施路径［J］．课程·教材·教法，2022，42（06）：139-146.

单媛媛，郑长龙．基于化学学科理解的电化学主题认识模型研究［J］．化学教育（中英文），2022，43（23）：56-60.

单媛媛，郑长龙．基于化学学科理解的主题素养功能研究：内涵与路径［J］．课程·教材·教法，2021，41（11）：123-129.

邓峰，车宇艺，李艾玲．科学认识论——化学教育研究的新议题［J］．化学教育，2017，38（03）：6-11.

邓峰，陈博殷，钱扬义．中学化学骨干教师TPACK知识的实证研究［J］．化学教育，2017，38（05）：44-49.

邓峰，窦炳新．刍议化学大概念的提炼［J］．化学教学，2023（08）：7-14.

邓峰，刘立雄．中学化学核心概念学科理解［M］．北京：化学工业出版社，2023.

邓峰，刘小艳，李美贵．化学核心学习能力理论框架研究［J］．中学化学教学参考，2017（23）：1-5.

邓峰，钱扬义．化学教学设计［M］．北京：化学工业出版社，2022.

邓峰，钱扬义．利用手持技术对学生学习溶解氧认知过程初探——信息技术在研究性学习中的应用［J］．化学教育，2006，27（06）：32-34.

邓峰，石光．化学学科高考内容改革评价体系与命题方案研究［M］．广州：广东教育出版社，2025．

邓峰，王西宇，段训起．化学教师学科基本观念的结构与水平研究——基于高阶验证性因子分析［J］．化学教育，2021，42（02）：84-89．

邓峰，朱峻灏，蓝宛榕，等．LBCD课程模式干预下化学职前教师PCK发展实证研究［J］．化学教育（中英文），2023，44（12）：44-52．

邓峰．化学教育文献综述方法指南［M］．北京：科学出版社，2020．

丁伟．化学概念的认知结构研究［M］．南宁：广西教育出版社，2015．

董娜，黄甫全，李迪，等．科学教育中驳斥型文本研究及其启示［J］．教育发展研究，2017，37（1）：98-107．

董拥军．对"化学学科理解"的再理解［J］．中学化学教学参考，2023（34）：6-11．

杜华，顾小清．人工智能促进知识理解：以概念转变为目标的实证研究［J］．上海：华东师范大学学报（教育科学版），2022，40（2）：67-77．

杜剑．谈有效的初中化学评价方法［J］．中学化学教学参考，2019（04）：13．

顿继安，何彩霞．大概念统摄下的单元教学设计［J］．基础教育课程，2019（18）：6-11．

方红，毕华林．化学问题解决中元认知训练的研究［J］．化学教学，2002，24（09）：10-12．

房喻，王磊．义务教育化学课程标准（2022年版）解读［M］．北京：高等教育出版社，2022．

冯春艳，陈旭远．国外科学概念转变教学研究：模式、策略及启示［J］．理论月刊，2021：150-160．

冯翠典，高凌飚．从"形成性评价"到"为了学习的考评"［J］．教育学报，2010，6（04）：49-54．

冯忠良．结构化与定向化教学心理学原理［M］．北京：北京师范大学出版社，1998．

奉青，吴鑫德，肖小明．高中生化学问题解决中元认知能力的实验研究［J］．化学教育，2007，28（10）：23-25．

傅兴春．试论化学学科思想体系与探源［J］．福建基础教育研究，2016（05）：87-90．

高满满，黄静，张文霞．以评促学："促学评价"理论及其在中国外语教育中的实践［J］．山东外语教学，2018，39（03）：33-41．

高一珠，陈孚，辛涛，等．心理测量学模型在学习进阶中的应用：理论、途径和突破［J］．心理科学进展．2017，25（09）：1623-1630．

高志军，陶玉凤．基于项目的学习（PBL）模式在教学中的应用［J］．电化教育研究，2009（12）：92-95．

格兰特·威金斯，杰伊·麦格泰．追求理解的教学设计［M］．2版．闫寒冰，宋雪莲，赖平，译．上海：华东师范大学出版社，2017．

耿娟娟．基于成人学习理论的教师培训有效性研究［J］．中国成人教育，2017（05）：135-138．

耿莉莉，吴俊明．深化对情境的认识，改进化学情境教学［J］．课程·教材·教法，2004，34（03）：72-76．

龚文慧，邢红军．我国化学科学方法教育的回顾、探索与前瞻［J］．化学教学，2022（09）：9-13．

郭华．项目学习的教育学意义［J］．教育科学研究，2018（01）：25-31．

郭建虹．基于建构化学基本观念的对比教学法——以"质量守恒定律"教学设计为例［J］．化学教育，2016，37（01）：30-33．

郭京龙，郭志族，苏富忠．中国思维科学研究报告［R］．北京：中国社会科学出版社，2007．

郭玉英，姚建欣．基于核心素养学习进阶的科学教学设计［J］．课程·教材·教法，2016，36（11）：64-70．

郭元祥，马友平.学科能力表现：意义、要素与类型［J］.教育发展研究，2012，32（Z2）：29-34.

韩宁.从关于学习的评价到为了学习的评价［J］.中国考试（研究版），2009（08）：17-21.

何嘉媛，刘恩山.论证式教学策略的发展及其在理科教学中的作用［J］.生物学通报，2012（05）：31-34.

胡大生."本体"新论［D］.贵阳：贵州大学，2007.

胡久华，潘瑞静.高中生对化学反应认识的测查研究［J］.化学教育，2011，32（05）：14-19.

胡久华，张瑞林，王东宁.化学项目式学习评价量规的设计与使用——以初中化学"合理使用金属制品"项目为例［J］.化学教学，2024（04）：21-25，70.

胡久华.促进学生认识素养发展的化学课程与教学研究［D］.北京：北京师范大学，2005.

胡润泽，邓峰，林颖.结构化视域下新旧三版高中化学教材内容比较研究——以"化学反应的热效应"为例［J］.化学教学，2024（01）：12-17.

胡先锦，孙栋梁.从学科大概念出发走向化学学科理解——以初中化学"蜡烛的故事"单元教学为例［J］.化学教学，2023（11）：39-44.

胡晓娟.差异性事件在物理教学中的运用［J］.物理实验，2005（12）：26-27，29.

胡欣阳，毕华林.化学大概念的研究进展及其当代意蕴［J］.课程·教材·教法，2022，42（05）：118-124.

胡欣阳，毕华林.化学科学思维的内涵及其发展路径——让学生像化学家一样思考［J］.化学教育，2022，43（05）：1-7.

胡欣阳，毕华林.基于大概念促进学生化学观念的建构［J］.中学化学教学参考，2022（13）：1-4.

皇甫倩.高中化学计算类问题解决障碍的诊断及矫正［D］.武汉：华中师范大学，2016.

黄满霞，秦晋，杨燕，等.核心素养导向下的"跨学科 - 项目式"教学设计——以"我帮稻农选好种"为例［J］.化学教学，2020（10）：50-55.

黄泰荣，王辉.化学教学内容的结构化设计［J］.中学化学教学参考，2021（09）：8-10.

贾培东.化学学科理解的特征、实现路径及表达［J］.中学化学教学参考，2023（01）：1-8.

姜显光.化学学科核心素养的内涵解析［J］.化学教学，2024（5）：3-9.

姜言霞，卢巍.基于化学基本观念建构的"氨"的教学设计研究［J］.化学教育，2015，36（17）：37-41.

教育部考试中心.中国高考评价体系［M］.北京：人民教育出版社，2019.

柯清超.超越与变革：翻转课堂与项目学习［M］.北京：高等教育出版社，2016.

孔凡哲.从结果评价走向核心素养评价究竟难在何处［J］.教育测量与评价，2016（5）：1.

赖婷，邢颢誉，刘晓玲.基于学科理解的高中化学教材研究——以电解质溶液主题为例［J］.化学教学，2024（03）：8-14，21.

蓝宛榕，邓峰，张丽凡，等.化学职前教师手持技术 TPACK 调查研究［J］.化学教育（中英文），2024，45（04）：60-66.

黎梦丽，邓峰，董娟，等.国外"化学平衡"主题教学研究进展与启示［J］.化学教学，2020（03）：18-23.

李多，吕艳坤.基于概念转变理论的科学概念教学：现实困境与破解路径［J］.化学教学，2023（10）：3-7.

李刚，吕立杰.大概念课程设计：指向学科核心素养落实的课程架构［J］.教育发展研究，2018，38（Z2）：35-42.

李广洲，任红艳.化学问题解决研究［M］.济南：山东教育出版社，2004.

李豪杰.以深度的科学探究促进初中生高阶思维能力发展——以"酸和碱的中和反应"为例［J］.化

学教育（中英文），2022，43（11）：60-67.

李恒宇，赖铖阳，黄思齐，等.点击化学和生物正交化学中的化学基础概念和前沿思想——2022年诺贝尔化学奖浅析［J］.大学化学，2023，38（1）：1-7.

李可锋.基于真实情境组织教学发展学生的核心素养——以"全球性的环境问题——酸雨"教学为例［J］.化学教育（中英文），2019，40（03）：45-51.

李玲.中学生化学思维研究［D］.南京：南京师范大学，2014.

李美贵，邓峰，余淞发.化学科学研究类情境在化学教学中的应用——以"电极反应方程式"教学为例［J］.化学教学，2020（12）：46-51.

李松林.以大概念为核心的整合性教学［J］.课程·教材·教法，2020，40（10）：56-61.

李小峰.义务教育阶段学生"物质"核心概念学习进阶研究［D］.长春：东北师范大学，2022.

李雪源，李艳梅，张笑言，等.基于学科理解的电功视角下"化学反应与能量"教学［J］.化学教育（中英文），2023，44（2）：72-78.

李雁冰.科学探究、科学素养与科学教育［J］.全球教育展望，2008，37（12）：14-18.

梁永平.化学科学理解的基本视角及其核心观念［J］.化学教育，2011，32（06）：4-7

廖伯琴，黄希庭.大学生解决物理问题的表征层次的实验研究［J］.心理科学，1997（6）：494.

廖正衡.略论化学思维方法［J］.化学教育，1996（01）：11-15.

林崇德.论学科能力的建构［J］.北京师范大学学报（社会科学版），1997（01）：5-12.

林丹萍，钱扬义，王立新，等.手持技术数字化实验支持下的抽象化学概念学习——以探究比较丁醇同分异构体的分子间作用力大小为例［J］.化学教育（中英文），2020，41（01）：74-78.

林建芬，盛晓婧，钱扬义.化学"四重表征"教学模式的理论建构与实践研究——从15年数字化手持技术实验研究的回顾谈起［J］.化学教育，2015（07）：1-6.

林颖，邓峰，胡润泽，等.国内外近30年"电化学"主题概念测查研究进展［J］.化学教育（中英文），2022，43（07）：109-115.

林颖.高中生"电化学"概念架构及其与问题解决关系研究［D］.广州：华南师范大学，2022.

刘徽.大概念教学：素养导向的单元整体设计［M］.北京：教育科学出版社，2022.

刘丽珍，邓峰，陈泳蓉，等.高中有机化学教学内容结构化［J］.化学教学，2022（10）：33-38.

刘阳阳.基于PCRR模型的高中化学论证式教学实践研究［D］.兰州：西北师范大学，2020.

刘月萍，罗秀玲，肖信.基于模型建构的论证教学在化学概念学习中的应用——以"原电池"概念学习为例［J］.化学教育（中英文），2022，43（03）：63-73.

卢姗姗，毕华林.概念转变理论的发展及面临的挑战［J］.化学教育，2016，37（13）：1-5.

卢姗姗，毕华林.中学理科教育中项目式学习的内涵与特征［J］.化学教学，2023（02）：3-7.

卢巍.对化学基本观念及"观念建构"教学的认识［J］.当代教育科学，2010（18）：62-64.

罗玛.从科学推理到证据推理：内涵的探讨［J］.化学教学，2019（9）：3-6.

罗美玲.认知冲突策略在概念转变教学中的应用［J］.化学教育，2013，34（5）：23-26.

罗燕，孙友松.基于信息技术的三种教学模式［J］.高教探索，2006（02）：78-80.

罗渝然.化学键能数据手册［M］.北京：科学出版社，2005.

吕艳坤，唐丽芳.从"追求取代"到"承认共存"：科学概念转变研究的新动向［J］.教育学术月刊，2023（1）：96-102.

马佩强，孟静，毕华林，等.指向观念建构和创新思维培养的高中化学教学——炔烃［J］.化学教育（中英文），2023，44（4）：65-70.

马善恒，王后雄，刘正宇．中学化学手持技术数字化实验研究的演进及展望［J］．化学教育（中英文），2020，41（17）：112.

马文．行动学习理论梳理及其在我国教师培训中的应用［J］．中国成人教育，2018（18）：148-150.

马小妹．高中化学常态学习行为的过程性与发展性评价［J］．中学课程辅导，2023（14）：21-23.

马圆，严文法，宋丹丹．真实情境与化学学科核心素养的发展——基于《普通高中化学课程标准（2017年版）》的解读［J］．化学教育（中英文），2019，40（19）：6-10.

麦裕华，钱扬义．"中学化学手持技术数字化实验案例"的多维分析——以钱扬义工作室20年研究的期刊论文为例［J］．化学教育（中英文），2020，41（19）：83-89.

弭乐，郭玉英．渗透式导向的两种科学论证教学模型述评［J］．全球教育展望，2017（06）：60-69.

牛拥．高中学生解决有机化学问题心理机制的研究［D］．南京：南京师范大学，2002.

亓英丽，毕华林．科学教育中科学知识的价值分析［J］．全球教育展望，2012，41（2）：81-86.

钱扬义，邓峰，刘秀苑，等．日常生活概念"平均"对科学概念"8电子稳定结构"学习的影响——关于高一学生"8电子稳定结构"化学概念相异构想的研究［J］．化学教育，2006（04）：29-31.

乔国才．增进化学学科理解 准确把握教材内容——以人教版《化学反应原理》为例［J］．中学化学教学参考，2020（21）：1-4.

裘志平．促进概念转变的科学课堂教学研究——以"化学式"概念教学为例［J］．化学教育，2013，34（07）：28-30，35.

任宝华，王磊．中学化学教学设计中连续性问题情境的类型研究［J］．化学教育，2014（11）：55-57.

任红艳．化学问题解决及其教学的研究［D］．南京：南京师范大学，2005.

任雪明．人教版新课标化学必修教科书编写特色分析及教学建议［J］．化学教学，2020（08）：7-11.

商建波，杨玉琴．基于真实情境的深度学习——以人教版九年级化学"溶液的形成"为例［J］．化学教学，2020（12）：35-40.

佘雪玲．高中化学教师"氧化还原"概念架构的调查研究［D］．广州：华南师范大学，2021.

沈天宇，任红艳．基于驳斥型文本学习的概念转变案例研究［J］．化学教学，2022（3）：8-14.

沈旭东．论化学课堂教学情境创设的迁移价值［J］．现代中小学教育，2011（03）：39-42.

史凡，王磊．论国际化学教育研究热点：模型与建模［J］．全球教育展望，2019，48（05）：105-116.

司马兰，王后雄，王敏．化学学科能力的基本理论问题研究［J］．中国考试，2010（05）：3-11.

宋心琦，胡美玲．对中学化学的主要任务专论和教材改革的看法［J］．化学教育，2001（9）：9-13.

孙成余．"项目式学习"视域下化学核心素养落地的实践应答——以"水的净化"活动设计为例［J］．中学化学教学参考，2019（11）：33-35.

孙佳林，郑长龙．高中化学教师教学表现的表征、测量与评价研究［D］．长春：东北师范大学，2019.

孙磊，宋锐，孙国辉，等．以化学史为真实情境的有机合成教学——以水杨酸、阿司匹林及其衍生物的合成为例［J］．化学教育（中英文），2021，42（03）：13-19.

孙影．基于ChemQuery评价系统的化学变化学习进阶研究［D］．济南：山东师范大学，2015.

谭宇凌，袁丽娟．不同版本选修新教材中化学平衡内容的比较研究——以人教版和鲁科版为例［J］．化学教育（中英文），2021，42（13）：78.

唐小红，尹光福，郑昌琼，等．纳米TiO_2晶型转化机制探讨［J］．四川大学学报（自然科学版），2010，47（05）：1091-1095.

唐小为，丁邦平．"科学探究"缘何变身"科学实践"?——解读美国科学教育框架理念的首位关键词之变［J］．教育研究，2012，33（11）：141-145.

童文昭，王后雄．基于认识思路结构化的化学教学研究［J］．教学与管理，2024（16）：52-56.

万盈盈，严文法，姜淼，等．新苏教版高中化学教材栏目分析及使用建议［J］．化学教育（中英文），2023，44（15）：13-18.

万志宏．概念转变理论：本体论、元认知和动机的视角［J］．教育与教学研究，2021，35（1）：7-17.

王本法．奥苏贝尔学习类型划分的理论及其意义［J］．教育理论与实践，1996（04）：57-60.

王春．虚拟现实技术在中学化学实验教学中的应用［J］．化学教学，2021（05）：64-68.

王德胜．化学方法论［M］．杭州：浙江教育出版社，2007.

王虹俨，张四方，陈玉，等．基于AR探究奇妙的化学元素世界［J］．教育与装备研究，2022（10）：67-72.

王磊，陈光巨．外显学科核心素养促进知识向能力和素养的转化——北京师范大学"新世纪"鲁科版高中化学新教材的特点［J］．化学教育（中英文），2019，40（17）：9-19.

王磊，范晓琼，宋万琚，等．在新课程中如何进行基于核心观念建构的教学设计——"新世纪"课程标准实验教科书《化学1（必修）》第2章第1节"元素与物质的分类"教学设计与实施研究［J］．化学教育，2005（01）：17-20，58.

王磊，胡久华，魏锐，等．化学项目式学习的课程、教学与评价系统研究——北京师范大学化学教育研究团队20年研究历程与成果［J］．化学教育（中英文），2022，43（16）：24-29.

王磊，胡久华．中学化学实验问题解决心理机制的初步研究［J］．化学教育，2000（05）：11-13，36.

王磊，黄鸣春．科学教育的新兴研究领域：学习进阶研究［J］．课程·教材·教法，2014，34（01）：112-118.

王磊，黄燕宁．针对高中生有关物质结构的前科学概念的探查研究［J］．化学教育，2002（05）：12-14.

王磊，支瑶．化学学科能力及其表现研究［J］．教育学报，2016，12（04）：46-56.

王磊．化学学科能力结构构建教学理论及其实验研究［D］．北京：北京师范大学，1998.

王磊．基于大概念统领多维课程内容，外显学习主题的核心素养发展要求——义务教育化学课程标准课程内容修订重点［J］．课程·教材·教法，2022，42（08）：47-54.

王磊．学科能力构成及其表现研究——基于学习理解、应用实践与迁移创新导向的多维整合模型［J］．教育研究，2016，37（09）：83-92，125.

王磊．基于学生核心素养的化学学科能力研究［M］．北京：北京师范大学出版社，2017.

王磊．科学学习与教学心理学基础［M］．西安：陕西师范大学出版社，2002.

王立新，钱扬义，苏华虹，等．手持技术数字化实验与化学教学的深度融合：从"研究案例"到"认知模型"——TQVC概念认知模型的建构［J］．远程教育杂志，2018（04）：104-112.

王仕琪．职前教师中学化学教学内容结构化的实践研究［D］．临汾：山西师范大学，2019.

王熙贺．物质化学反应能力的学科理解报告［Z］．创新型教师培养创新型人才课堂教学展示交流会，2024.

王晓军，刘子沐，郑华，等．化学学科核心素养引领下的水溶液大单元教学设计与实践［J］．化学教育（中英文），2021，42（17）：50-56.

王祖浩．化学教育心理学［M］．南宁：广西教育出版社，2007.

魏崇启，王澍．高中化学必修教科书中"方法导引"栏目的比较研究［J］．教育与装备研究，2022，38（02）：23-27.

温·哈伦．科学教育的原则和大概念［M］．韦钰，译．北京：科学普及出版社，2011.

吴晗清，穆铭．科学领域核心素养达成的利剑：融合理化生的项目式学习［J］．教育科学研究，2019

（01）：50-54，60.

吴晗清，戚真．有机化学推断题问题解决困难成因及对策探析［J］.化学教学，2018，40（01）：24-29.

吴好勤．高中生有机化学问题解决思维策略课堂训练的实验研究［D］.长沙：湖南师范大学，2005.

吴江明．化学问题解决的心理机制及常用策略［J］.化学教育，2005（04）：28-30，43.

吴俊明．对科学方法和科学方法教育的再认识——祝贺《化学教育》30周年刊庆［J］.化学教育，2010（2）：1-5.

吴俊明．关于应用现代信息技术进行教学的几点思考［J］.化学教学，2015（09）：3-6.

吴俊明．关注化学思维 研究化学思维［J］.化学教学，2020（03）：3-10，49.

吴来泳，邓峰．基于元素观的人教版初高中化学教材分析［J］.化学教学，2022，（12）：9-16.

吴微，邓峰，伍春雨，等．高一学生"氧化还原反应"观念结构的调查研究［J］.化学教学，2020（05）：29-35.

吴宇豪．中学生"化学反应"概念架构调查研究［D］.广州：华南师范大学，2023.

武衍杰，江合佩，杨伏勇．基于化学教学内容"结构化"的项目式教学——以"人工固碳"为例［J］.化学教学，2021（03）：44-50.

夏宏宇，刘云军．常见六种漂白剂的漂白原理及应用［J］.安庆师范学院学报（自然科学版），2007（01）：114-115.

辛涛，乐美玲，郭艳芳，等．学业质量标准的建立途径：基于认知诊断的学习进阶方法［J］.教育学报，2015，11（05）：72-79.

熊垒，付祥，熊璐．基于移动增强现实的化学实验辅助应用［J］.电脑知识与技术，2019（27）：267-268，284.

熊启英，杨荣榛．基于增强现实软件 Elements4D 辅助元素教学［J］.理科考试研究，2019（14）：60-62.

徐万福，赵莹，唐智勇，等．合成氯乙烷新工艺的研究及其产业化［J］.现代化工，2020，40（02）：215-218，221.

徐志锴．A-C-PBL 教学策略在高中化学教学中的应用初探——以"催熟剂乙烯"为例［J］.中学化学教学参考，2023（25）：43-48.

闫银权．基于核心素养学习进阶的教学设计与实践——以"物质中铁元素的检验"为例［J］.化学教与学，2023（07）：21-26.

杨桂榕，郑长龙，单媛媛．化学学科理解研究现状——2019—2022 年国内博硕学位论文的分析［J］.化学教育（中英文），2024，45（01）：111-119.

杨焓．情境学习理论及其对教学改革的启示［D］.武汉：华中师范大学，2012.

杨季冬，王后雄．高中化学关键能力的内涵及构成要素研究［J］.化学教学，2019（04）：3-6，12.

杨佳祎，孙可平．浅谈信息技术在化学物质结构建模教学中的应用［J］.化学教学，2023（02）：26-31，64.

杨剑，李佳．高中化学教师教学观研究［J］.化学教育，2016，37（01）：52-57.

杨丽萍，辛涛．人工智能推动教育测评范式变革的机遇与挑战［J］.中国考试，2022（10）：13-21.

杨玉东．"本原性数字问题驱动课堂教学"的比较研究［D］.上海：华东师范大学，2004.

杨玉琴，倪娟．证据推理与模型认知：内涵解析及实践策略［J］.化学教育，2019，40（23）：23-29.

杨玉琴．关于高中生解决开放性化学问题心理机制的初步研究［D］.南京：南京师范大学，2003.

杨玉琴.化学学科能力及其测评研究［D］.上海：华东师范大学，2012.

杨玉琴.化学学科能力建构的基本问题探讨［J］.化学教育，2016，37（01）：1-6.

杨跃鸣.数学教学中培养学生"问题意识"的教育价值及若干策略［J］.数学教育学报，2002，11（04）：77-80.

杨梓生，吴菊华."素养发展为本"的学习评价设计——以"离子反应"为例［J］.中学化学教学参考，2017（11）：20-22.

姚建欣，郭玉英.小学科学教育：课程创新与实践挑战［J］.课程·教材·教法，2017，37（09）：98-102.

姚建欣，郭玉英.学习进阶：素养的凝练与范式的演变［J］.教育科学，2018，34（04）：30-35.

叶茂恒.基于化学基本观念的问题解决研究初探［D］.成都：四川师范大学，2015.

尹博远，王磊.电解质溶液主题学科核心素养的系统构成［J］.化学教育，2021，42（7）：56-62.

袁旭东.指向核心素养的高中化学真实情境教学设计范式［J］.实验教学与仪器，2023，40（08）：6-9.

张华.论学科核心素养——兼论信息时代的学科教育［J］.华东师范大学学报（教育科学版），2019，37（1）：55-65，166-167.

张克强，闫春更.信息技术对化学核心素养培育的价值凝练与问题简析［J］.中学化学教学参考，2023（05）：68-71.

张乃达，过伯祥.张乃达数学教育——从思维到文化［M］.济南：山东教育出版社，2007.

张生，王雪，齐媛.人工智能赋能教育评价："学评融合"新理念及核心要素［J］.中国远程教育，2021（02）：1-8，16，76.

张微，薛金凤，岳远航.师范生教师职业能力形成机理研究——基于生涯发展理论视角［J］.教师教育论坛，2015，28（07）：42-47.

张文兰，胡姣.项目式学习的学习作用发生了吗？——基于46项实验与准实验研究的元分析［J］.电化教育研究，2019（02）：95-104.

张笑言，郑长龙.基于学科理解的化学教学策略研究［J］.课程·教材·教法，2023，43（2）：124-130.

张笑言，郑长龙.基于学科理解的认识视角研究——以有机物分子组成与结构主题为例［J］.化学教育（中英文），2022，43（15）：69-73.

张雄鹰.大概念统领下的大单元教学设计的实践探索——以"水溶液中的离子反应与平衡"为例［J］.中学化学教学参考，2021（23）：23-27.

张学宇，张莹.基于火花学院APP的高中化学配合物教学设计［J］.中国教育技术装备，2023（09）：54-56，60.

张晔，王磊，邱惠芬.基于义务教育化学课程标准的学业质量评价实证研究［J］.中国考试，2023（01）：74-87.

张玉娟.从"教教材"走向"用教材教"——基于"人教版""苏教版"高中化学必修新教材比较的视角［J］.化学教学，2023（11）：9-14.

赵铭，赵华.中学化学教师实验素养的结构、评价与提升［J］.化学教育，2016，37（09）：39-44.

赵铭燕."教、学、评"一体化视域下的高中化学学习评价设计［J］.中学课程辅导，2024（11）：48-50.

赵珊珊，陆昌炯.选准代表物质开辟探究路径培育核心素养——"卤代烃"的创新教学［J］.化学教育（中英文），2019，40（09）：32-36.

郑长龙.2017年版普通高中化学课程标准的重大变化及解析［J］.化学教育，2018，39（9）：41-47.

郑长龙.大概念的内涵解析及大概念教学设计与实施策略［J］.化学教育（中英文），2022，43（13）：6-12.

郑长龙. 核心素养导向的化学教学设计［M］. 北京：人民教育出版社，2021.

郑长龙. 化学课堂教学板块及其设计与分析——祝贺《化学教育》刊庆 30 周年［J］. 化学教育，2010，31（05）：15-19.

郑长龙. 化学学科理解与"素养为本"的化学课堂教学［J］. 课程·教材·教法，2019，39（9）：120-125.

郑长龙. 论科学方法是化学教学中学生科学的认识方法［J］. 中学化学教学参考. 1996（04）：1-3.

支瑶. 高中生化学认识方式及其发展研究［D］. 北京：北京师范大学，2011.

中国科学院. 物质结构的层次和尺度［EB/OL］.（2002-03-28）［2024-07-03］. https：//www.cas.cn/xw/zjsd/200203/t20020328_1683660.shtml.

中国政府网. 中共中央办公厅 国务院办公厅印发《关于深化教育体制机制改革的意见》［EB/OL］.（2017-09-24）［2024-07-26］. https：//www.gov.cn/zhengce/2017-09/24/content_5227267.htm.

中国政府网. 中共中央国务院印发《深化新时代教育评价改革总体方案》［EB/OL］.（2020-10-13）［2024-07-29］. https：//www.gov.cn/zhengce/20210/13/content_5551032.htm.

中华人民共和国教育部. 普通高中化学课程标准（2017 年版 2020 年修订）［S］. 北京：人民教育出版社，2020.

中华人民共和国教育部. 义务教育化学课程标准（2022 年版）［S］. 北京：北京师范大学出版社，2022.

钟媚，邓峰，陈灵灵，储独俊. 化学职前教师 PCK 的结构与水平研究［J］. 化学教育（中英文），2019，40（24）：58-64.

周礼，鲁春梅，闫春更，等. 基于概念转变模型和认知冲突图的课例研究——以"化学平衡的动态性"为例［J］. 化学教育（中英文），2020，41（1）：25-30.

周仕东. 论科学探究中的"科学问题"［J］. 化学教育，2005（08）：15-17.

周仕东. 与科学探究相匹配的化学教学内容选择研究［J］. 化学教育，2003（06）：13-15.

周文红. 厘清科学探究教学的 3 个基本问题［J］. 化学教育，2017（05）：23-27.

周玉芝. 核心素养导向的初中化学单元教学设计：基于大概念［J］. 化学教学，2023（01）：30-35.

朱鹏飞. 增强现实（AR）技术在国内化学教学中的研究进展及启示［J］. 化学教与学，2021（09）：33-35.

朱圣辉. 思维建模在解决电化学问题中的应用［J］. 化学教学，2016，38（05）：87-90.

朱玉军，王香凤. 科学思维：内涵、要素与方法［J］. 化学教育，2024，45（1）：9-14.

朱玉军. 中学化学的基本观念探讨［J］. 中国教育学刊，2013（11）：70-74.

宗汉，杨晓丽. 教材中科学方法的呈现及教学实现——以人教版高中化学新教材（必修）为例［J］. 化学教学. 2021（02）：21-25.